国家出版基金资助项目

现代数学中的著名定理纵横谈丛书

丛书主编　王梓坤

VANDERMONDE DETERMINANT

Vandermonde行列式

刘培杰数学工作室　编

哈爾濱工業大學出版社
HARBIN INSTITUTE OF TECHNOLOGY PRESS

内 容 简 介

Vandermonde 行列式是一类重要的行列式，它在行列式的计算以及线性代数的后续内容中都有很多应用. 本书共分 4 编，对其进行了详细的介绍，并进行了推广，得到不同的结果.

本书适合大学生、研究生及数学爱好者参考阅读.

图书在版编目(CIP)数据

Vandermonde 行列式/刘培杰数学工作室编. —哈尔滨：哈尔滨工业大学出版社，2024. 3

（现代数学中的著名定理纵横谈丛书）

ISBN 978-7-5767-0260-6

Ⅰ. ①V… Ⅱ. ①刘… Ⅲ. ①行列式 Ⅳ. ①O151. 22

中国版本图书馆 CIP 数据核字(2022)第 121740 号

VANDERMONDE HANGLIESHI

策划编辑 刘培杰 张永芹
责任编辑 刘立娟
封面设计 孙茵艾
出版发行 哈尔滨工业大学出版社
社 址 哈尔滨市南岗区复华四道街 10 号 邮编 150006
传 真 0451-86414749
网 址 http://hitpress. hit. edu. cn
印 刷 辽宁新华印务有限公司
开 本 787 mm×960 mm 1/16 印张 22. 5 字数 242 千字
版 次 2024 年 3 月第 1 版 2024 年 3 月第 1 次印刷
书 号 ISBN 978-7-5767-0260-6
定 价 198. 00 元

⊙代序

读书的乐趣

你最喜爱什么——书籍.

你经常去哪里——书店.

你最大的乐趣是什么——读书.

这是友人提出的问题和我的回答.真的,我这一辈子算是和书籍,特别是好书结下了不解之缘.有人说,读书要费那么大的劲,又发不了财,读它做什么?我却至今不悔,不仅不悔,反而情趣越来越浓.想当年,我也曾爱打球,也曾爱下棋,对操琴也有兴趣,还登台伴奏过.但后来却都一一断交,"终身不复鼓琴".那原因便是怕花费时间,玩物丧志,误了我的大事——求学.这当然过激了一些.剩下来唯有读书一事,自幼至今,无日少废,谓之书痴也可,谓之书橱也可,管它呢,人各有志,不可相强.我的一生大志,便是教书,而当教师,不多读书是不行的.

读好书是一种乐趣,一种情操;一种向全世界古往今来的伟人和名人求教的方法，一种和他们展开讨论的方式；一封出席各种活动、体验各种生活、结识各种人物的邀请信；一张迈进科学宫殿和未知世界的入场券；一股改造自己、丰富自己的强大力量. 书籍是全人类有史以来共同创造的财富，是永不枯竭的智慧的源泉. 失意时读书，可以使人重整旗鼓；得意时读书，可以使人头脑清醒；疑难时读书，可以得到解答或启示；年轻人读书，可明奋进之道；年老人读书，能知健神之理. 浩浩乎！洋洋乎！如临大海，或波涛汹涌，或清风微拂，取之不尽，用之不竭. 吾于读书，无疑义矣，三日不读，则头脑麻木，心摇摇无主.

潜能需要激发

我和书籍结缘，开始于一次非常偶然的机会. 大概是八九岁吧，家里穷得揭不开锅，我每天从早到晚都要去田园里帮工. 一天，偶然从旧木柜阴湿的角落里，找到一本蜡光纸的小书，自然很破了. 屋内光线暗淡，又是黄昏时分，只好拿到大门外去看. 封面已经脱落，扉页上写的是《薛仁贵征东》. 管它呢，且往下看. 第一回的标题已忘记，只是那首开卷诗不知为什么至今仍记忆犹新：

日出遥遥一点红，飘飘四海影无踪.

三岁孩童千两价，保主跨海去征东.

第一句指山东，二、三两句分别点出薛仁贵（雪、人贵）. 那时识字很少，半看半猜，居然引起了我极大的兴趣，同时也教我认识了许多生字. 这是我有生以来独立看的第一本书. 尝到甜头以后，我便千方百计去找书，向小朋友借，到亲友家找，居然断断续续看了《薛丁山征西》《彭公案》《二度梅》等，樊梨花便成了我心中的女英雄．我真入迷了．从此，放牛也罢，车水也罢，我总要带一本书，还练出了边走田间小路边读书的本领，读得津津有味，不知人间别有他事．

当我们安静下来回想往事时，往往会发现一些偶然的小事却影响了自己的一生．如果不是找到那本《薛仁贵征东》，我的好学心也许激发不起来．我这一生，也许会走另一条路．人的潜能，好比一座汽油库，星星之火，可以使它雷声隆隆、光照天地；但若少了这粒火星，它便会成为一潭死水，永归沉寂．

抄，总抄得起

好不容易上了中学，做完功课还有点时间，便常光顾图书馆．好书借了实在舍不得还，但买不到也买不起，便下决心动手抄书．抄，总抄得起．我抄过林语堂写的《高级英文法》，抄过英文的《英文典大全》，还抄过《孙子兵法》，这本书实在爱得狠了，竟一口气抄了两份．人们虽知抄书之苦，未知抄书之益，抄完毫末俱见，一览无余，胜读十遍．

始于精于一，返于精于博

关于康有为的教学法，他的弟子梁启超说："康先生之教，专标专精、涉猎二条，无专精则不能成，无涉猎则不能通也．"可见康有为强烈要求学生把专精和广博（即"涉猎"）相结合．

在先后次序上，我认为要从精于一开始．首先应集中精力学好专业，并在专业的科研中做出成绩，然后逐步扩大领域，力求多方面的精．年轻时，我曾精读杜布（J. L. Doob）的《随机过程论》，哈尔莫斯（P. R. Halmos）的《测度论》等世界数学名著，使我终身受益．简言之，即"始于精于一，返于精于博"．正如中国革命一样,必须先有一块根据地,站稳后再开创几块,最后连成一片.

丰富我文采,澡雪我精神

辛苦了一周,人相当疲劳了,每到星期六,我便到旧书店走走,这已成为生活中的一部分,多年如此.一次,偶然看到一套《纲鉴易知录》,编者之一便是选编《古文观止》的吴楚材.这部书提纲挈领地讲中国历史,上自盘古氏,直到明末,记事简明,文字古雅,又富于故事性,便把这部书从头到尾读了一遍.从此启发了我读史书的兴趣.

我爱读中国的古典小说,例如《三国演义》和《东周列国志》.我常对人说,这两部书简直是世界上政治阴谋诡计大全.即以近年来极时髦的人质问题(伊朗人质、劫机人质等),这些书中早就有了,秦始皇的父亲便是受害者,堪称"人质之父".

《庄子》超尘绝俗,不屑于名利.其中"秋水""解牛"诸篇,诚绝唱也.《论语》束身严谨,勇于面世,"己所不欲,勿施于人",有长者之风.司马迁的《报任少卿书》,读之我心两伤,既伤少卿,又伤司马;我不知道少卿是否收到这封信,希望有人做点研究.我也爱读鲁迅的杂文,果戈理、梅里美的小说.我非常敬重文天祥、秋瑾的人品,常记他们的诗句:"人生自古谁无死,留取丹心照汗青""休言女子非英物,夜夜龙泉壁上鸣".唐诗、宋词、《西厢记》《牡丹亭》,丰富我文采,澡雪我精神,其中精粹,实是人间神品.

读了邓拓的《燕山夜话》,既叹服其广博,也使我动了写《科学发现纵横谈》的心.不料这本小册子竟给我招来了上千封鼓励信.以后人们便写出了许许多多的“纵横谈”.

从学生时代起,我就喜读方法论方面的论著.我想,做什么事情都要讲究方法,追求效率、效果和效益,方法好能事半而功倍.我很留心一些著名科学家、文学家写的心得体会和经验.我曾惊讶为什么巴尔扎克在51年短短的一生中能写出上百本书,并从他的传记中去寻找答案.文史哲和科学的海洋无边无际,先哲们的明智之光沐浴着人们的心灵,我衷心感谢他们的恩惠.

读书的另一面

以上我谈了读书的好处,现在要回过头来说说事情的另一面.

读书要选择.世上有各种各样的书:有的不值一看,有的只值看20分钟,有的可看5年,有的可保存一辈子,有的将永远不朽.即使是不朽的超级名著,由于我们的精力与时间有限,也必须加以选择.决不要看坏书,对一般书,要学会速读.

读书要多思考.应该想想,作者说得对吗?完全吗?适合今天的情况吗?从书本中迅速获得效果的好办法是有的放矢地读书,带着问题去读,或偏重某一方面去读.这时我们的思维处于主动寻找的地位,就像猎人追找猎物一样主动,很快就能找到答案,或者发现书中的问题.

有的书浏览即止,有的要读出声来,有的要心头记住,有的要笔头记录.对重要的专业书或名著,要勤做笔记,“不动笔墨不读书”.动脑加动手,手脑并用,既可加深理解,又可避忘备查,特别是自己的灵感,更要及时抓住.清代章学诚在《文史通义》中说:“札记之功必不可少,如不札记,则无穷妙绪如雨珠落大海矣.”

许多大事业、大作品，都是长期积累和短期突击相结合的产物．涓涓不息，将成江河；无此涓涓，何来江河？

爱好读书是许多伟人的共同特性，不仅学者专家如此，一些大政治家、大军事家也如此．曹操、康熙、拿破仑、毛泽东都是手不释卷，嗜书如命的人．他们的巨大成就与毕生刻苦自学密切相关．

王梓坤

⊙目录

第1编 引 言

第2编 Vandermonde 行列式的计算

第 4 编　Vandermonde 行列式的应用

第 1 编

引　言

Vandermonde 行列式及 Vandermonde 其人

第 1 章

§1 Vandermonde 其人

Alexandre Théophile Vandermonde(范德蒙德,1735—1796)是法国数学家,曾学习过音乐,后来才从事数学研究,他是著名数学家 Monge(蒙日)的好友. 1771 年 Vandermonde 被选为巴黎科学院院士,1782 年担任国立工艺博物馆指导,1795 年他被提名为国家研究院院士.

世界著名数学家 L. J. Mordell(莫德尔)曾指出:

> 明显地,我们希望一个好的证明使用最小的计算量和最容易的方法. 证明的最基本思想必须是极其简单的,并且只考虑适合于证明的那些思想. 在证明中运用这些思想,应该是看上去必然却又完全意外的.

本书就是要介绍一个帮助我们减少计算量并且容易掌握的工具——Vandermonde 行列式及其在各领域的应用.

Vandermonde 在高等代数方面有重要贡献. 他在 1771 年发表的论文中证明了多项式方程根的任何对称式都能用方程的系数表示出来. 他不仅把行列式应用于解线性方程组,而且对行列式理论本身进行了开创性研究. 他给出了用二阶子式和它的余子式来展开行列式的法则,还提出了专门的行列式符号. 他具有 Lagrange(拉格朗日)的预解式、置换理论等思想,为群的观念的产生做了一些准备工作. 对于二项方程 $x^n-1=0$(n 为素数),他认为可以用开方法求解,但只研究了 $n\leqslant 11$ 的情形.

Vandermonde 一生所写的论文并不多,只有四篇,都是在 1771—1772 年向巴黎科学院提交的. 现在以 Vandermonde 命名的行列式是一种特殊的行列式. 关于这一命名,数学界有不同的看法,因为这一行列式并未出现在他的论文中.

§2 Vandermonde 行列式与竞赛试题

在 1977 年第 6 届美国中学生数学竞赛试题中有如下题目:

试题 1 设 $P(x)$,$Q(x)$,$R(x)$ 及 $S(x)$ 都是多项式,且满足

$$P(x^5)+xQ(x^5)+x^2R(x^5)=(x^4+x^3+x^2+x+1)S(x)$$

试证:$x-1$ 是 $P(x)$ 的一个因式.

此题证法有很多,这些证法中虽然有的颇为巧妙、精致,但都较烦琐,而且不利于推广. 我们可以将此题推广至一般情形,再利用 Vandermonde 行列式给出一个简捷的证明.

$$\begin{cases}Q_1(1)+wQ_2(1)+\cdots+w^{n-2}Q_{n-1}(1)=0\\ Q_1(1)+w^2Q_2(1)+\cdots+w^{2(n-2)}Q_{n-1}(1)=0\\ \vdots\\ Q_1(1)+w^{n-1}Q_2(1)+\cdots+w^{(n-1)(n-2)}Q_{n-1}(1)=0\end{cases}$$

这是一个关于 $Q_1(1),Q_2(1),\cdots,Q_{n-1}(1)$ 的齐次线性方程组,其系数行列式为

$$\Delta=\begin{vmatrix}1 & w & w^2 & \cdots & w^{n-2}\\ 1 & w^2 & w^4 & \cdots & w^{2(n-2)}\\ \vdots & \vdots & \vdots & & \vdots\\ 1 & w^{n-1} & w^{2(n-1)} & \cdots & w^{(n-1)(n-2)}\end{vmatrix}$$

$$=\begin{vmatrix}1 & 1 & \cdots & 1\\ w & w^2 & \cdots & w^{n-1}\\ w^2 & w^4 & \cdots & w^{2(n-1)}\\ \vdots & \vdots & & \vdots\\ w^{n-2} & w^{2(n-2)} & \cdots & w^{(n-1)(n-2)}\end{vmatrix}$$

此即 $n-1$ 阶 Vandermonde 行列式,故

$$\Delta=\prod_{1\leqslant j<i\leqslant n-1}(w^i-w^j)$$

而 $w^i\neq w^j(1\leqslant j<i\leqslant n-1)$,故 $\Delta\neq 0$. 从而方程组只有零解. 即设 $Q_1(x),Q_2(x),\cdots,Q_{n-1}(x),Q(x)$ 是 n 个多项式,且满足

$$\sum_{i=1}^{n-1} x^{j-i} Q_i(x^n) = \left(\sum_{i=0}^{n-1} x^i\right) Q(x) \tag{1}$$

则

$$Q_1(1)=Q_2(1)=\cdots=Q_{n-1}(1)=0$$

证明 令 $w=\mathrm{e}^{\mathrm{i}\frac{2\pi}{n}}$，于是 $w^n=1$，且 $\sum_{i=1}^{n-1} w^i=0$. 依次将 $x=w,w^2,\cdots,w^{n-1}$ 代入式(1)得

$$Q_1(1)=Q_2(1)=\cdots=Q_{n-1}(1)=0$$

证毕.

显然试题 1 只是上述推广当 $n=5,Q_4(x)\equiv 0$ 时的特例.

试题 2 设 $a_1,a_2,\cdots,a_n$ 为 $n(n\geqslant 4)$ 个互不相同的实数，求出下面有 n 个未知元，$n-2$ 个方程的线性方程组的通解

$$\begin{cases} x_1+x_2+\cdots+x_n=0 \\ a_1x_1+a_2x_2+\cdots+a_nx_n=0 \\ a_1^2x_1+a_2^2x_2+\cdots+a_n^2x_n=0 \\ \qquad\vdots \\ a_1^{n-3}x_1+a_2^{n-3}x_2+\cdots+a_n^{n-3}x_n=0 \end{cases} \tag{2}$$

解 令 $f(x)=(x-a_1)(x-a_2)\cdots(x-a_n)$. 对于 $k=0,1,\cdots,n-1$，$\frac{x^k}{f(x)}$的部分分式展开为

$$\frac{x^k}{f(x)}=\sum_{i=1}^{n}\frac{a_i^k/f'(a_i)}{x-a_i} \tag{3}$$

在式(3)两边乘上 $f(x)$ 并令 x^{n-1} 的系数相等可得

$$\sum_{i=1}^{n}\frac{a_i^k}{f'(a_i)}=\begin{cases}0, k=0,1,\cdots,n-2\\ 1, k=n-1\end{cases} \tag{4}$$

这表明

$$\boldsymbol{u}=\left(\frac{1}{f'(a_1)},\frac{1}{f'(a_2)},\cdots,\frac{1}{f'(a_n)}\right)$$

和

$$\boldsymbol{v}=\left(\frac{a_1}{f'(a_1)},\frac{a_2}{f'(a_2)},\cdots,\frac{a_n}{f'(a_n)}\right)$$

是方程组(2)的两个解. 这两个解是线性无关的,否则,存在不全为 0 的实数 s,t 使得

$$s\boldsymbol{u}+t\boldsymbol{v}=(0,0,\cdots,0)$$

即有

$$s+ta_i=0\quad(i=1,2,\cdots,n)\tag{5}$$

若 $t=0$,则由式(5)知 $s=0$,矛盾. 因此 $t\neq0$,且

$$a_i=-\frac{s}{t}\quad(i=1,2,\cdots,n)$$

这与 a_i 各不相同的事实矛盾. 因此解 $\boldsymbol{u}$ 和 $\boldsymbol{v}$ 是线性无关的. 此外,因为 a_i 各不相同,Vandermonde 行列式

$$\begin{vmatrix} 1 & 1 & \cdots & 1 \\ a_1 & a_2 & \cdots & a_{n-2} \\ a_1^2 & a_2^2 & \cdots & a_{n-2}^2 \\ \vdots & \vdots & & \vdots \\ a_1^{n-3} & a_2^{n-3} & \cdots & a_{n-2}^{n-3} \end{vmatrix}$$

不为 0,所以方程组(2)的系数矩阵的秩为 $n-2$. 于是,方程组(2)的全部解可由它的任何两个线性无关的解的线性组合给出. 因此方程组(2)的通解为

$$(x_1,\cdots,x_n)=\alpha\boldsymbol{u}+\beta\boldsymbol{v}=\left(\frac{\alpha+\beta a_1}{f'(a_1)},\cdots,\frac{\alpha+\beta a_n}{f'(a_n)}\right)$$

其中 α,β 为任意实数.

试题 3 证明:方程组

$$\begin{cases} z_1+2z_2+\cdots+nz_n=0 \\ z_1^2+2z_2^2+\cdots+nz_n^2=0 \\ \vdots \\ z_1^n+2z_2^n+\cdots+nz_n^n=0 \end{cases}$$

有唯一的复数解 $z_1=z_2=\cdots=z_n=0$.

证明 首先假定所给方程组在所有数 $z_1,z_2,\cdots,z_n$ 互不相同且不等于零时有解. 我们考虑关于新未知数 $x_1,x_2,\cdots,x_n$ 的线性方程组

$$\begin{cases} z_1x_1+z_2x_2+\cdots+z_nx_n=0 \\ z_1^2x_1+z_2^2x_2+\cdots+z_n^2x_n=0 \\ \vdots \\ z_1^nx_1+z_2^nx_2+\cdots+z_n^nx_n=0 \end{cases} \tag{6}$$

由条件知,方程组(6)有解 $x_1=1,x_2=2,\cdots,x_n=n$. 此外,方程组(6)的系数行列式是如下的 Vandermonde 行列式

$$\begin{vmatrix} z_1 & z_2 & \cdots & z_n \\ z_1^2 & z_2^2 & \cdots & z_n^2 \\ \vdots & \vdots & & \vdots \\ z_1^n & z_2^n & \cdots & z_n^n \end{vmatrix}$$

如果所有的 z_i 互不相同且不等于零,那么这个行列式不等于零. 因此方程组(6)可按 Cramer(克莱姆)法则求解,且它有唯一解 $x_1=x_2=\cdots=x_n=0$,得到矛盾.

现在设 $z_1,z_2,\cdots,z_n$ 为所给方程组的任意解,并且不是所有数 $z_1,z_2,\cdots,z_n$ 都为零,在数 $z_1,z_2,\cdots,z_n$ 中可

以有相等的. 设 $y_0,y_1,\cdots,y_s$ 是由 $z_1,z_2,\cdots,z_n$ 中所有不同的数组成的(如果它们中有零,那么约定 $y_0=0$),那么数 $y_0,y_1,\cdots,y_s$ 满足方程组

$$\begin{cases}a_0y_0+a_1y_1+\cdots+a_sy_s=0\\ a_0y_0^2+a_1y_1^2+\cdots+a_sy_s^2=0\\ \qquad\vdots\\ a_0y_0^n+a_1y_1^n+\cdots+a_sy_s^n=0\end{cases}\tag{7}$$

它由所给方程组得到,而系数 a_k 可如下确定:必须在系数 $1,2,\cdots,n$ 中这样选取,在所给组中属于 z_i、等于 y_k 且加上所取的系数,便得 a_k. 我们发现,所有 $a_k\neq 0,k=0,1,\cdots,s$. 设 $y_0=0$,考虑关于未知数 $x_1,x_2,\cdots,x_s$ 的方程组

$$\begin{cases}y_1x_1+y_2x_2+\cdots+y_sx_s=0\\ y_1^2x_1+y_2^2x_2+\cdots+y_s^2x_s=0\\ \qquad\vdots\\ y_1^sx_1+y_2^sx_2+\cdots+y_s^sx_s=0\end{cases}\tag{8}$$

由于方程组(7)且显然 $s<n$,故方程组(8)有解 $x_1=a_1$,$x_2=a_2,\cdots,x_s=a_s$. 另外,它的行列式不等于零,因此 $x_1=x_2=\cdots=x_s=0$,与 $a_k\neq 0$ 矛盾. 只有当 $s=0$ 时才不会有矛盾,即所有 $z_i=0,i=1,2,\cdots,n$. $y_0\neq 0$ 的情形可做类似讨论.

试题 4(全俄竞赛) 计算行列式

$$\begin{vmatrix}p(x) & p(x+1) & \cdots & p(x+n)\\ p'(x) & p'(x+1) & \cdots & p'(x+n)\\ \vdots & \vdots & & \vdots\\ p^{(n)}(x) & p^{(n)}(x+1) & \cdots & p^{(n)}(x+n)\end{vmatrix}$$

其中,$p(x)=x(x+1)\cdots(x+n)$,$n\in\mathbf{N}$.

解 用 d 表示所求行列式,我们考虑 $n+2$ 阶矩阵

$$\boldsymbol{D}=\begin{pmatrix} p(x) & p(x+1) & \cdots & p(x+n) & 0 \\ p'(x) & p'(x+1) & \cdots & p'(x+n) & 0 \\ \vdots & \vdots & & \vdots & \vdots \\ p^{(n+1)}(x) & p^{(n+1)}(x+1) & \cdots & p^{(n+1)}(x+n) & 1 \end{pmatrix}$$

显然,$\det\boldsymbol{D}=d$. 将矩阵 $\boldsymbol{D}$ 的第 k 行乘上$\frac{(x+n)^{k-1}}{(k-1)!}\cdot(-1)^{k-1}$且将所有 $k=2,3,\cdots,n+2$ 时的结果加到第 1 行. 由 Taylor(泰勒)公式

$$p(z+h)=p(z)+\frac{p'(z)}{1!}h+\cdots+\frac{p^{(n+1)}(z)}{(n+1)!}h^{n+1}$$

第 1 行具有形式

$$\left(p(-n),p(-(n-1)),\cdots,p(0),\frac{(x+n)^{n+1}}{(n+1)!}(-1)^{n+1}\right)$$

即

$$\left(0,0,\cdots,0,\frac{(x+n)^{n+1}}{(n+1)!}(-1)^{n+1}\right)$$

因此

$$\begin{aligned} d&=\det\boldsymbol{D}\\ &=\frac{(x+n)^{n+1}}{(n+1)!}\begin{vmatrix} p'(x) & p'(x+1) & \cdots & p'(x+n) \\ \vdots & \vdots & & \vdots \\ p^{(n+1)}(x) & p^{(n+1)}(x+1) & \cdots & p^{(n+1)}(x+n) \end{vmatrix}\end{aligned}$$

用 c 表示上式右边的行列式,而对应的矩阵用 $\boldsymbol{C}$ 表示. 因为 $p(x)$ 的首项系数为 1,所以 $p^{(n+1)}(x)\equiv(n+1)!$,从而矩阵 $\boldsymbol{C}$ 最后一行所有的数都等于$(n+1)!$. 记 $x_k=x+k$,$k=0,1,\cdots,n$,则矩阵 $\boldsymbol{C}$ 倒数第 2 行具有形式

$$(p^{(n)}(x_0),\cdots,p^{(n)}(x_n))$$
$$=((n+1)!\ x_0+a,\cdots,(n+1)!\ x_n+a)$$

其中 a 是某个数. 由它的下面一行计算, 乘上 $-\frac{a}{(n+1)!}$,我们化矩阵 $\boldsymbol{C}$ 为形式

$$\begin{pmatrix} p'(x_0) & \cdots & p'(x_n) \\ \vdots & & \vdots \\ p^{(n-1)}(x_0) & \cdots & p^{(n-1)}(x_n) \\ (n+1)!\ x_0 & \cdots & (n+1)!\ x_n \\ (n+1)! & \cdots & (n+1)! \end{pmatrix}$$

所得矩阵的倒数第 3 行具有形式

$$\left(\frac{(n+1)!}{2}x_0^2+b_1x_0+b_2,\cdots,\frac{(n+1)!}{2}x_n^2+b_1x_n+b_2\right)$$

由它的下面两行计算,乘以适当的常数,我们便得到这行

$$\left(\frac{(n+1)!}{2}x_0^2,\cdots,\frac{(n+1)!}{2}x_n^2\right)$$

用同样的方式变换矩阵 $\boldsymbol{C}$ 的其他各行,直到第 1 行,便得

$$c=\begin{vmatrix} \frac{(n+1)!}{n!}x_0^n & \cdots & \frac{(n+1)!}{n!}x_n^n \\ \frac{(n+1)!}{(n-1)!}x_0^{n-1} & \cdots & \frac{(n+1)!}{(n-1)!}x_n^{n-1} \\ \vdots & & \vdots \\ \frac{(n+1)!}{1!}x_0 & \cdots & \frac{(n+1)!}{1!}x_n \\ (n+1)! & \cdots & (n+1)! \end{vmatrix}$$

后一行列式易归结为 Vandermonde 行列式

$$c=(n+1)!\prod_{k=1}^{n}\frac{(n+1)!}{k!}\cdot\begin{vmatrix}x_0^n & \cdots & x_n^n\\ x_0^{n-1} & \cdots & x_n^{n-1}\\ \vdots & & \vdots\\ 1 & \cdots & 1\end{vmatrix}$$

$$=(-1)^{\frac{n(n+1)}{2}}(n+1)!\prod_{k=1}^{n}\frac{(n+1)!}{k!}\cdot\begin{vmatrix}1 & \cdots & 1\\ x_0 & \cdots & x_n\\ \vdots & & \vdots\\ x_0^n & \cdots & x_n^n\end{vmatrix}$$

$$=(-1)^{\frac{n(n+1)}{2}}((n+1)!)^{n+1}\cdot$$

$$\left(\prod_{k=1}^{n}k!\right)^{-1}\cdot\prod_{k=0}^{n-1}\prod_{l=k+1}^{n}(x_l-x_k)$$

$$=(-1)^{\frac{n(n+1)}{2}}((n+1)!)^{n+1}\cdot\left(\prod_{k=1}^{n}k!\right)^{-1}\cdot\prod_{k=0}^{n-1}(n-k)!$$

$$=(-1)^{\frac{n(n+1)}{2}}((n+1)!)^{n+1}$$

于是

$$d=\frac{(x+n)^{n+1}}{(n+1)!}(-1)^{n+1}$$

$$c=(-1)^{\frac{(n+1)(n+2)}{2}}(x+n)^n((n+1)!)^n$$

试题 5 考虑行列式

$$D_n=\begin{vmatrix}1 & 2 & \cdots & n\\ 1 & 2^2 & \cdots & n^2\\ \vdots & \vdots & & \vdots\\ 1 & 2^n & \cdots & n^n\end{vmatrix}$$

求$\lim\limits_{n\to\infty}(D_n)^{\frac{1}{n^2\ln n}}$.

解　考虑 Vandermonde 公式，我们有

$$D_n=\begin{vmatrix}1 & 2 & \cdots & n\\ 1 & 2^2 & \cdots & n^2\\ \vdots & \vdots & & \vdots\\ 1 & 2^n & \cdots & n^n\end{vmatrix}=2\cdot 3\cdot\cdots\cdot n\cdot\begin{vmatrix}1 & 2^0 & \cdots & n^0\\ 1 & 2^1 & \cdots & n^1\\ \vdots & \vdots & & \vdots\\ 1 & 2^{n-1} & \cdots & n^{n-1}\end{vmatrix}$$

$$=n!\ \sum_{i>j}(i-j)=n!\ (n-1)!\ \cdots 2!$$

因为

$$D_n=n!\ (n-1)!\ \cdots 2!\ 1!\ =\prod_{k=1}^{n}k^{n+1-k}$$

所以

$$\frac{\ln D_n}{n^2\ln n}=\frac{1}{n^2\ln n}\sum_{k=1}^{n}(n+1-k)\ln k$$

$$=\frac{1}{n^2\ln n}\sum_{k=1}^{n}\left(1-\frac{k-1}{n}\right)\ln\frac{k}{n}+\frac{1}{n}\sum_{k=1}^{n}\left(1-\frac{k-1}{n}\right)$$

回忆一下 Riemann（黎曼）和，我们看到，当 $n\to\infty$ 时，有

$$\frac{1}{n}\sum_{k=1}^{n}\left(1-\frac{k-1}{n}\right)\ln\frac{k}{n}\to\int_0^1(1-x)\ln x\mathrm{d}x=-\frac{3}{4}$$

$$\frac{1}{n}\sum_{k=1}^{n}\left(1-\frac{k-1}{n}\right)\to\int_0^1(1-x)\mathrm{d}x=\frac{1}{2}$$

于是

$$\lim_{n\to\infty}\frac{\ln D_n}{n^2\ln n}=\frac{1}{2}$$

取指数后得到

$$\lim_{n\to\infty}(D_n)^{\frac{1}{n^2\ln n}}=\mathrm{e}^{\frac{1}{2}}$$

试题6　(1) 设 $a_1<a_2<\cdots<a_n$ 是任意给定的正整

数,证明

$$\frac{V_n(a_1,a_2,\cdots,a_n)}{V_n(1,2,\cdots,n)}$$

(其中 $V_n(x_1,x_2,\cdots,x_n)$ 表示 Vandermonde 行列式)是一个整数.

(2)若 $k_1,k_2,\cdots,k_n$ 是两两不相等的正整数,则下式是一个整数

$$\prod_{i\neq j}\frac{k_i-k_j}{i-j}$$

证明 (1)(i)首先证明下列命题:

辅助命题:如果 $f_i(x)=a_{i1}+a_{i2}x+\cdots+a_{ii}x^{i-1}$ $(i=1,2,\cdots,n)$,那么对于任何复数 $x_1,x_2,\cdots,x_n$,有

$$\begin{vmatrix} f_1(x_1) & f_1(x_2) & \cdots & f_1(x_n)\\ f_2(x_1) & f_2(x_2) & \cdots & f_2(x_n)\\ \vdots & \vdots & & \vdots\\ f_n(x_1) & f_n(x_2) & \cdots & f_n(x_n)\end{vmatrix}=a_{11}a_{22}\cdots a_{nn}V_n(x_1,x_2,\cdots,x_n)$$

事实上,我们有矩阵等式

$$\begin{pmatrix} a_{11} & 0 & 0 & \cdots & 0\\ a_{21} & a_{22} & 0 & \cdots & 0\\ a_{31} & a_{32} & a_{33} & \cdots & 0\\ \vdots & \vdots & \vdots & & \vdots\\ a_{n1} & a_{n2} & a_{n3} & \cdots & a_{nn}\end{pmatrix}\begin{pmatrix} 1 & 1 & \cdots & 1\\ x_1 & x_2 & \cdots & x_n\\ x_1^2 & x_2^2 & \cdots & x_n^2\\ \vdots & \vdots & & \vdots\\ x_1^{n-1} & x_2^{n-1} & \cdots & x_n^{n-1}\end{pmatrix}$$

$$=\begin{pmatrix} f_1(x_1) & f_1(x_2) & \cdots & f_1(x_n)\\ f_2(x_1) & f_2(x_2) & \cdots & f_2(x_n)\\ \vdots & \vdots & & \vdots\\ f_n(x_1) & f_n(x_2) & \cdots & f_n(x_n)\end{pmatrix}$$

两边取行列式,即得所要的结果.

(ii)在辅助命题中取

$$f_1(x)=1$$

$$f_i(x)=x(x-1)(x-2)\cdots(x-i+2)\quad(i=2,3,\cdots,n)$$

那么 $a_{11}=a_{22}=\cdots=a_{nn}=1$,所以

$$\begin{vmatrix} 1 & 1 & \cdots & 1 \\ f_2(a_1) & f_2(a_2) & \cdots & f_2(a_n) \\ f_3(a_1) & f_3(a_2) & \cdots & f_3(a_n) \\ \vdots & \vdots & & \vdots \\ f_n(a_1) & f_n(a_2) & \cdots & f_n(a_n) \end{vmatrix} = V_n(a_1,a_2,\cdots,a_n)$$

将此式左边的行列式记作 D_n. 设 $i\geqslant 2$,因为对于任何正整数 m,有

$$f_i(m)=m(m-1)(m-2)\cdots(m-i+2)=(i-1)!\binom{m}{i-1}$$

(注意:当正整数 $m<i-1$ 时,$\binom{m}{i-1}=0$),所以对于任何正整数 m,有 $(i-1)!$ 整除 $f_i(m)$. 在行列式 D_n 的第 2 行提出公因子 $1!=1$,第 3 行提出公因子 $2!$,……,第 n 行提出公因子 $(n-1)!$,可知 $\prod\limits_{i=1}^{n-1} i!$ 整除行列式 D_n. 又由 Vandermonde 行列式的计算公式可知

$$V_n(1,2,\cdots,n)=\prod_{i=1}^{n-1} i!$$

于是本题(1)得证.

(2)将 $k_1,k_2,\cdots,k_n$ 按递增次序重新编号为 $a_1<a_2<\cdots<a_n$,注意 $k_i-k_j=-(k_j-k_i)$,并且 k_i-k_j 与

$k_j - k_i$ 成对地出现,因此

$$\prod_{i \neq j}(k_i - k_j) = \pm\left(\prod_{1 \leqslant i < j \leqslant n}(a_i - a_j)\right)^2 = \pm(V_n(a_1, a_2, \cdots, a_n))^2$$

其中符号适当选取. 同理

$$\prod_{i \neq j}(i - j) = \pm\left(\prod_{1 \leqslant i < j \leqslant n}(i - j)\right)^2 = \pm(V_n(1, 2, \cdots, n))^2$$

其中符号适当选取. 于是由本题(1) 立得结论.

§3 从一道全国联赛加试题谈起①

华东师范大学瞿振华教授曾撰文介绍:

1999 年 Hunter S. Snevily 在《美国数学月刊》上刊登了若干与拉丁方有关的猜测,其中有两个猜测可用数论的语言描述为如下形式.

Snevily **猜测** (1)设 n 为正奇数,整数 $x_1, x_2, \cdots, x_k$ 模 n 互不同余,整数 $y_1, y_2, \cdots, y_k$ 模 n 互不同余,则存在一一对应

$$f: \{x_1, x_2, \cdots, x_k\} \to \{y_1, y_2, \cdots, y_k\}$$

使得 $x_i + f(x_i)\ (1 \leqslant i \leqslant k)$ 模 n 互不同余;

(2)设 n 为正偶数,整数 $x_1, x_2, \cdots, x_k$ 模 n 互不同余,整数 $y_1, y_2, \cdots, y_k$ 模 n 互不同余,则存在一一对应

① 摘编自《中等数学》,2015(1):7-9.

$$f:\{x_1,x_2,\cdots,x_k\}\to\{y_1,y_2,\cdots,y_k\}$$

使得 $x_i+f(x_i)(1\leqslant i\leqslant k)$ 模 $2n$ 互不同余.

对于 Snevily 猜测(1),N. Alon 于 1999 年证明了 $n=p$ 为奇素数的情形. S. Dasgupta 等人在 2003 年证明了所有奇数 n 的情形. B. Arsovski 在 2011 年又证明了在奇数阶有限加法群中的推广形式. 至此,猜测(1)已经获得了完满的解决.

但是,对于 Snevily 猜测(2),至今未有任何实质性的进展.

2014 年全国高中数学联合竞赛加试第四题即以 Snevily 猜测为背景,是猜测(2)中 $k=n=2\ 014$ 的特殊情形. 标准解答适用于所有 $k=n\equiv 2\pmod 4$ 的情形. 在阅卷过程中,瞿振华教授在 2015 年发现有的解答适用于所有 $k=n$ 的证明.

下面是他介绍的 N. Alon 关于猜测(1)当 $n=p$ 时的证明,以及猜测(2)在 $k=n$ 的特殊情形下的证明.

Alon 的证明是基于下面的组合零点定理.

组合零点定理　设 F 为一个域,且

$$f\in F[x_1,x_2,\cdots,x_n]$$

为域 F 上的一个 n 元多项式. 假设 f 有一个最高次项 $x_1^{d_1}x_2^{d_2}\cdots x_n^{d_n}$,系数非零,则对任意 $S_1,S_2,\cdots,S_n\subseteq F$, $|S_i|>d_i(1\leqslant i\leqslant n)$,存在 $s_i\in S_i$,使得 $f(s_1,s_2,\cdots,s_n)\neq 0$.

先解释一下组合零点定理的意义.

所谓域是指一个集合对加、减、乘、除运算封闭,并且满足通常的算术运算规律. 常见的域有复数域 $\mathbf{C}$,实数域 $\mathbf{R}$,有理数域 $\mathbf{Q}$,以及模素数 p 的素域 F_p.

在本节中,读者只需将 F 理解为以上四种情形.

假设 $F=\mathbf{R}$,将

$$f=2+xy^2-2\sqrt{3}x^2y^2+x^3y^3-x^2y^4\in\mathbf{R}[x,y]$$

看作定义在平面 $\mathbf{R}^2$ 上的函数.

由于 f 有最高次项 x^3y^3,系数非零,组合零点定理表明,在任意四条平行于 y 轴的直线和任意四条平行于 x 轴的直线所交的 16 个点中,必有一点 f 的值非零.

当然,f 还有一个最高次项 x^2y^4,系数非零,组合零点定理表明,在任意三条平行于 y 轴的直线和任意五条平行于 x 轴的直线所交的 15 个点中,必有一点 f 的值非零.

组合零点定理在加性组合学中有许多应用,在证明该定理前,先举两例以示其应用.

Snevily **猜测(1)在 $n=p$ 时的证明**　若 $k=p$,只需取 f 满足

$$x_i\equiv f(x_i)\pmod p\quad(1\leqslant i\leqslant p)$$

则 $x_i+f(x_i)\equiv 2x_i\pmod p$,模 p 互不同余.

下面假设 $k<p$.

设 $F=F_p$,$x_1,x_2,\cdots,x_k,y_1,y_2,\cdots,y_k$ 模 p 后均看作 F_p 中的元素.

考虑多项式

$$\begin{aligned}&f(z_1,z_2,\cdots,z_k)\\=&\left[\prod_{1\leqslant i<j\leqslant k}(z_i-z_j)\right]\left[\prod_{1\leqslant i<j\leqslant k}(z_i+x_i-z_j-x_j)\right]\end{aligned}$$

显然,f 的次数为 $2C_k^2=k(k-1)$.

只需说明 f 有最高次项 $z_1^{k-1}z_2^{k-1}\cdots z_k^{k-1}$，系数非零.

事实上，f 的最高次项构成的齐次多项式恰为

$$\left[\prod_{1\leqslant i<j\leqslant k}(z_i-z_j)\right]^2.$$

展开上述乘积，读者会发现 $\prod\limits_{1\leqslant i<j\leqslant k}(z_i-z_j)$ 正是 Vandermonde 行列式. 不知道此行列式的读者也可以直接证明

$$\prod_{1\leqslant i<j\leqslant k}(z_i-z_j)=\sum_{\pi\in S_k}\left[(-1)^{\sigma(\pi)}\prod_{i=1}^{k}z_i^{k-\pi(i)}\right]\quad(*)$$

其中，S_k 为所有 $1,2,\cdots,k$ 的排列的集合，$\sigma(\pi)$ 为排列 π 的逆序对数.

（将式（$*$）等号右边的多项式记为 g. 对于 $1\leqslant i<j\leqslant k$，证明：当 $z_i=z_j$ 时，$g=0$.

因此，多项式 g 有因子 z_i-z_j. 这些一次多项式两两互素，且多项式 g 的次数为 C_k^2. 于是

$$g=a\prod_{1\leqslant i<j\leqslant k}(z_i-z_j)\quad(a\text{ 为常数})$$

比较系数可确定 $a=1$.）

故

$$\prod_{1\leqslant i<j\leqslant k}(z_i-z_j)^2=\left\{\sum_{\pi\in S_k}\left[(-1)^{\sigma(\pi)}\prod_{i=1}^{k}z_i^{k-\pi(i)}\right]\right\}^2$$

展开后考虑 $z_1^{k-1}z_2^{k-1}\cdots z_k^{k-1}$ 的系数.

对任意 $\pi\in S_k$，存在唯一的 $\tau\in S_k$，使得

$$\pi(i)+\tau(i)=k+1\quad(1\leqslant i\leqslant k)$$

此时，这两个排列的逆序对数之和

$$\sigma(\pi)+\sigma(\tau)=C_k^2$$

因此，$z_1^{k-1}z_2^{k-1}\cdots z_k^{k-1}$ 的系数为

Vandermonde 行列式

$$(-1)^{C_k^2}k!\ \neq 0$$

（注意：最后非零是指在 F_p 中非零，这需要 $k<p$）.

对 $S_1=S_2=\cdots=S_k=\{y_1,y_2,\cdots,y_k\}$，由组合零点定理知，存在 $z_i\in S_i(1\leqslant i\leqslant k)$，使得

$$f(z_1,z_2,\cdots,z_k)\neq 0$$

而由 f 的定义知，$z_1,z_2,\cdots,z_k$ 为 $y_1,y_2,\cdots,y_k$ 的一个排列，且 $x_i+z_i(1\leqslant i\leqslant k)$ 在 F_p 中互不相同，即模 p 互不同余.

Cauchy-Davenport 不等式 设 p 为素数，整数 $x_1,x_2,\cdots,x_k$ 模 p 互不同余，整数 $y_1,y_2,\cdots,y_l$ 模 p 互不同余，则

$$x_i+y_j\quad(1\leqslant i\leqslant k,1\leqslant j\leqslant l)$$

模 p 至少有 $\min\{p,k+l-1\}$ 个不同的余数.

证明 若 $k+l>p$，对任一整数 $n,n-x_1,n-x_2,\cdots,n-x_k$ 模 p 互不同余，其中有一个与某个 y_j 模 p 同余，则可设

$$n-x_i\equiv y_j(\bmod p)$$

于是，$n\equiv x_i+y_j(\bmod p)$.

因此，x_i+y_j 可取到所有 p 个余数，结论成立.

下面假设 $k+l\leqslant p$.

假设 x_i+y_j 模 p 仅取到 $m\leqslant k+l-2$ 个不同的余数，记这些余数为 $A\subseteq F_p$，将 x_i,y_j 模 p 后也视为 F_p 中的元素.

考虑多项式

$$f(x,y)=(x+y)^{k+l-2-m}\prod_{a\in A}(x+y-a)\in F_p[x,y]$$

则 f 为 $k+l-2$ 次多项式，其中，最高次项 $x^{k-1}y^{l-1}$ 的系数

为 C_{k+l-2}^{k-1}，在 F_p 中非零.

由组合零点定理，对于

$$S_1=\{x_1,x_2,\cdots,x_k\},S_2=\{y_1,y_2,\cdots,y_l\}$$

可知存在 x_i,y_j，使得 $f(x_i,y_j)\neq 0$，这与 A 取遍所有 x_i+y_j 模 p 的余数矛盾.

因此，结论成立.

回到组合零点定理的证明.

组合零点定理的证明　对 n 进行归纳.

当 $n=1$ 时是熟知的结论：域 F 上的多项式，其零点个数不超过其次数.

假设结论在 $n-1(n\geqslant 2)$ 时成立.

考虑 n 时的情形.

设 $f\in F[x_1,x_2,\cdots,x_n]$ 有最高次项 $x_1^{d_1}x_2^{d_2}\cdots x_n^{d_n}$，系数非零，$S_1,S_2,\cdots,S_n\subseteq F$，满足

$$|S_i|=d_i+1\quad(1\leqslant i\leqslant n)$$

令 $d=d_1+d_2+\cdots+d_n$，且

$$g(x_n)=\prod_{a\in S_n}(x_n-a)$$

则 g 为 x_n 的 d_n+1 次首一多项式.

将 f 对 g 做除法，有

$$f(x_1,x_2,\cdots,x_n)=q(x_1,x_2,\cdots,x_n)g(x_n)+r(x_1,x_2,\cdots,x_n)$$

其中，q 为 $d-d_n-1$ 次多项式，r 的次数不超过 d，且 r 中每一项均不被 $x_n^{d_n+1}$ 整除.

易知 q 中不含形如 $x_1^{d_1}x_2^{d_2}\cdots x_{n-1}^{d_{n-1}}x_n^{a}$ 的项，否则，f 中就含有 $x_1^{d_1}x_2^{d_2}\cdots x_{n-1}^{d_{n-1}}x_n^{a+d_n+1}$ 的项，与 f 的次数为 d 矛盾.

因此,qg 中 $x_1^{d_1}x_2^{d_2}\cdots x_n^{d_n}$ 的系数为零,r 中 $x_1^{d_1}x_2^{d_2}\cdots x_n^{d_n}$ 的系数非零,进而,r 的次数恰为 d.

将 r 整理为关于 x_n 的多项式

$$r=r_{d_n}x_n^{d_n}+r_{d_n-1}x_n^{d_n-1}+\cdots+r_1x_n+r_0$$

其中,$r_0,r_1,\cdots,r_{d_n}$ 均为关于 $x_1,x_2,\cdots,x_{n-1}$ 的多项式,r_{d_n} 的次数为 $d-d_n$,且 $x_1^{d_1}x_2^{d_2}\cdots x_{n-1}^{d_{n-1}}$ 的系数非零.

由归纳假设知,存在 $s_i\in S_i(1\leqslant i\leqslant n-1)$,使得 $r_{d_n}(s_1,s_2,\cdots,s_{n-1})\neq 0$.

再由 $n=1$ 时的结论知,存在 $x_n=s_n\in S_n$,使得 $r(s_1,s_2,\cdots,s_{n-1},s_n)\neq 0$.

注意到,$g(s_n)=0$,故

$$\begin{aligned}f(s_1,s_2,\cdots,s_n)&=q(s_1,s_2,\cdots,s_n)g(s_n)+r(s_1,s_2,\cdots,s_n)\\&=r(s_1,s_2,\cdots,s_n)\neq 0\end{aligned}$$

下面给出 Snevily 猜测(2)在 $k=n$ 时的证明(证明是根据上海中学高一学生范峻昊的解答改写的).

Snevily 猜测(2)可叙述为:

设 n 为正偶数,$x_1,x_2,\cdots,x_n$ 模 n 互不同余,$y_1,y_2,\cdots,y_n$ 模 n 互不同余. 则存在 $y_1,y_2,\cdots,y_n$ 的重排 $z_1,z_2,\cdots,z_n$,使得

$$x_1+z_1,x_2+z_2,\cdots,x_n+z_n$$

模 $2n$ 互不同余.

事实上,不妨设 $x_i\equiv y_i\equiv i\pmod n$ $(1\leqslant i\leqslant n)$,下标按模 n 理解.

构造如下 n 个排列,对 $j=1,2,\cdots,n$,有

$$\pi_j:y_j,y_{j-2},\cdots,y_{j-n+2},y_{j-1},y_{j-3},\cdots,y_{j-n+1}$$

对于 π_j,有

$$x_1+y_j, x_2+y_{j-2}, \cdots, x_{\frac{n}{2}}+y_{j-n+2}$$

$$x_{\frac{n}{2}+1}+y_{j-1}, x_{\frac{n}{2}+2}+y_{j-3}, \cdots, x_n+y_{j-n+1}$$

模 n 的余数依次为

$$1+j, j, \cdots, j-\frac{n}{2}+2, j+\frac{n}{2}, j+\frac{n}{2}-1, \cdots, j+1$$

取到 $n-1$ 个不同余数,其中 $1+j$ 取到两次,为

$$x_1+y_j \equiv x_n+y_{j-n+1}=x_n+y_{j+1}\equiv j+1 \pmod n$$

只需证明 $\pi_1, \pi_2, \cdots, \pi_n$ 中有一个满足要求. 为此只需证明存在 $j(1\leqslant j\leqslant n)$,使得

$$x_1+y_j \not\equiv x_n+y_{j+1} \pmod{2n}$$

反证法. 假设

$$x_1+y_j \equiv x_n+y_{j+1} \pmod{2n}$$

对所有 j 成立. 则

$$\sum_{j=1}^{n}(x_1+y_j)\equiv\sum_{j=1}^{n}(x_n+y_{j+1}) \pmod{2n}$$

$$nx_1 \equiv nx_n \pmod{2n}$$

$$x_1 \equiv x_n \pmod 2$$

但 x_1 为奇数,x_n 为偶数,矛盾.

从而,结论获证.

§4 Chebotarev 定理

1925 年苏联科学院通讯院士、著名数学家 Nikolai Grigor'evič Chebotarev 居留哥廷根期间,根据 Ostrowski 的提议证明了由 p 次单位根(p 是素数)所组成的

Vandermonde 行列式中任何子式都不等于零. 这个证明被收进了 Ostrowski 的论文(Jakresber. DMV, 1926(35):269-280)里.

证明的要点是:设

$$\Delta=|\varepsilon^{\alpha\mu\beta\gamma}|$$

而 $\varepsilon=e^{\frac{2\pi i}{p}}$;$\alpha_1,\alpha_2,\cdots,\alpha_k$ 及 $\beta_1,\beta_2,\cdots,\beta_k$ 是取自数串 0,1,$\cdots$,$p-1$ 的两组数. 令 $\varepsilon=1+\pi$,并把 Δ 依 π 的幂展开,就得到用 π 的最小次方除得尽的一项,其形式为

$$\Delta=\frac{\prod(\alpha_\mu-\alpha_\gamma)\prod(\beta_\mu-\beta_\gamma)}{1!\ 2!\ \cdots(k-1)!}\pi^{\frac{k(k+1)}{2}}+\cdots$$

因为 π^{p-1} 正好被 p 的一次除尽,而这些系数却不被 p 除尽,所以 Δ 不为零.

后来 Данилевский(丹尼列夫斯基)简化了这个证明.

这个问题的提出最初是出于研究某些解析函数论的问题的需要,具体可见《四十年来的苏联数学(1917—1957):一般代数学、域和多项式论、线性代数、李群论》, В. М. Глушков, А. Г. Курош, Д. К. Фаддеев, Е. Б. Дынкин 著,科学出版社出版.

§5 重积分的计算

Vandermonde 行列式还可以帮助我们计算多重积分的值.

如果我们用两种方法计算下面行列式的绝对值的平方:

$$\begin{vmatrix} 1 & 1 & 1 & \cdots & 1 \\ 1 & \varepsilon & \varepsilon^2 & \cdots & \varepsilon^{n-1} \\ 1 & \varepsilon^2 & \varepsilon^4 & \cdots & \varepsilon^{2(n-1)} \\ \vdots & \vdots & \vdots & & \vdots \\ 1 & \varepsilon^{n-1} & \varepsilon^{2(n-1)} & \cdots & \varepsilon^{(n-1)(n-1)} \end{vmatrix}, \varepsilon = e^{\frac{2\pi i}{n}}$$

那么就可以计算出

$$\iint\limits_{0 \leqslant x \leqslant y \leqslant \pi} \ln | \sin(x-y) | \mathrm{d}x\mathrm{d}y$$

的值为$-\frac{\pi^2}{2}\ln 2$. 将上面的行列式与它的复共轭逐行相乘,得

$$|1+\varepsilon^{\lambda-\mu}+\varepsilon^{2(\lambda-\mu)}+\cdots+\varepsilon^{(n-1)(\lambda-\mu)}|_{\lambda,\mu=0,1,\cdots,n-1}=n^n$$

此外,我们由 Vandermonde 行列式有

$$\prod_{j<k}^{0,1,\cdots,n-1} |\varepsilon^j-\varepsilon^k|^2=\prod_{j<k}^{0,1,\cdots,n-1}\left(2\sin\frac{j-k}{n}\pi\right)^2$$

因此,通过比较得出

$$\sum_{j<k}^{0,1,\cdots,n-1}\frac{\pi^2}{n^2}\ln\left|\sin\left(\frac{j\pi}{n}-\frac{k\pi}{n}\right)\right|$$

$$=\frac{\pi^2}{2n}\ln n-\left(1-\frac{1}{n}\right)\frac{\pi^2}{2}\ln 2$$

再利用如下结论即可得所需结论.

若$f(x)$单调增加,则

$$\int_0^{1-\frac{1}{n}} f(x)\mathrm{d}x \leqslant \frac{f\left(\frac{1}{n}\right)+f\left(\frac{2}{n}\right)+\cdots+f\left(\frac{n-1}{n}\right)}{n}$$

$$\leqslant \int_{\frac{1}{n}}^{1} f(x)\mathrm{d}x$$

需要指出的是行列式的值的第一种算法也可从

一道竞赛题的结论中推出.

试题 7(1948 年第 8 届 Putnam 竞赛 A-5) 设 x_1,x_2,…,x_n 表示 n 次单位根,计算 $\prod_{i<j}(x_i-x_j)^2$.

解 因为

$$t^n-1=(t-x_1)(t-x_2)\cdots(t-x_n) \tag{9}$$

可见

$$x_1x_2\cdots x_n=(-1)^{n-1} \tag{10}$$

对式(9)微分便有

$$nt^{n-1}=\sum_{i=1}^{n}(t-x_1)\cdots(t-x_{i-1})(t-x_{i+1})\cdots(t-x_n)$$

对 $t=x_1,x_2,\cdots,x_n$ 求值,则得

$$nx_1^{n-1}=(x_1-x_2)(x_1-x_3)\cdots(x_1-x_{n-1})(x_1-x_n)$$

$$nx_2^{n-1}=(x_2-x_1)(x_2-x_3)\cdots(x_2-x_{n-1})(x_2-x_n)$$

$$nx_3^{n-1}=(x_3-x_1)(x_3-x_2)\cdots(x_3-x_{n-1})(x_3-x_n)$$

$$\vdots$$

$$nx_n^{n-1}=(x_n-x_1)(x_n-x_2)\cdots(x_n-x_{n-1})$$

将这些等式相乘即得

$$\begin{aligned} n^n(x_1x_2\cdots x_n)^{n-1} &= \prod_{i<j}[-(x_i-x_j)^2] \\ &= (-1)^{\frac{n(n-1)}{2}}\prod_{i<j}(x_i-x_j)^2 \end{aligned}$$

再应用式(10) 便得

$$\begin{aligned} \prod_{i<j}(x_i-x_j)^2 &= n^n(-1)^{(n-1)^2}(-1)^{-\frac{n(n-1)}{2}} \\ &= (-1)^{\frac{(n-1)(n-2)}{2}}n^n \end{aligned}$$

两边再取模即得

$$\prod_{i<j} |x_i - x_j|^2 = n^n$$

§6　Vandermonde 行列式的推广

通常的 Vandermonde 行列式为

$$\begin{aligned}
&|\boldsymbol{\gamma}(\lambda_1,\lambda_2,\cdots,\lambda_n)| \\
&= \begin{vmatrix} 1 & \lambda_1 & \lambda_1^2 & \cdots & \lambda_1^{n-1} \\ 1 & \lambda_2 & \lambda_2^2 & \cdots & \lambda_2^{n-1} \\ 1 & \lambda_3 & \lambda_3^2 & \cdots & \lambda_3^{n-1} \\ \vdots & \vdots & \vdots & & \vdots \\ 1 & \lambda_n & \lambda_n^2 & \cdots & \lambda_n^{n-1} \end{vmatrix} \\
&= (\lambda_2-\lambda_1)(\lambda_3-\lambda_1)\cdots(\lambda_n-\lambda_1)\cdot \\
&\quad (\lambda_3-\lambda_2)(\lambda_4-\lambda_2)\cdot\cdots\cdot \\
&\quad (\lambda_n-\lambda_2)\cdots(\lambda_n-\lambda_{n-1})
\end{aligned}$$

式中 $\lambda_1,\lambda_2,\cdots,\lambda_n$ 通常是互不相等的数. 此行列式在数学、力学和其他应用科学中都有重要的应用. 在自动控制理论基础中,常会遇到 Vandermonde 行列式的推广形式,为了介绍清楚起见,我们引入下列记号.

设 m 维行向量

$$\boldsymbol{F}(\lambda;m)=(1,\lambda,\lambda^2,\cdots,\lambda^{m-1})$$

则它对 λ 的一阶导数是指

$$\boldsymbol{F}'(\lambda;m)=(0,1,2\lambda,\cdots,(m-1)\lambda^{m-2})$$

它是 $\boldsymbol{F}(\lambda;m)$ 各分量对 λ 求一阶导数所组成的 m 维向量. 同样可定义 $\boldsymbol{F}(\lambda;m)$ 对 λ 的 k 阶导数 $\boldsymbol{F}^{(k)}(\lambda;$

m). 当向量$\boldsymbol{F}(\lambda;m)$中的 λ 用具体数 λ_i 代替时就记为 $\boldsymbol{F}(\lambda_i;m)$.

同样可定义 $\boldsymbol{F}^{(k)}(\lambda_i;m)$ 为 $\boldsymbol{F}^{(k)}(\lambda;m)$ 中 λ 用 λ_i 代替后的结果. 显然, 当 $k\geqslant m$ 时, $\boldsymbol{F}^{(k)}(\lambda;m)$ 是零向量. 令

$$\boldsymbol{F}(\lambda;d;m)=\begin{pmatrix} \boldsymbol{F}(\lambda;m) \\ \dfrac{1}{1!}\boldsymbol{F}'(\lambda;m) \\ \vdots \\ \dfrac{1}{(d-1)!}\boldsymbol{F}^{(d-1)}(\lambda;m) \end{pmatrix}$$

是一个 $d\times m$ 矩阵. 考虑下面的 Vandermonde 型的$(d_1+d_2+\cdots+d_t)\times m$ 矩阵

$$\boldsymbol{V}(\lambda_1,\lambda_2,\cdots,\lambda_t;d_1,d_2,\cdots,d_t;m)=\begin{pmatrix} \boldsymbol{F}(\lambda_1;d_1;m) \\ \boldsymbol{F}(\lambda_2;d_2;m) \\ \vdots \\ \boldsymbol{F}(\lambda_t;d_t;m) \end{pmatrix}$$

此处 $d_i>0$, $i=1,2,\cdots,t$. 当 $d_1+d_2+\cdots+d_t=m$ 时, $\boldsymbol{V}(\lambda_1,\lambda_2,\cdots,\lambda_t;d_1,d_2,\cdots,d_t;m)$是 m 阶方阵. 此时 m 也可以省略不写. 再约定当 λ_i 在式中不出现时, 相当于$d_i=0$, 仍可写为

$$\begin{aligned}&\boldsymbol{V}(\lambda_1,\cdots,\lambda_{i-1},\lambda_{i+1},\cdots,\lambda_t;d_1,\cdots,d_{i-1},d_{i+1},\cdots,d_t;m)\\ \equiv\ &\boldsymbol{V}(\lambda_1,\cdots,\lambda_t;d_1,\cdots,d_{i-1},0,d_{i+1},\cdots,d_t;m)\end{aligned}$$

显然, 行列式 $|\boldsymbol{V}(\lambda_1,\cdots,\lambda_t;d_1,\cdots,d_t)|$ 是通常 Vandermonde 行列式的一种推广, 即当 $d_1=d_2=\cdots=d_t=1$时

$$|V(\lambda_1,\lambda_2,\cdots,\lambda_t;d_1,d_2,\cdots,d_t)|=|V(\lambda_1,\lambda_2,\cdots,\lambda_t)|$$

1984 年南开大学王厦生等人得到如下结果:

定理 1 设 $d_1\geqslant 1,d_2\geqslant 1,\cdots,d_t\geqslant 1$,且 $\sum_{i=1}^{t}d_i=m$,则

$$\begin{aligned}&|V(\lambda_1,\lambda_2,\cdots,\lambda_t;d_1,d_2,\cdots,d_t)|\\=&[(\lambda_2-\lambda_1)^{d_2}(\lambda_3-\lambda_1)^{d_3}\cdots(\lambda_t-\lambda_1)^{d_t}]^{d_1}\cdot\\&[(\lambda_3-\lambda_2)^{d_3}\cdots(\lambda_t-\lambda_2)^{d_t}]^{d_2}\cdots[(\lambda_t-\lambda_{t-1})^{d_t}]^{d_{t-1}}\end{aligned}$$

§7 Vandermonde 行列式在控制论中的应用

在控制论中经常要计算 e^{At},而计算 e^{At} 是很麻烦的,在须田信英的《自动控制中的矩阵论》中及 K. Ogatu的著作中均有叙述. 王厦生给出了一个利用推广的 Vandermonde 行列式的简单方法.

设 $\boldsymbol{A}$ 是 n 阶方阵,$\boldsymbol{A}$ 的最小多项式记为 $\varphi(\lambda)$,它在 $\mathbf{C}$ 上的分解式为

$$\varphi(\lambda)=(\lambda-\lambda_1)^{d_1}(\lambda-\lambda_2)^{d_2}\cdots(\lambda-\lambda_l)^{d_l}$$

其中 $\lambda_i\neq\lambda_j(1\leqslant i<j\leqslant l)$,且 $\sum_{i=1}^{l}d_i=m\leqslant n$.

我们知道,对每一个 t,矩阵 e^{At} 可用 $\boldsymbol{I},\boldsymbol{A},\cdots,\boldsymbol{A}^{m-1}$ 线性表示,因此,e^{At} 可表示为

$$\begin{aligned}e^{At}&=\alpha_0(t)\boldsymbol{I}+\alpha_1(t)\boldsymbol{A}+\cdots+\alpha_{m-1}(t)\boldsymbol{A}^{m-1}\\&=[\boldsymbol{I},\boldsymbol{A},\cdots,\boldsymbol{A}^{m-1}]\boldsymbol{\alpha}(t)\end{aligned}$$

特别地,可知

$$e^{\lambda_i t}=\boldsymbol{F}(\lambda_i;m)\boldsymbol{\alpha}(t)$$
$$te^{\lambda_i t}=\boldsymbol{F}'(\lambda_i;m)\boldsymbol{\alpha}(t)$$
$$\vdots$$
$$t^{d_i-1}e^{\lambda_i t}=\boldsymbol{F}^{(d_i-1)}(\lambda_i;m)\boldsymbol{\alpha}(t)$$

其中 $i=1,2,\cdots,l$. 令

$$\boldsymbol{E}=\left[e^{\lambda_1 t},\frac{t}{1!}e^{\lambda_1 t},\cdots,\frac{t^{d_1-1}}{(d_1-1)!}e^{\lambda_1 t},e^{\lambda_2 t},\frac{t}{1!}e^{\lambda_2 t},\cdots,\right.$$
$$\left.\frac{t^{d_2-1}}{(d_2-1)!}e^{\lambda_2 t},\cdots,e^{\lambda_l t},\frac{t}{1!}e^{\lambda_l t},\cdots,\frac{t^{d_l-1}}{(d_l-1)!}e^{\lambda_l t}\right]$$

则 $\boldsymbol{E}$ 可写成

$$\boldsymbol{E}=\boldsymbol{V}(\lambda_1,\cdots,\lambda_l;d_1,\cdots,d_l;m)\boldsymbol{\alpha}(t)$$

由此得到

$$\boldsymbol{\alpha}(t)=\boldsymbol{V}^{-1}(\lambda_1,\cdots,\lambda_l;d_1,\cdots,d_l;m)\boldsymbol{E}$$

将其代入 $e^{\boldsymbol{A}t}$ 的表达式,即可计算出 $e^{\boldsymbol{A}t}$.

这需要计算 $\boldsymbol{V}^{-1}(\lambda_1,\cdots,\lambda_l;d_1,\cdots,d_l;m)$,由于已知其行列式的值,故利用 Leverrier-Faddeeva 公式即可.

§8　Vandermonde 行列式在 Putnam 竞赛中的一个应用

Vandermonde 行列式不仅在科学研究及应用数学中十分重要,在数学竞赛中也是不可或缺的,仅举一道 Putnam 竞赛试题为例.

试题 8(1941 年第 4 届 Putnam 竞赛)　设有 n 个

常数值 $b_1,b_2,\cdots,b_n$，n 个彼此不同的常数值 $a_1,a_2,\cdots,a_n$，以及由关于 x 的恒等式

$$\begin{vmatrix} 1 & x & x^2 & \cdots & x^{n-1} & P(x) \\ 1 & a_1 & a_1^2 & \cdots & a_1^{n-1} & b_1 \\ 1 & a_2 & a_2^2 & \cdots & a_2^{n-1} & b_2 \\ \vdots & \vdots & \vdots & & \vdots & \vdots \\ 1 & a_n & a_n^2 & \cdots & a_n^{n-1} & b_n \end{vmatrix} \equiv 0$$

定义的一个多项式 $P(x)$. 对于一个已知多项式 $\Phi(t)$，定义另一个多项式 $Q(x)$. 它由在上面的恒等式中将 $P(x),b_1,b_2,\cdots,b_n$ 代以 $Q(x),\Phi(b_1),\Phi(b_2),\cdots,\Phi(b_n)$ 所得的 x 的恒等式所确定. 证明用 $(x-a_1)(x-a_2)\cdots(x-a_n)$ 除 $\Phi(P(x))$ 所得余式为 $Q(x)$.

证明　由 Vandermonde 行列式

$$V=\begin{vmatrix} 1 & a_1 & a_1^2 & \cdots & a_1^{n-1} \\ 1 & a_2 & a_2^2 & \cdots & a_2^{n-1} \\ \vdots & \vdots & \vdots & & \vdots \\ 1 & a_n & a_n^2 & \cdots & a_n^{n-1} \end{vmatrix}=\prod_{i>j}(a_i-a_j)$$

不为零，若在定义 $P(x)$ 的行列式中用 a_1 代替 x_1，将第 1 行减去第 2 行后再按第 1 行展开，得

$$V(P(a_1)-b_1)=0$$

则 $P(a_1)=b_1$. 同理可得 $P(a_i)=b_i,i=2,3,\cdots,n$.

同样利用关于 $Q(x)$ 的行列式可证 $Q(a_i)=\Phi(b_i),i=1,2,\cdots,n$. 显然 $Q(x)$ 是小于 n 次的多项式.

假设多项式 $\Phi(P(x))$ 除以 $(x-a_1)(x-a_2)\cdots(x-a_n)$ 剩下的余式 $R(x)$ 的次数小于 n，则

$$\Phi(P(x))=(x-a_1)(x-a_2)\cdots(x-a_n)S(x)+R(x)$$

这里 $S(x)$ 是多项式. 把 $x=a_i$ 代入上式得

$$R(a_i)=\Phi(P(a_i))=\Phi(b_i)=Q(a_i)$$

所以有 n 个关于 x 的不同的值使得 $Q(x)-R(x)$ 为零. 但因其次数小于 n,故 $Q(x)-R(x)$ 恒等于零,并且余式为 $Q(x)$.

§9 Vandermonde 行列式在递推数列求通项中的应用

我们先来看一道加拿大国家集训队 1992 年的试题:

试题 9 设 $r\in\mathbf{R}$,数列 $\{x_n\}$ 满足:$x_0=0,x_1=1$,且 $x_{n+2}=rx_{n+1}-x_n,n\geqslant 0$,问 r 取何值时,使得

$$x_1+x_2+\cdots+x_{2m-1}=x_m^2\quad(\forall m\in\mathbf{N}_+)$$

解 所给递推关系的特征方程是

$$\lambda^2-r\lambda+1=0$$

其根为

$$\lambda_{1,2}=\frac{1}{2}(r\pm\sqrt{r^2-4})$$

(1)若 $r=2$,则特征根为重根 1,此时

$$x_n=n\quad(n=0,1,2,\cdots)$$

(2)若 $r=-2$,则 $\lambda=-1$ 是二重特征根,此时

$$x_n=(-1)^{n+1}n\quad(n=0,1,2,\cdots)$$

在这两种情况下都有

$$x_1+x_3+\cdots+x_{2m-1}=1+3+\cdots+2m-1$$
$$=m^2=x_m^2$$

(3)若 $r^2\neq4$，则有两个不同的特征根 λ_1,λ_2(λ_1，λ_2 不一定是实数). 因为 $\lambda_1\lambda_2=1$，所以可记

$$z=\lambda_1,\frac{1}{z}=\lambda_2$$

此时，$z\neq1$，且

$$x_n=c_1z^n+c_2z^{-n}\quad(n=0,1,2,\cdots)$$

其中 c_1,c_2 是由 $x_0=0$ 和 $x_1=1$ 所决定的常数(也不一定是实数). 由此可得

$$\sum_{k=1}^{m}x_{2k-1}=c_1\sum_{k=1}^{m}z^{2k-1}+c_2\sum_{k=1}^{m}z^{1-2k}$$
$$=c_1\frac{z(z^{2m}-1)}{z^2-1}+c_2\frac{z^{-1}(z^{-2m}-1)}{z^{-2}-1}$$

由 $x_0=c_1+c_2=0$ 可知 $c_1=-c_2=c$. 则

$$\sum_{k=1}^{m}x_{2k-1}=c\frac{z(z^{2m}-1)}{z^2-1}-c\frac{z(z^{-2m}-1)}{1-z^2}$$
$$=\frac{cz}{z^2-1}(z^{2m}-2+z^{-2m})$$
$$=\frac{cz}{z^2-1}(z^m-z^{-m})^2$$

再由 $c_1=c(z-z^{-1})=\frac{c(z^2-1)}{z}=1$ 立即得到

$$\sum_{k=1}^{m}x_{2k-1}=c^2(z^m-z^{-m})^2=x_m^2$$

总之，当 r 为任意实数时均有

$$x_1+x_3+\cdots+x_{2m-1}=x_m^2$$

从这个解答来看，常系数线性齐次递归数列的通

解公式起了关键作用,并且还包括了有重根的情况.

考虑递归关系

$$H(n)=a_1H(n-1)+a_2H(n-2)+\cdots+a_kH(n-k)\quad(n=k,k+1,\cdots)\qquad(11)$$

其中 $a_k\neq 0$. 其特征方程为

$$P(n)\stackrel{\triangle}{=}x^k-a_1x^{k-1}-a_2x^{k-2}-\cdots-a_k=0\qquad(12)$$

设 $q_1,q_2,\cdots,q_t$ 是(12)的不同根,其重数分别为 $e_1,e_2,\cdots,e_t\left(\sum_{i=1}^{t}e_i=k\right)$,则递归关系(11)的通解为

$$H(n)=H_1(n)+H_2(n)+\cdots+H_t(n)\qquad(13)$$

其中

$$H_j(n)=(C_j,1+C_j,2n+C_j,3n^2+C_j,\cdots,e_jn^{e_j-1})q_j^n\quad(j=1,2,\cdots,t)\qquad(14)$$

在这一定理的证明中用到的一个关键结论是关于推广的 Vandermonde 行列式值的结果.

定理 2 推广的 Vandermonde 行列式的值如下:

$$V=\begin{vmatrix}1&0&\cdots&0&\cdots&1&0&\cdots&0\\ q_1&q_1&\cdots&q_1&\cdots&q_v&q_v&\cdots&q_v\\ q_1^2&2q_1^2&\cdots&2^{e_1-1}q_1^2&\cdots&q_v^2&2q_v^2&\cdots&2^{e_v-1}q_v^2\\ \vdots&\vdots&&\vdots&&\vdots&\vdots&&\vdots\\ q_1^n&nq_1^n&\cdots&n^{e_1-1}q_1^n&\cdots&q_v^n&nq_v^n&\cdots&n^{e_v-1}q_v^n\\ \vdots&\vdots&&\vdots&&\vdots&\vdots&&\vdots\\ q_1^{n-1}&(n-1)q_1^{n-1}&\cdots&(n-1)^{e_1-1}q_1^{n-1}&\cdots&q_v^{n-1}&(n-1)q_v^{n-1}&\cdots&(n-1)^{e_v-1}q_v^{n-1}\end{vmatrix}$$

$$=\prod_{i=1}^{v}\prod_{j=1}^{C_i-1}j!\ \prod_{i=1}^{v}q_i^{\binom{e_i}{i}}\prod_{1\leqslant i<j\leqslant v}(q_j-q_i)^{e_ie_j}$$

其中 $\sum_{i=1}^{v} e_i = n$.

显然当 $q_i \neq q_j (1 \leqslant i < j \leqslant v)$ 时，$v \neq 0$.

证明可见沙基昌、沙基清编著的《组合数学》，湖南教育出版社，1994：112-116.

下面给出两个与 Vandermonde 行列式的计算有关的问题来供读者练习.

①试证：行列式

$$|(a_\lambda - b_\mu)^{n-1}|_1^n = \prod_{v=1}^{n-1} (n-v)^{n-2v} \prod_{j>k} (a_j - a_k)(b_j - b_k)$$

②行列式

$$|1, x_\gamma, x_\gamma^2, \cdots, x_\gamma^{n-q-1}, x_\gamma^{n-q+1}, \cdots, x_\gamma^{n-1}, x_\gamma^n|$$
$$(\gamma = 1, 2, \cdots, n)$$

是 n 个数 $x_1, x_2, \cdots, x_n$ 的一个交错有理整函数，而它可被乘积 $\prod_{j>k}(x_j - x_k)$ 除尽. 求证：其商 S_q 等于 n 个数 $x_1, x_2, \cdots, x_n$ 的第 q 个初等对称函数.

§10　与 Vandermonde 行列式有关的恒等式

数学竞赛命题的一个方法是取特例法，就是将高等数学中的某个一般性结果拿来，取其特例变成一个初等数学问题，而且题目很"安全"且具有较深刻的背景. 下面我们介绍几个与 Vandermonde 行列式相关的恒等式，它们均取自华罗庚所著的 1958 年出版的《多复变函数论中的典型域的调和分析》一书.

假定 $n\geqslant 2$，令

$$D(x_1,x_2,\cdots,x_n)=\prod_{1\leqslant i<j\leqslant n}(x_i-x_j)$$

恒等式 1

$$\sum_{i_1,i_2,\cdots,i_n}\int_{i_1,i_2,\cdots,i_n}^{1,2,\cdots,n}\frac{x_{i_1}^{n-1}x_{i_2}^{n-2}\cdots x_{i_{n-1}}^{1}\mathrm{d}x_{i_1}\cdots\mathrm{d}x_{i_n}}{(1-x_{i_1}^2)(1-x_{i_1}^2x_{i_2}^2)\cdots(1-x_{i_1}^2x_{i_2}^2\cdots x_{i_n}^2)}$$

此处 $(i_1,i_2,\cdots,i_n)=\pi(1,2,\cdots,n)$. 若 $(i_1,i_2,\cdots,i_n)$ 是 $(1,2,\cdots,n)$ 的偶排列，则 $\int_{i_1,i_2,\cdots,i_n}^{1,2,\cdots,n}=1$；若它是奇排列，则 $\int_{i_1,i_2,\cdots,i_n}^{1,2,\cdots,n}=-1$.

恒等式 2 令 $\gamma=\left[\frac{1}{2}n\right]$，则

$$\sum_{i_1,i_2,\cdots,i_n}\int_{i_1,i_2,\cdots,i_n}^{1,2,\cdots,n}\times$$

$$\frac{x_{i_1}^{n-1}x_{i_2}^{n-2}\cdots x_{i_{n-1}}^{1}}{(1-x_{i_1}x_{i_2})(1-x_{i_1}x_{i_2}x_{i_3}x_{i_4})\cdots(1-x_{i_1}\cdots x_{i_{2\gamma}})}\mathrm{d}x_{i_1}\cdots\mathrm{d}x_{i_n}$$

$$=\frac{D(x_1,x_2,\cdots,x_n)}{\prod_{1\leqslant i<j\leqslant n}(1-x_ix_j)}$$

恒等式 3

$$\sum_{\substack{l_1+l_2+\cdots+l_n=m\\ l_\gamma\geqslant 0}}\frac{[D(l_1,l_2,\cdots,l_n)]^2}{l_1!\ l_2!\ \cdots l_n!}$$

$$=n^{m-\frac{1}{2}n(n-1)}\frac{n!\ (n-1)!\ \cdots 1!}{\left(m-\frac{1}{2}n(n-1)\right)!}$$

第 2 编

Vandermonde 行列式的计算

第2章 行列式与矢量及其应用

§1 行 列 式

1. 概说

由任意 n^2 个数 $a_{11},a_{12},\cdots,a_{1n};a_{21},a_{22},\cdots,a_{2n};a_{31},a_{32},\cdots,a_{3n};\cdots;a_{n1},a_{n2},\cdots,a_{nn}$依照一定的运算规则所得到的数 D 称为一个 n 阶行列式①. 保持数(行列式的元素)$a_{ik}(i,k=1,2,\cdots,n)$的排列次序而将它们排成 n 行与 n 列的方阵,于是我们记

$$D=\begin{vmatrix} a_{11} & a_{12} & a_{13} & \cdots & a_{1n} \\ a_{21} & a_{22} & a_{23} & \cdots & a_{2n} \\ a_{31} & a_{32} & a_{33} & \cdots & a_{3n} \\ \vdots & \vdots & \vdots & & \vdots \\ a_{n1} & a_{n2} & a_{n3} & \cdots & a_{nn} \end{vmatrix}$$

$$=|a_{ik}| \quad (i,k=1,2,\cdots,n)$$

① Leibniz(莱布尼兹)首先于 1693 年使用该行列式.

这样 a_{ik} 位于第 i 行第 k 列. 由 n 个主元素 $a_{11}, a_{22}, a_{33}, \cdots, a_{nn}$ 构成的对角线称为行列式的主对角线. 如果画去第 i 行与第 k 列并且将留下的元素依然写成方阵的形式,那么就得到一个新的$(n-1)$阶行列式. 将这一行列式乘以$(-1)^{i+k}$就称为元素 a_{ik} 的子行列式①,并记为 A_{ik}. 例如三阶行列式$|a_{ik}|(i,k=1,2,3)$有下列的 9 个二阶子行列式

$$A_{11}=+\begin{vmatrix} a_{22} & a_{23} \\ a_{32} & a_{33} \end{vmatrix}, A_{12}=-\begin{vmatrix} a_{21} & a_{23} \\ a_{31} & a_{33} \end{vmatrix}, A_{13}=+\begin{vmatrix} a_{21} & a_{22} \\ a_{31} & a_{32} \end{vmatrix}$$

$$A_{21}=-\begin{vmatrix} a_{12} & a_{13} \\ a_{32} & a_{33} \end{vmatrix}, A_{22}=+\begin{vmatrix} a_{11} & a_{13} \\ a_{31} & a_{33} \end{vmatrix}, A_{23}=-\begin{vmatrix} a_{11} & a_{12} \\ a_{31} & a_{32} \end{vmatrix}$$

$$A_{31}=+\begin{vmatrix} a_{12} & a_{13} \\ a_{22} & a_{23} \end{vmatrix}, A_{32}=-\begin{vmatrix} a_{11} & a_{13} \\ a_{21} & a_{23} \end{vmatrix}, A_{33}=+\begin{vmatrix} a_{11} & a_{12} \\ a_{21} & a_{22} \end{vmatrix}$$

要讲行列式的定义,以及怎样从已给的数 a_{ik} 来算出行列式的值 D,我们先从较低阶的行列式开始,然后逐步推之于高阶的行列式,并且在开始讲的时候,先不用有两个号码的字母来表示行列式的元.

一阶行列式只有一个元素,这个元素的数值即为行列式的值.

2. 二阶行列式

二阶行列式含有 4 个元素:a_1, b_1, a_2, b_2. 它的值是

$$D=\begin{vmatrix} a_1 & b_1 \\ a_2 & b_2 \end{vmatrix}=a_1b_2-b_1a_2$$

---

① 一般称为代数余子式.

例如

$$\begin{vmatrix} \cos\varphi_1 & \cos\varphi_2 \\ \sin\varphi_1 & \sin\varphi_2 \end{vmatrix} = \cos\varphi_1\sin\varphi_2 - \cos\varphi_2\sin\varphi_1$$

$$= \sin(\varphi_2 - \varphi_1)$$

$$\begin{vmatrix} \cos\varphi & -\sin\varphi \\ \sin\varphi & \cos\varphi \end{vmatrix} = \cos^2\varphi + \sin^2\varphi = 1$$

3. 行列式的性质

行列式有很多重要性质,我们先就二阶行列式来证明这些性质,但这对于任意阶的行列式也是成立的.

(1)如果将行列式的行与其对应的列对调(按主对角线反射),那么行列式(的值)不变.

(2)如果将行列式的某两行或某两列对调,也就是将其中互相平行的两批元素对调,那么行列式变号.

(3)如果行列式的两行或两列全同,那么它的值为零.

(4)如果将行列式的某一行或某一列的各元素乘以一个因子,那么行列式就乘以这个因子.

(5)如果行列式的一行或一列的元素与另一行或一列相对应的元素成比例,那么它的值为零.

(6)如果行列式的某一行或列的元素是两数的和,那么可把它写为两个行列式的和,其中每个行列式的相应行或列各以相加两数之一为元素.

(7)如果将行列式的某一行或列乘以任意一个因子,然后加于另一行或列上,那么行列式的值不变.

证明(二阶行列式的情形)　性质(1)的证明. 在 D 中对调行与列得

$$\begin{vmatrix} a_1 & a_2 \\ b_1 & b_2 \end{vmatrix} = a_1b_2 - a_2b_1 = D$$

性质(2)的证明. 在 D 中将两行对调得

$$\begin{vmatrix} a_2 & b_2 \\ a_1 & b_1 \end{vmatrix} = a_2b_1 - b_2a_1 = -D$$

同时根据性质(1),若是将两列对调也是如此.

性质(3)的证明. 将相同的两行或两列对调,于是,一方面 D 的值保持不变,而另一方面,根据性质(2),D 要改变符号,所以 $D=-D$,因此 $D=0$.

性质(4)的证明. 我们有

$$\begin{vmatrix} ka_1 & kb_1 \\ a_2 & b_2 \end{vmatrix} = ka_1b_2 - kb_1a_2 = kD$$

根据性质(1),这对 $\begin{vmatrix} ka_1 & b_1 \\ ka_2 & b_2 \end{vmatrix}$ 也是成立的.

性质(5)的证明. 根据性质(3)及(4)有

$$\begin{vmatrix} a_1 & b_1 \\ ka_1 & kb_1 \end{vmatrix} = k\begin{vmatrix} a_1 & b_1 \\ a_1 & b_1 \end{vmatrix} = 0$$

性质(6)的证明.

$$\begin{aligned} \begin{vmatrix} a_1+a'_1 & b_1+b'_1 \\ a_2 & b_2 \end{vmatrix} &= (a_1+a'_1)b_2-(b_1+b'_1)a_2 \\ &= (a_1b_2-b_1a_2)+(a'_1b_2-b'_1a_2) \\ &= \begin{vmatrix} a_1 & b_1 \\ a_2 & b_2 \end{vmatrix} + \begin{vmatrix} a'_1 & b'_1 \\ a_2 & b_2 \end{vmatrix} \end{aligned}$$

这对于其他的行和列也是成立的,因为根据性质(1)及(2),我们总可以把它们变为第 1 行.

性质(7)的证明. 根据性质(5)及(6),有

$$\begin{vmatrix} a_1+ka_2 & b_1+kb_2 \\ a_2 & b_2 \end{vmatrix} = \begin{vmatrix} a_1 & b_1 \\ a_2 & b_2 \end{vmatrix} + \begin{vmatrix} ka_2 & kb_2 \\ a_2 & b_2 \end{vmatrix} = D$$

4. 应用

若 $P_1=(x_1,y_1)$, $P_2=(x_2,y_2)$(图1),则行列式

$$\Delta=\frac{1}{2}\begin{vmatrix} x_1 & y_1 \\ x_2 & y_2 \end{vmatrix}=\frac{1}{2}(x_1y_2-y_1x_2) \tag{1}$$

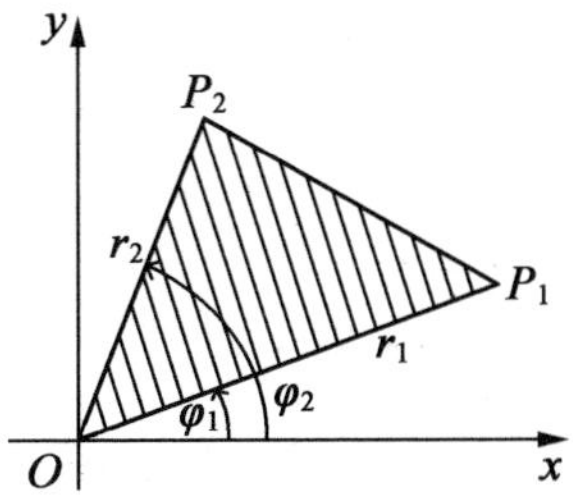

图1

的绝对值 $|\Delta|$ 给出 $\triangle OP_1P_2$ 的面积,并且沿方向 OP_1P_2O 行进时,按照三角形的内部位于左侧或右侧而确定 Δ 的值大于0或小于0. 如果 O,P_1,P_2 在一条直线上,那么 $\Delta=0$. 这是因为,若点 P_1,P_2 的极坐标为 $P_1=\langle r_1,\varphi_1\rangle$, $P_2=\langle r_2,\varphi_2\rangle$,则 $\frac{1}{2}r_1r_2\sin(\varphi_2-\varphi_1)$ 的绝对值即为三角形的面积,而当

$$0<\varphi_2-\varphi_1<\pi \text{ 或者 } \varphi_1<\varphi_2<\varphi_1+\pi$$

时,亦即当 P_2 位于行进方向 OP_1 的左侧时,也就是 $\triangle OP_1P_2$ 是按数学的正向描绘时,它的值是正的,否则它的值为负的或零. 然而根据性质(2),有

$$\Delta=\frac{1}{2}r_1r_2\sin(\varphi_2-\varphi_1)=\frac{1}{2}r_1r_2\begin{vmatrix} \cos\varphi_1 & \sin\varphi_1 \\ \cos\varphi_2 & \sin\varphi_2 \end{vmatrix}$$

$$=\frac{1}{2}\begin{vmatrix} r_1\cos\varphi_1 & r_1\sin\varphi_1 \\ r_2\cos\varphi_2 & r_2\sin\varphi_2 \end{vmatrix}=\frac{1}{2}\begin{vmatrix} x_1 & y_1 \\ x_2 & y_2 \end{vmatrix}$$

其中应用到性质(4).

5. 二元线性方程

$$\begin{cases} a_1x+b_1y=p_1 \\ a_2x+b_2y=p_2 \end{cases}\left\|\begin{matrix} b_2 \\ -b_1 \end{matrix}\right|\begin{matrix} -a_2 \\ a_1 \end{matrix}$$

乘以上面所指明的因子并且相加,就得到

$$Dx=D_1,Dy=D_2$$

其中

$$D=\begin{vmatrix} a_1 & b_1 \\ a_2 & b_2 \end{vmatrix},D_1=\begin{vmatrix} p_1 & b_1 \\ p_2 & b_2 \end{vmatrix},D_2=\begin{vmatrix} a_1 & p_1 \\ a_2 & p_2 \end{vmatrix}$$

D 称为方程组的行列式. 如果 $D\neq0$,那么恰有一个解,即

$$x=\frac{D_1}{D}=\frac{p_1b_2-p_2b_1}{a_1b_2-a_2b_1},y=\frac{D_2}{D}=\frac{a_1p_2-a_2p_1}{a_1b_2-a_2b_1}$$

在 $D=0$ 的情形,若方程组不是矛盾的,则必须同时有 $D_1=0$ 及 $D_2=0$;亦即有

$$a_1b_2=a_2b_1,p_1b_2=p_2b_1,a_1p_2=a_2p_1$$

适当选取未知数的记号和排列方程的次序,我们总可假设 $a_1\neq0$. 设 $a_2=\rho a_1$,于是 $b_2=\rho b_1$,$p_2=\rho p_1$. 由此第二个方程是第一个方程乘以 ρ 的结果. 因而方程组就有无穷多个解 x 和 y,例如我们可以任意选择 y 而从第一个方程定出 $x=\frac{p_1-b_1y}{a_1}$.

如果 $p_1=0$,$p_2=0$(齐次方程),那么有 $Dx=0$,$Dy=0$. 因此,若齐次方程具有不全为零的解,则必

须$D=0$.

6. 三阶行列式

三阶行列式含有 9 个元素：$a_1, b_1, c_1; a_2, b_2, c_2; a_3, b_3, c_3$. 它的值是

$$D=\begin{vmatrix} a_1 & b_1 & c_1 \\ a_2 & b_2 & c_2 \\ a_3 & b_3 & c_3 \end{vmatrix}=a_1A_1+b_1B_1+c_1C_1$$

其中 A_1, B_1, C_1 为在本节第一部分中所定义的第 1 行元素 a_1, b_1, c_1 的子行列式

$$A_1=+\begin{vmatrix} b_2 & c_2 \\ b_3 & c_3 \end{vmatrix}, B_1=-\begin{vmatrix} a_2 & c_2 \\ a_3 & c_3 \end{vmatrix}, C_1=+\begin{vmatrix} a_2 & b_2 \\ a_3 & b_3 \end{vmatrix}$$

也就是

$$\begin{aligned} D &= a_1(b_2c_3-c_2b_3)+b_1(c_2a_3-a_2c_3)+c_1(a_2b_3-b_2a_3) \\ &= a_1b_2c_3-a_1c_2b_3+b_1c_2a_3-b_1a_2c_3+c_1a_2b_3-c_1b_2a_3 \end{aligned}$$

例如

$$\begin{vmatrix} 1 & 2 & 3 \\ 4 & 5 & 6 \\ 7 & 8 & 9 \end{vmatrix}=1\times(-3)+2\times6+3\times(-3)=0$$

对于三阶行列式，上面的 7 个性质依然是成立的，它们的证明略举如下：

性质(1)的证明. 对调行与列得

$$\begin{vmatrix} a_1 & a_2 & a_3 \\ b_1 & b_2 & b_3 \\ c_1 & c_2 & c_3 \end{vmatrix}=a_1A_1+a_2A_2+a_3A_3$$

$$=a_1(b_2c_3-b_3c_2)+a_2(b_3c_1-b_1c_3)+a_3(b_1c_2-b_2c_1)$$

$$= a_1b_2c_3 - a_1b_3c_2 + a_2b_3c_1 - a_2b_1c_3 + a_3b_1c_2 - a_3b_2c_1$$
$$= D$$

性质(2)的证明. 两列对调就使行列式变号,这是因为子行列式 A_1, B_1, C_1 的值将因此而变号. 如果我们

将 $\begin{vmatrix} a_1 & b_1 & c_1 \\ a_2 & b_2 & c_2 \\ a_3 & b_3 & c_3 \end{vmatrix}$ 记为(1,2,3),则有

$$D = (1,2,3) = (2,3,1) = (3,1,2)$$
$$= -(3,2,1) = -(2,1,3) = -(1,3,2)$$

同样,将 D 的行与列对调则可立即得到

$$D = (a,b,c) = (b,c,a) = (c,a,b)$$
$$= -(c,b,a) = -(b,a,c) = -(a,c,b)$$

性质(4)的证明. 将一行的元素乘以 k 就使 D 的值增大到 k 倍,这是因为在 $D = a_1A_1 + b_1B_1 + c_1C_1$ 中或者是 a_1, b_1, c_1 或者是 A_1, B_1, C_1 的值将因此而增大到 k 倍. 对于列也是一样的.

性质(6)的证明. 行列式 D 和 D' 的区别,只在于它们的第 1 行:a_1, b_1, c_1 及 a'_1, b'_1, c'_1. 于是它们的和是

$$D + D' = (a_1A_1 + b_1B_1 + c_1C_1) + (a'_1A_1 + b'_1B_1 + c'_1C_1)$$
$$= (a_1 + a'_1)A_1 + (b_1 + b'_1)B_1 + (c_1 + c'_1)C_1$$

也就是等于一个行列式,其第 1 行是 $a_1 + a'_1, b_1 + b'_1, c_1 + c'_1$,而其他两行与 D 或 D' 相同.

现在,根据性质(1)和(2),行列式 D 中的任意一行或列总可变为第 1 行而不改变 $|D|$ 的值,所以行列式可以按任意的行或列的元素及其子行列式而展开,于是

$$\begin{aligned}D&=a_1A_1+b_1B_1+c_1C_1=a_2A_2+b_2B_2+c_2C_2\\&=a_3A_3+b_3B_3+c_3C_3=a_1A_1+a_2A_2+a_3A_3\\&=b_1B_1+b_2B_2+b_3B_3=c_1C_1+c_2C_2+c_3C_3\end{aligned}$$

如果我们(比方说)以 a_2,b_2,c_2 代替第 1 行或者以 b_1, b_2,b_3 代替第 1 列,于是根据性质(3),行列式变为零.所以

$$a_2A_1+b_2B_1+c_2C_1=0,a_3A_1+b_3B_1+c_3C_1=0,\cdots$$
$$b_1A_1+b_2A_2+b_3A_3=0,c_1A_1+c_2A_2+c_3A_3=0,\cdots$$

也就是,若以号码相异或者字母相异的元素与子行列式做乘积,则其和为零.

7. 应用

a. 由第 2 行与第 3 行分别减去第 1 行,并且根据性质(5)就得

$$\begin{vmatrix}1&2&3\\4&5&6\\7&8&9\end{vmatrix}=\begin{vmatrix}1&2&3\\3&3&3\\7&8&9\end{vmatrix}=\begin{vmatrix}1&2&3\\3&3&3\\6&6&6\end{vmatrix}=0$$

b. $\begin{vmatrix}1&x&x^2\\1&y&y^2\\1&z&z^2\end{vmatrix}=(y-x)(z-x)(z-y)$;这是因为,由第 3 列减去第 2 列与 x 的积,然后由第 2 列减去第 1 列与 x 的积,就依次可得

$$\begin{vmatrix}1&x&0\\1&y&y(y-x)\\1&z&z(z-x)\end{vmatrix}$$
$$=\begin{vmatrix}1&0&0\\1&y-x&y(y-x)\\1&z-x&z(z-x)\end{vmatrix}$$

$$=\begin{vmatrix} y-x & y(y-x) \\ z-x & z(z-x) \end{vmatrix}$$

$$=(y-x)(z-x)\begin{vmatrix} 1 & y \\ 1 & z \end{vmatrix}$$

$$=(y-x)(z-x)(z-y)$$

c. 任意位置的三角形的面积与边界描绘方向. 设 $\triangle P_1P_2P_3$(图 2)的顶点为 $P_1=(x_1,y_1)$, $P_2=(x_2,y_2)$, $P_3=(x_3,y_3)$. 将坐标系平移后,可使坐标原点位于顶点 P_1 上,这样并不改变三角形的面积及边界描绘方向,而此时

$$P_2=(x_2-x_1,y_2-y_1),P_3=(x_3-x_1,y_3-y_1)$$

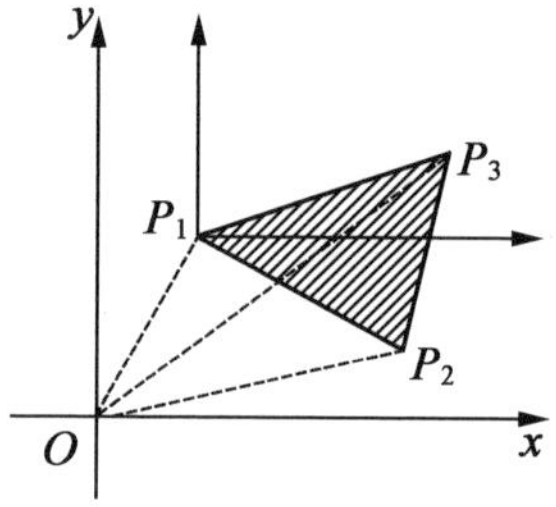

图 2

并且根据式(1),$\triangle P_1P_2P_3$ 的面积及边界描绘方向由

$$\Delta=\frac{1}{2}\begin{vmatrix} x_2-x_1 & y_2-y_1 \\ x_3-x_1 & y_3-y_1 \end{vmatrix}$$

所确定. 但是这一行列式等于

$$\begin{vmatrix} 1 & x_1 & y_1 \\ 0 & x_2-x_1 & y_2-y_1 \\ 0 & x_3-x_1 & y_3-y_1 \end{vmatrix}$$

事实上,只要将上述行列式按第 1 列元素展开,就立即

可以看到这一点. 将第 1 行加于第 2 行和第 3 行上就得到

$$\Delta=\frac{1}{2}\begin{vmatrix}1 & x_1 & y_1\\ 1 & x_2 & y_2\\ 1 & x_3 & y_3\end{vmatrix}\tag{2}$$

若 $\Delta>0$, 则当依方向 $P_1P_2P_3$ 描绘时三角形位于左侧.

若考虑三角形的方向, 则图 2 表明 $\Delta=OP_2P_3+OP_3P_1-OP_2P_1$ 或 $\Delta=OP_2P_3+OP_3P_1+OP_1P_2$, 于是根据式(1)有

$$\Delta=\frac{1}{2}\begin{vmatrix}x_2 & y_2\\ x_3 & y_3\end{vmatrix}+\frac{1}{2}\begin{vmatrix}x_3 & y_3\\ x_1 & y_1\end{vmatrix}+\frac{1}{2}\begin{vmatrix}x_1 & y_1\\ x_2 & y_2\end{vmatrix}$$

这一结果也可由 Δ 按第 1 列展开而得到.

d. 如果由三个(相异的)点 (x_1,y_1), (x_2,y_2), (x_3,y_3) 所确定的三角形的面积为零, 即

$$\begin{vmatrix}1 & x_1 & y_1\\ 1 & x_2 & y_2\\ 1 & x_3 & y_3\end{vmatrix}=0$$

那么这三点位于一条直线上. 设第三个点是可以移动的, 并且它的流动坐标是 (x,y), 则

$$\begin{vmatrix}1 & x_1 & y_1\\ 1 & x_2 & y_2\\ 1 & x & y\end{vmatrix}=0\tag{3}$$

表示经过点 (x_1,y_1) 及 (x_2,y_2) 的直线的方程. 将行列式按第 3 行元素展开就得到我们熟知的直线方程的表示形式

Vandermonde 行列式

$$x(y_1-y_2)+y(x_2-x_1)=y_1x_2-y_2x_1$$

§2　线性方程的解

1. 三元线性方程的解

为了从方程组

$$\begin{cases} a_{11}x+a_{12}y+a_{13}z=p_1 \\ a_{21}x+a_{22}y+a_{23}z=p_2 \\ a_{31}x+a_{32}y+a_{33}z=p_3 \end{cases} \left\| \begin{array}{c|c|c} A_{11} & A_{12} & A_{13} \\ A_{21} & A_{22} & A_{23} \\ A_{31} & A_{32} & A_{33} \end{array} \right.$$

解出 x,y,z,我们就方程组的行列式

$$D=\begin{vmatrix} a_{11} & a_{12} & a_{13} \\ a_{21} & a_{22} & a_{23} \\ a_{31} & a_{32} & a_{33} \end{vmatrix}$$

来作它的子行列式 $A_{11},A_{12},\cdots,A_{33}$,并且按照上面所指出的方式用它们去乘方程的两边. 由此而得出的左边乘积的和式 $a_{1k}a_{1i}+a_{2k}a_{2i}+a_{3k}a_{3i}(i,k=1,2,3)$ 依 $k=i$ 或者 $k\neq i$ 而分别取得值 D 或者 0,所以我们得到

$$Dx=D_1,Dy=D_2,Dz=D_3 \tag{4}$$

其中 D_1,D_2,D_3 是 D 中用 p_1,p_2,p_3 依次代替第 1 列、第 2 列、第 3 列后所得的行列式,例如

$$D_3=p_1A_{13}+p_2A_{23}+p_3A_{33}=\begin{vmatrix} a_{11} & a_{12} & p_1 \\ a_{21} & a_{22} & p_2 \\ a_{31} & a_{32} & p_3 \end{vmatrix}$$

如果 $D\neq 0$,那么方程组恰有一个解

$$x=\frac{D_1}{D},y=\frac{D_2}{D},z=\frac{D_3}{D} \quad (\text{Cramer 法则}) \qquad (5)$$

在 $D=0$ 的情形下，若方程组不是矛盾的，则由式(4)必须同时有 $D_1=0,D_2=0,D_3=0$. 此时可以分两种情形来讨论：D 的子行列式 $A_{\alpha\beta}(\alpha,\beta=1,2,3)$ 不全部为零或者全部为零.

a. 至少有一个子行列式异于零，例如 $A_{33}\neq 0$(事实上，如有需要，只要重新排列已给方程组和适当选取未知数的记号就可做到这一点). 将第一个方程乘以 A_{13}，第二个方程乘以 A_{23}，然后相加，于是有

$$(a_{11}A_{13}+a_{21}A_{23})x+(a_{12}A_{13}+a_{22}A_{23})y+$$
$$(a_{13}A_{13}+a_{23}A_{23})z=p_1A_{13}+p_2A_{23}$$

现在，由于当 $i=1,2,3$ 时，有

$$\sum a_{i1}A_{i3}=0,\sum a_{i2}A_{i3}=0$$

$$\sum a_{i3}A_{i3}=D=0,\sum p_iA_{i3}=D_3=0$$

故若再除以 $-A_{33}\neq 0$，则得

$$a_{31}x+a_{32}y+a_{33}z=p_3$$

因而在这种情形，已给的第三个方程是第一与第二两个方程的结果，因此是多余的. 然而由前两个方程

$$a_{11}x+a_{12}y=p_1-a_{13}z$$

$$a_{21}x+a_{22}y=p_2-a_{23}z$$

可以唯一地解出 x 和 y，因为这个方程组的行列式 $A_{33}\neq 0$. 因此 x 与 y 是与任意变量 z 线性相关的.

b. 今设所有子行列式 $A_{\alpha\beta}=0$. 至少有一个系数必须异于零，例如 $a_{11}\neq 0$(事实上，如有需要，只要适当选取未知数的记号并适当排列方程组的次序就可做到

这一点). 于是我们可设

$$a_{21}=\lambda a_{11} \text{ 和 } a_{31}=\rho a_{11}$$

其中 λ 与 ρ 是确定的数. 由

$$A_{33}=a_{11}a_{22}-a_{12}a_{21}=0, A_{32}=a_{13}a_{21}-a_{11}a_{23}=0$$

以及

$$A_{23}=a_{12}a_{31}-a_{11}a_{32}=0, A_{22}=a_{11}a_{33}-a_{13}a_{31}=0$$

并在其中代入 a_{21} 与 a_{31} 就得

$$a_{22}=\lambda a_{12}, a_{23}=\lambda a_{13} \text{ 及 } a_{32}=\rho a_{12}, a_{33}=\rho a_{13}$$

于是,若将已给的第一个方程两边乘以 λ 和 ρ 就得

$$a_{21}x+a_{22}y+a_{23}z=\lambda p_1, a_{31}x+a_{32}y+a_{33}z=\rho p_1$$

这就是已给的其他两个方程,只是右端可能并不相同. 于是,若已给的方程组并非矛盾的,则必须有 $\lambda p_1=p_2$, $\rho p_1=p_3$. 如果的确是这样,那么方程组的后两个方程是多余的,因而实质上只有唯一的一个 x,y,z 之间的方程

$$a_{11}x+a_{12}y+a_{13}z=p_1$$

总结上面的讨论就得到:

三个三元线性方程:(i)若其系数行列式不为零,则就有唯一确定的解;(ii)若 $D=0$ 且方程不是矛盾的,则有无穷多个解.

如果 $p_1=p_2=p_3=0$(齐次方程),那么

$$D_1=D_2=D_3=0$$

并且由式(4)有

$$Dx=0, Dy=0, Dz=0$$

由此:三个三元线性齐次方程,若有不全为零的解,则方程组的行列式必须为零.

2. **例**

a. 三角形的三个内角 α,β,γ 之间恒有关系

$$\begin{vmatrix} -1 & \cos\gamma & \cos\beta \\ \cos\gamma & -1 & \cos\alpha \\ \cos\beta & \cos\alpha & -1 \end{vmatrix}=0$$

这是因为,如果将三角形的两边投影到第三边上,那么就有

$$a=b\cos\gamma+c\cos\beta$$
$$b=a\cos\gamma+c\cos\alpha$$
$$c=a\cos\beta+b\cos\alpha$$

或者

$$\begin{cases} -a+b\cos\gamma+c\cos\beta=0 \\ a\cos\gamma-b+c\cos\alpha=0 \\ a\cos\beta+b\cos\alpha-c=0 \end{cases}$$

然而,这一方程组只有当系数行列式为零,也就是上面所给出的行列式为零时,才有一个异于 $a=0,b=0,c=0$的解.

b. xOy 平面上的三条直线 $A_\lambda x+B_\lambda y+C_\lambda=0(\lambda=1,2,3)$当且仅当

$$\begin{vmatrix} A_1 & B_1 & C_1 \\ A_2 & B_2 & C_2 \\ A_3 & B_3 & C_3 \end{vmatrix}=0$$

时相交于一点(x,y). 这是因为,若将直线的方程写成形式 $A_\lambda x+B_\lambda y+C_\lambda z=0$,其中 $z=1$,则因为 x,y,z 不全为零,所以三个方程的行列式必须为零. 由此,例如,三条直线

$$ax+y-3=0,ax+2y=0,x-y-1=0$$

当且仅当条件

$$\begin{vmatrix} a & 1 & -3 \\ a & 2 & 0 \\ 1 & -1 & -1 \end{vmatrix}=-2a+4a+6=0$$

满足时，也即 $a=-3$ 时才相交于一点. 由任两个方程可得这一点的坐标是$(-2,-3)$.

3. 任意阶的行列式

n 阶行列式的值

$$D=\begin{vmatrix} a_{11} & a_{12} & \cdots & a_{1n} \\ a_{21} & a_{22} & \cdots & a_{2n} \\ \vdots & \vdots & & \vdots \\ a_{n1} & a_{n2} & \cdots & a_{nn} \end{vmatrix} \tag{6}$$

是由下式所决定的

$$D=a_{11}A_{11}+a_{12}A_{12}+\cdots+a_{1n}A_{1n}=\sum_{k=1}^{n}a_{1k}A_{1k}$$

其中 A_{1k}是 a_{1k}的子行列式(参阅 §1). 因而，n 阶行列式的计算就由此而归结为 $n-1$ 阶行列式的计算，并且也最后归结为二阶行列式的计算. 在 $A_{1k}(k=1,2,\cdots,n)$中不再出现 D 的第 1 行的元素，因为 A_{1k} 又可同样按照它的第 1 行元素 $a_{21},a_{22},\cdots,a_{2,k-1},a_{2,k+1},\cdots,a_{2n}$，像上面对 D 所规定的那样来展开，并可继续这样做下去，于是最后就可将 D 表示为下面形式的和

$$D=\sum(\pm a_{1\alpha}\cdot a_{2\beta}\cdot a_{3\gamma}\cdot\cdots\cdot a_{n\nu})$$

其中 $\alpha,\beta,\gamma,\cdots,\nu$ 是数 $1,2,\cdots,n$ 的某一个排列，并且每个排列恰好出现一次. 项 $a_{1\alpha}a_{2\beta}\cdots a_{n\nu}$ 的正负号与

$(-1)^{(\alpha\beta\cdots\nu)}$的相同，这里$(\alpha\beta\cdots\nu)$表示将排列 $\alpha\beta\gamma\cdots\nu$ 中两个数对调成自然排列 $123\cdots n$ 所需要作的对调次数. 容易看到，这对二阶和三阶行列式的情形是正确的；现在，假定它对于 $n-1$ 阶行列式也正确，则在 D 中项 $a_{1\alpha}a_{2\beta}\cdots a_{n\nu}$的正负号为$(-1)^{1+\alpha}(-1)^{(\beta\gamma\cdots\nu)}$，这是因为 $a_{1\alpha}$的子行列式的正负号为$(-1)^{1+\alpha}$. 此外，为了将 α 从前面移到自然排列 $12\cdots(\alpha-1)(\alpha+1)\cdots n$ 中去，我们要作 $\alpha-1$ 次对调，所以$(\alpha\beta\cdots\nu)=\alpha-1+(\beta\gamma\cdots\nu)$，因而

$$
\begin{aligned}
(-1)^{(\alpha\beta\cdots\nu)} &= (-1)^{\alpha-1+(\beta\gamma\cdots\nu)} \\
&= (-1)^{1+\alpha}(-1)^{(\beta\gamma\cdots\nu)}
\end{aligned}
$$

因此我们的结论得到证明.

我们可以将项 $a_{1\alpha}a_{2\beta}\cdots a_{n\nu}$不按第一个号码而是按第二个号码排成自然排列. 因而每一项就可表示为 $a_{\alpha1}a_{\beta2}a_{\gamma3}\cdots a_{\nu n}$，并且带有相应的正负号. 因此也就有

$$D=\sum(\pm a_{\alpha1}a_{\beta2}\cdots a_{\nu n})$$

这实际上就表示行与列的对调（性质(1)）. 但若将两行对调，则为了得到排列 $12\cdots n$ 就需作 $1+(\alpha\beta\cdots\nu)$次对调，所以每一项将变号，因此 D 也变号（性质(2)）. 由此可得

$$
\begin{cases}
D=a_{\alpha1}A_{\alpha1}+a_{\alpha2}A_{\alpha2}+\cdots+a_{\alpha n}A_{\alpha n} \\
D=a_{1\beta}A_{1\beta}+a_{2\beta}A_{2\beta}+\cdots+a_{n\beta}A_{n\beta}
\end{cases}
\quad (\alpha,\beta=1,2,\cdots,n)
\tag{7}
$$

（D 按第 α 行或者第 β 列的展开式）；这是因为，我们可将任意一行或一列变为第 1 行，于是原来就 D 的第 1 行所规定的展开就可应用到现在的情形，并且由此

并不改变展开后各项的正负号，其他的一些性质（§1）则可参照三阶行列式的情形得到证明. 特别是由性质(3)可得

$$\begin{cases}0=a_{\alpha 1}A_{\beta 1}+a_{\alpha 2}A_{\beta 2}+\cdots+a_{\alpha n}A_{\beta n}\\0=a_{1\alpha}A_{1\beta}+a_{2\alpha}A_{2\beta}+\cdots+a_{n\alpha}\beta_{n\beta}\end{cases}\quad(\alpha\neq\beta)\qquad(8)$$

4. **例**

a. 在行列式

$$D_n=\begin{vmatrix}1 & 2 & 3 & \cdots & n\\ n+1 & n+2 & n+3 & \cdots & 2n\\ 2n+1 & 2n+2 & 2n+3 & \cdots & 3n\\ 3n+1 & 3n+2 & 3n+3 & \cdots & 4n\\ \vdots & \vdots & \vdots & & \vdots\\ n^2-n+1 & n^2-n+2 & n^2-n+3 & \cdots & n^2\end{vmatrix}$$

中，从 1 到 n^2 的自然数依次排为 n 行；如果第 2 行与第 3 行分别减去第 1 行（这里假设行列式至少是三阶的，也即 $n\geqslant 3$），于是就得到相互成比例的两行：$n,n,n,n,\cdots,n$ 及 $2n,2n,2n,2n,\cdots,2n$. 所以 $D_n=0(n>2)$；但是 $D_2=-2,D_1=1$.

b. 设行列式

$$D(x_1,\cdots,x_n)=\begin{vmatrix}1 & x_1 & x_1^2 & x_1^3 & \cdots & x_1^{n-2} & x_1^{n-1}\\ 1 & x_2 & x_2^2 & x_2^3 & \cdots & x_2^{n-2} & x_2^{n-1}\\ 1 & x_3 & x_3^2 & x_3^3 & \cdots & x_3^{n-2} & x_3^{n-1}\\ \vdots & \vdots & \vdots & \vdots & & \vdots & \vdots\\ 1 & x_n & x_n^2 & x_n^3 & \cdots & x_n^{n-2} & x_n^{n-1}\end{vmatrix}$$

在其中出现任意量 $x_1,x_2,\cdots,x_n$ 的 1 至 $n-1$ 次幂，则

行列式的值是 n 个量的差积

$$D(x_1,\cdots,x_n)=(x_2-x_1)(x_3-x_1)(x_4-x_1)\cdots(x_n-x_1)\cdot(x_3-x_2)(x_4-x_2)\cdots(x_n-x_2)\cdot(x_4-x_3)\cdots(x_n-x_3)\cdot\cdots\cdot(x_n-x_{n-1})$$

证明　将前 $n-1$ 列乘以 x_1 并且依次自后一列减去前面的一列，则得

$$D(x_1,\cdots,x_n)=\begin{vmatrix} 1 & 0 & 0 & 0 & \cdots & 0 \\ 1 & x_2-x_1 & x_2(x_2-x_1) & x_2^2(x_2-x_1) & \cdots & x_2^{n-2}(x_2-x_1) \\ 1 & x_3-x_1 & x_3(x_3-x_1) & x_3^2(x_3-x_1) & \cdots & x_3^{n-2}(x_3-x_1) \\ \vdots & \vdots & \vdots & \vdots & & \vdots \\ 1 & x_n-x_1 & x_n(x_n-x_1) & x_n^2(x_n-x_1) & \cdots & x_n^{n-2}(x_n-x_1) \end{vmatrix}$$

或者，按第 1 行元素展开（只有第一项出现）并将公因子提出，则有

$$D(x_1,\cdots,x_n)=(x_2-x_1)(x_3-x_1)\cdots(x_n-x_1)\cdot\begin{vmatrix} 1 & x_2 & x_2^2 & \cdots & x_2^{n-2} \\ 1 & x_3 & x_3^2 & \cdots & x_3^{n-2} \\ 1 & x_4 & x_4^2 & \cdots & x_4^{n-2} \\ \vdots & \vdots & \vdots & & \vdots \\ 1 & x_n & x_n^2 & \cdots & x_n^{n-2} \end{vmatrix}$$

也即

$$D(x_1,\cdots,x_n)=(x_2-x_1)(x_3-x_1)\cdots(x_n-x_1)\cdot D(x_2,\cdots,x_n)$$

根据这一公式，$D(x_2,\cdots,x_n)$ 可归结于 $D(x_3,\cdots,x_n)$，继续这一步骤，则最后就归结于

Vandermonde 行列式

$$D(x_{n-1},x_n)=\begin{vmatrix}1 & x_{n-1}\\ 1 & x_n\end{vmatrix}=x_n-x_{n-1}$$

这样我们就将 $D(x_1,\cdots,x_n)$ 表示为上面的差积.

5. 行列式的乘法定理

设有三阶行列式

$$D=\begin{vmatrix}a_1 & b_1 & c_1\\ a_2 & b_2 & c_2\\ a_3 & b_3 & c_3\end{vmatrix} \text{及 } \Delta=\begin{vmatrix}\alpha_1 & \beta_1 & \gamma_1\\ \alpha_2 & \beta_2 & \gamma_2\\ \alpha_3 & \beta_3 & \gamma_3\end{vmatrix}$$

若作 D 及 Δ 的列的线性组合,并以它们为元素作行列式

$$X=\begin{vmatrix}a_1\alpha_1+a_2\alpha_2+a_3\alpha_3 & a_1\beta_1+a_2\beta_2+a_3\beta_3 & a_1\gamma_1+a_2\gamma_2+a_3\gamma_3\\ b_1\alpha_1+b_2\alpha_2+b_3\alpha_3 & b_1\beta_1+b_2\beta_2+b_3\beta_3 & b_1\gamma_1+b_2\gamma_2+b_3\gamma_3\\ c_1\alpha_1+c_2\alpha_2+c_3\alpha_3 & c_1\beta_1+c_2\beta_2+c_3\beta_3 & c_1\gamma_1+c_2\gamma_2+c_3\gamma_3\end{vmatrix}$$

于是就有

$$X=D\cdot\Delta$$

证明 重复应用性质(6),可将行列式 X 分解为下列 27 个形式

$$D_{\kappa\lambda\mu}=\begin{vmatrix}a_\kappa\alpha_\kappa & a_\kappa\beta_\kappa & a_\kappa\gamma_\kappa\\ b_\lambda\alpha_\lambda & b_\lambda\beta_\lambda & b_\lambda\gamma_\lambda\\ c_\mu\alpha_\mu & c_\mu\beta_\mu & c_\mu\gamma_\mu\end{vmatrix}$$

其中 κ,λ,μ 各表示数 1,2,3 中的某一数. 但是 $D_{\kappa\lambda\mu}$ 在第 1 行中含公因子 a_κ,在第 2 行中含公因子 b_λ,…,所以,若记

$$\Delta_{\kappa\lambda\mu}=\begin{vmatrix}\alpha_\kappa & \beta_\kappa & \gamma_\kappa\\ \alpha_\lambda & \beta_\lambda & \gamma_\lambda\\ \alpha_\mu & \beta_\mu & \gamma_\mu\end{vmatrix}$$

则有 $D_{\kappa\lambda\mu}=a_\kappa b_\lambda c_\mu \Delta_{\kappa\lambda\mu}$及

$$X=\sum a_\kappa b_\lambda c_\mu \Delta_{\kappa\lambda\mu}$$

在这含有 27 项的和式中,所有具有某两个相同下标的项都为零,因为此时 $\Delta_{\kappa\lambda\mu}$有两行相同. 所以只有具有不相同的号码 κ,λ,μ 的项保留下来,因此

$$X=a_1b_2c_3\Delta_{123}+a_1b_3c_2\Delta_{132}+a_2b_1c_3\Delta_{213}+$$
$$a_2b_3c_1\Delta_{231}+a_3b_1c_2\Delta_{312}+a_3b_2c_1\Delta_{321}$$

但是保留下来的 6 个行列式 $\Delta_{123},\Delta_{132},\cdots$与已给的 Δ 最多只是行的位置有所不同,因此有关系 $\Delta_{123}=\Delta_{231}=\Delta_{312}=\Delta,\Delta_{321}=\Delta_{213}=\Delta_{132}=-\Delta$. 由此

$$X=\Delta(a_1b_2c_3+a_2b_3c_1+a_3b_1c_2-a_3b_2c_1-a_2b_1c_3-a_1b_3c_2)$$

也即 $X=\Delta\cdot D$,于是结论证毕.

刚才所证明的结论对于任意高阶的行列式也是成立的.

6. 例

若在上面的行列式 Δ 中以 D 的子行列式 A_1, $B_1,\cdots,C_3$ 代替 $\alpha_1,\beta_1,\cdots,\gamma_3$,于是根据 §1 第六部分,在行列式$X=D\cdot\Delta$中除主对角线的元素以外,所有元素皆为零,而主对角线上元素的值皆为 D. 因此

$$D\cdot\begin{vmatrix}A_1 & B_1 & C_1\\ A_2 & B_2 & C_2\\ A_3 & B_3 & C_3\end{vmatrix}=\begin{vmatrix}D & 0 & 0\\ 0 & D & 0\\ 0 & 0 & D\end{vmatrix}=D^3$$

当 $D\neq 0$ 时,则由此即得

$$\begin{vmatrix} A_1 & B_1 & C_1 \\ A_2 & B_2 & C_2 \\ A_3 & B_3 & C_3 \end{vmatrix} = \begin{vmatrix} a_1 & b_1 & c_1 \\ a_2 & b_2 & c_2 \\ a_3 & b_3 & c_3 \end{vmatrix}^2$$

因为我们可以由算出右边的平方而直接证明这一公式,所以在 $D=0$ 的情形它也是成立的.

7. 行列式的微分

由式(6)所给定的行列式 D 可看作它的 n^2 个元素 $a_{\alpha\beta}(\alpha,\beta=1,2,\cdots,n)$ 的函数. 由式(7)得

$$\frac{\partial D}{\partial a_{\alpha\beta}}=A_{\alpha\beta}$$

所以

$$\mathrm{d}D=\sum_{\alpha}\sum_{\beta}A_{\alpha\beta}\mathrm{d}a_{\alpha\beta}\quad(\alpha,\beta=1,2,\cdots,n)$$

第3章 与 Vandermonde 行列式有关的计算

问题 1（Vandermonde 行列式）　若 $x_1, x_2, \cdots, x_n$ 是任意复数，则

$$V_n = V_n(x_1, x_2, \cdots, x_n)$$

$$= \begin{vmatrix} 1 & x_1 & x_1^2 & \cdots & x_1^{n-1} \\ 1 & x_2 & x_2^2 & \cdots & x_2^{n-1} \\ \vdots & \vdots & \vdots & & \vdots \\ 1 & x_n & x_n^2 & \cdots & x_n^{n-1} \end{vmatrix} = \prod_{1 \leqslant i < j \leqslant n} (x_j - x_i)$$

证明　这里给出 4 种证法，涉及多种行列式计算的基本技巧，如多项式的因式分解（证法 1 和 2），数学归纳法（基于递推关系）（证法 3 和 4），加边技巧（证法 2）. 证法 4 比较特殊，不为人们所熟知.

证法 1：行列式的展开式共含 $n!$ 项，每项都是形式为 $x_1^{i_1} x_2^{i_2} \cdots x_n^{i_n}$ 的乘积，其中 $\{i_1, i_2, \cdots, i_n\}$ 是 $\{0, 1, \cdots, n-1\}$ 的一个排列. 因为

$$\begin{aligned} i_1 + i_2 + \cdots + i_n &= 0 + 1 + 2 + \cdots + (n-1) \\ &= \frac{1}{2} n(n-1) \end{aligned}$$

所以展开式是变量 $x_1,x_2,\cdots,x_n$ 的$\frac{n(n-1)}{2}$次齐式. 如果我们将 V_n 看作 x_1 的多项式,那么当 x_1 分别等于 $x_2,x_3,\cdots,x_n$ 时,行列式都有两行相等,所以等于0,因此 $V_n(x_1,x_2,\cdots,x_n)$ 有因式 $(x_1-x_2)(x_1-x_3)\cdots(x_1-x_n)$,也就是

$$(x_2-x_1)(x_3-x_1)\cdots(x_n-x_1)$$

(这种改写至多可能相差一个符号,只影响下文中的常数 c 的符号). 类似地,将 V_n 看作 x_2 的多项式,可知 $V_n(x_1,x_2,\cdots,x_n)$ 有因式

$$(x_3-x_2)(x_4-x_2)\cdots(x_n-x_2)$$

等. 一般地,$V_n(x_1,x_2,\cdots,x_n)$ 有因式

$$\prod_{u=v}^{n}(x_u-x_{v-1})\quad(v=2,3,\cdots,n)$$

这些表达式都是一次因式之积,这些一次因式两两互异,总数等于

$$(n-1)+(n-2)+\cdots+2+1=\frac{1}{2}n(n-1)$$

所以它们的乘积是变量 $x_1,x_2,\cdots,x_n$ 的$\frac{n(n-1)}{2}$次齐式. 于是我们得知 $V_n(x_1,x_2,\cdots,x_n)$ 有因式分解

$$V_n(x_1,x_2,\cdots,x_n)=c\prod_{v=2}^{n}\prod_{u=v}^{n}(x_u-x_{v-1})$$

其中 c 是一个常数. 因为行列式 V_n 的主对角线元之积等于

$$x_2x_3^2x_4^3\cdots x_n^{n-1}$$

而将前式展开后可知,含有

$$cx_2x_3^2x_4^3\cdots x_n^{n-1}$$

所以 $c=1$，于是

$$\begin{aligned}V_n(x_1,x_2,\cdots,x_n) &= \prod_{v=2}^{n}\prod_{u=v}^{n}(x_u - x_{v-1})\\ &= \prod_{1\leqslant i<j\leqslant n}(x_j - x_i)\end{aligned}$$

证法 2：令

$$P(x)=\begin{vmatrix} 1 & x_1 & x_1^2 & \cdots & x_1^{n-2} & x_1^{n-1}\\ 1 & x_2 & x_2^2 & \cdots & x_2^{n-2} & x_2^{n-1}\\ \vdots & \vdots & \vdots & & \vdots & \vdots\\ 1 & x_{n-1} & x_{n-1}^2 & \cdots & x_{n-1}^{n-2} & x_{n-1}^{n-1}\\ 1 & x & x^2 & \cdots & x^{n-2} & x^{n-1}\end{vmatrix}$$

那么 $P(x)$ 是 x 的 $n-1$ 次多项式，并且当 $x=x_1,x_2,\cdots,x_{n-1}$ 时，总有两行相等，因而 $P(x)$ 有根 $x_1,x_2,\cdots,x_{n-1}$，从而

$$P(x) = c\prod_{i=1}^{n-1}(x - x_i)$$

其中 c 是 x^{n-1} 的系数. 按最后一行展开行列式得 $c=V_{n-1}(x_1,x_2,\cdots,x_{n-1})$，因此

$$P(x) = V_{n-1}(x_1,x_2,\cdots,x_{n-1})\prod_{i=1}^{n-1}(x - x_i)$$

其中令 $x=x_n$，那么 $P(x_n)=V_n(x_1,x_2,\cdots,x_n)$，因此得到递推关系式

$$V_n(x_1,x_2,\cdots,x_n) = V_{n-1}(x_1,x_2,\cdots,x_{n-1})\prod_{i=1}^{n-1}(x_n - x_i)$$

由此可推出所要的公式.

证法 3：将行列式 V_n 的第 n 列减去其前一列（第 $n-1$列）的 x_n 倍，得到

$$V_n=\begin{vmatrix}1 & x_1 & x_1^2 & \cdots & x_1^{n-2} & x_1^{n-1}-x_nx_1^{n-2}\\1 & x_2 & x_2^2 & \cdots & x_2^{n-2} & x_2^{n-1}-x_nx_2^{n-2}\\\vdots & \vdots & \vdots & & \vdots & \vdots\\1 & x_{n-1} & x_{n-1}^2 & \cdots & x_{n-1}^{n-2} & x_{n-1}^{n-1}-x_nx_{n-1}^{n-2}\\1 & x_n & x_n^2 & \cdots & x_n^{n-2} & 0\end{vmatrix}$$

$$=\begin{vmatrix}1 & x_1 & x_1^2 & \cdots & x_1^{n-2} & x_1^{n-2}(x_1-x_n)\\1 & x_2 & x_2^2 & \cdots & x_2^{n-2} & x_2^{n-2}(x_2-x_n)\\\vdots & \vdots & \vdots & & \vdots & \vdots\\1 & x_{n-1} & x_{n-1}^2 & \cdots & x_{n-1}^{n-2} & x_{n-1}^{n-2}(x_{n-1}-x_n)\\1 & x_n & x_n^2 & \cdots & x_n^{n-2} & 0\end{vmatrix}$$

类似地，将上面行列式的第 $n-1$ 列减去其前一列（第 $n-2$ 列）的 x_n 倍，可得

$$V_n=\begin{vmatrix}1 & x_1 & x_1^2 & \cdots & x_1^{n-3}(x_1-x_n) & x_1^{n-2}(x_1-x_n)\\1 & x_2 & x_2^2 & \cdots & x_2^{n-3}(x_2-x_n) & x_2^{n-2}(x_2-x_n)\\\vdots & \vdots & \vdots & & \vdots & \vdots\\1 & x_{n-1} & x_{n-1}^2 & \cdots & x_{n-1}^{n-3}(x_{n-1}-x_n) & x_{n-1}^{n-2}(x_{n-1}-x_n)\\1 & x_n & x_n^2 & \cdots & 0 & 0\end{vmatrix}$$

一般地，逐次将所得行列式的第 j 列减去其前一列（第 $j-1$ 列）的 x_n 倍（$j=n,n-1,n-2,\cdots,3,2$），我们推出

$$V_n=\begin{vmatrix} 1 & x_1-x_n & x_1(x_1-x_n) & \cdots & x_1^{n-2}(x_1-x_n) \\ 1 & x_2-x_n & x_2(x_2-x_n) & \cdots & x_2^{n-2}(x_2-x_n) \\ \vdots & \vdots & \vdots & & \vdots \\ 1 & x_{n-1}-x_n & x_{n-1}(x_{n-1}-x_n) & \cdots & x_{n-1}^{n-2}(x_{n-1}-x_n) \\ 1 & 0 & 0 & \cdots & 0 \end{vmatrix}$$

按最后一行展开，可知

$$V_n=(-1)^{n+1}\cdot\begin{vmatrix} x_1-x_n & x_1(x_1-x_n) & \cdots & x_1^{n-2}(x_1-x_n) \\ x_2-x_n & x_2(x_2-x_n) & \cdots & x_2^{n-2}(x_2-x_n) \\ \vdots & \vdots & & \vdots \\ x_{n-1}-x_n & x_{n-1}(x_{n-1}-x_n) & \cdots & x_{n-1}^{n-2}(x_{n-1}-x_n) \end{vmatrix}$$

由各行提取公因式得到

$$\begin{aligned} & V_n(x_1,x_2,\cdots,x_n) \\ =\ & (-1)^{n+1}\prod_{u=1}^{n-1}(x_u-x_n)\cdot V_{n-1}(x_1,x_2,\cdots,x_{n-1}) \\ =\ & (-1)^{n+1}(-1)^{n-1}\prod_{u=1}^{n-1}(x_n-x_u)\cdot V_{n-1}(x_1,x_2,\cdots,x_{n-1}) \\ =\ & \prod_{u=1}^{n-1}(x_n-x_u)\cdot V_{n-1}(x_1,x_2,\cdots,x_{n-1}) \end{aligned}$$

在上式中将 n 换为 $n-1$，对 $V_{n-1}(x_1,x_2,\cdots,x_{n-1})$，我们有

$$V_{n-1}(x_1,x_2,\cdots,x_{n-1})=\prod_{u=1}^{n-2}(x_{n-1}-x_u)\cdot V_{n-2}(x_1,x_2,\cdots,x_{n-2})$$

重复这个过程 $n-1$ 次，注意 $V_1(x_1)=1$，最终得到

$$V_n(x_1,x_2,\cdots,x_n)=\prod_{v=2}^{n}\prod_{u=1}^{v-1}(x_v-x_u)$$

$$=\prod_{1\leqslant i<j\leqslant n}(x_j-x_i)$$

证法 4：我们引进下列 n 阶方阵，其行列式之值等于 1，并且它的第 $k(k\geqslant 2)$ 行的元素由 $(1-x_1)^{n-1}$ 的展开式的各项(降幂排列)决定

$$\begin{pmatrix} 1 & 0 & 0 & 0 & \cdots & 0 \\ -x_1 & 1 & 0 & 0 & \cdots & 0 \\ (-x_1)^2 & \binom{2}{1}(-x_1) & 1 & 0 & \cdots & 0 \\ (-x_1)^3 & \binom{3}{2}(-x_1)^2 & \binom{3}{1}(-x_1) & 1 & \cdots & 0 \\ \vdots & \vdots & \vdots & \vdots & & \vdots \\ (-x_1)^{n-1} & \binom{n-1}{n-2}(-x_1)^{n-2} & \binom{n-1}{n-3}(-x_1)^{n-3} & \binom{n-1}{n-4}(-x_1)^{n-4} & \cdots & 1 \end{pmatrix}$$

容易验证用它左乘 $V_n(x_1,x_2,\cdots,x_n)$ 所对应的矩阵的转置矩阵

$$\begin{pmatrix} 1 & 1 & 1 & \cdots & 1 \\ x_1 & x_2 & x_3 & \cdots & x_n \\ x_1^2 & x_2^2 & x_3^2 & \cdots & x_n^2 \\ \vdots & \vdots & \vdots & & \vdots \\ x_1^{n-1} & x_2^{n-1} & x_3^{n-1} & \cdots & x_n^{n-1} \end{pmatrix}$$

所得之积等于

$$\begin{pmatrix} 1 & 1 & 1 & \cdots & 1 \\ 0 & x_2-x_1 & x_3-x_1 & \cdots & x_n-x_1 \\ 0 & (x_2-x_1)^2 & (x_3-x_1)^2 & \cdots & (x_n-x_1)^2 \\ \vdots & \vdots & \vdots & & \vdots \\ 0 & (x_2-x_1)^{n-1} & (x_3-x_1)^{n-1} & \cdots & (x_n-x_1)^{n-1} \end{pmatrix}$$

所以我们有

$$V_n(x_1,x_2,\cdots,x_n)=\begin{vmatrix}1&1&1&\cdots&1\\0&x_2-x_1&x_3-x_1&\cdots&x_n-x_1\\0&(x_2-x_1)^2&(x_3-x_1)^2&\cdots&(x_n-x_1)^2\\\vdots&\vdots&\vdots&&\vdots\\0&(x_2-x_1)^{n-1}&(x_3-x_1)^{n-1}&\cdots&(x_n-x_1)^{n-1}\end{vmatrix}$$

由此得到递推关系式

$$V_n(x_1,x_2,\cdots,x_n)$$

$$=\prod_{u=2}^{n}(x_u-x_1)\cdot V_{n-1}(x_2-x_1,x_3-x_1,\cdots,x_n-x_1)$$

对 $V_{n-1}(x_2-x_1,x_3-x_1,\cdots,x_n-x_1)$ 应用这个递推关系式（视 $x_2-x_1,x_3-x_1,\cdots,x_n-x_1$ 为参数，并注意 $(x_3-x_1)-(x_2-x_1)=x_3-x_2$，等等），可知

$$V_{n-1}(x_2-x_1,x_3-x_1,\cdots,x_n-x_1)$$

$$=\prod_{u=3}^{n}(x_u-x_2)\cdot V_{n-2}(x_3-x_2,x_4-x_2,\cdots,x_n-x_2)$$

继续这个过程，有限步后，最终得到

$$\begin{aligned}V_n(x_1,x_2,\cdots,x_n)&=\prod_{v=1}^{n-1}\prod_{u=v+1}^{n}(x_u-x_v)\\&=\prod_{1\leqslant i<j\leqslant n}(x_j-x_i)\end{aligned}$$

问题 2　(1) 设 $n\geqslant 2$，证明

$$J_n(a_1,a_2,\cdots,a_n)=\begin{vmatrix}1&1&\cdots&1\\a_1&a_2&\cdots&a_n\\\vdots&\vdots&&\vdots\\a_1^{n-2}&a_2^{n-2}&\cdots&a_n^{n-2}\\a_2a_3\cdots a_n&a_1a_3\cdots a_n&\cdots&a_1a_2\cdots a_{n-1}\end{vmatrix}$$

$$=(-1)^{n-1}V_n(a_1,a_2,\cdots,a_n)$$

其中 $V_n(a_1,a_2,\cdots,a_n)$ 是 Vandermonde 行列式.

(2) 设 $a_{ij}=(t+x_i)^j(i,j=1,2,\cdots,n)$. 令 $F(t)=\det(a_{ij})_n$, 证明

$$x_1x_2\cdots x_nF(t)=F(0)(t+x_1)(t+x_2)\cdots(t+x_n)$$

证明 (1) 首先设某些 $a_i=0$, 例如, 设 $a_1=0$, 那么

$$J_n(a_1,a_2,\cdots,a_n)=\begin{vmatrix} 1 & 1 & \cdots & 1 \\ 0 & a_2 & \cdots & a_n \\ \vdots & \vdots & & \vdots \\ 0 & a_2^{n-2} & \cdots & a_n^{n-2} \\ a_2a_3\cdots a_n & 0 & \cdots & 0 \end{vmatrix}$$

按第 n 行展开得到

$$J_n(a_1,a_2,\cdots,a_n)=(-1)^{n+1}a_2a_3\cdots a_n\begin{vmatrix} 1 & \cdots & 1 \\ a_2 & \cdots & a_n \\ \vdots & & \vdots \\ a_2^{n-2} & \cdots & a_n^{n-2} \end{vmatrix}$$

$$=(-1)^{n+1}a_2a_3\cdots a_nV_{n-1}(a_2,a_3,\cdots,a_n)$$

因为 $a_1=0$, 所以

$$a_2a_3\cdots a_n=(a_2-a_1)(a_3-a_1)\cdots(a_n-a_1)$$

因而

$$a_2a_3\cdots a_nV_{n-1}(a_2,a_3,\cdots,a_n)=V_n(a_1,a_2,\cdots,a_n)$$

于是

$$J_n(a_1,a_2,\cdots,a_n)=(-1)^{n+1}V_n(a_1,a_2,\cdots,a_n)$$

下面设所有 $a_i\neq 0$. 用 $(a_1a_2\cdots a_n)^{-1}$ 乘 $J_n(a_1,a_2,\cdots,a_n)$ 的第 n 行, 可知

$$J_n(a_1,a_2,\cdots,a_n)=a_1a_2\cdots a_n\begin{vmatrix}1 & 1 & \cdots & 1\\ a_1 & a_2 & \cdots & a_n\\ \vdots & \vdots & & \vdots\\ a_1^{n-2} & a_2^{n-2} & \cdots & a_n^{n-2}\\ \frac{1}{a_1} & \frac{1}{a_2} & \cdots & \frac{1}{a_n}\end{vmatrix}$$

$$=(-1)^{n-1}a_1a_2\cdots a_n\begin{vmatrix}\frac{1}{a_1} & \frac{1}{a_2} & \cdots & \frac{1}{a_n}\\ 1 & 1 & \cdots & 1\\ a_1 & a_2 & \cdots & a_n\\ \vdots & \vdots & & \vdots\\ a_1^{n-2} & a_2^{n-2} & \cdots & a_n^{n-2}\end{vmatrix}$$

然后分别用 $a_1,a_2,\cdots,a_n$ 乘上面行列式的第 $1,2,\cdots,n$ 列，即得

$$J_n(a_1,a_2,\cdots,a_n)=(-1)^{n-1}V_n(a_1,a_2,\cdots,a_n)$$

于是此时结论也成立.

(2)我们有

$$F(t)=\prod_{i=1}^{n}(t+x_i)\begin{vmatrix}1 & t+x_1 & \cdots & (t+x_1)^{n-1}\\ 1 & t+x_2 & \cdots & (t+x_2)^{n-1}\\ \vdots & \vdots & & \vdots\\ 1 & t+x_n & \cdots & (t+x_n)^{n-1}\end{vmatrix}$$

$$=\prod_{i=1}^{n}(t+x_i)\cdot V_n(t+x_1,t+x_2,\cdots,t+x_n)$$

又由问题 1 得

$$V_n(t+x_1,t+x_2,\cdots,t+x_n)$$

$$= \prod_{1 \leqslant i < j \leqslant n} ((t + x_j) - (t + x_i))$$
$$= \prod_{1 \leqslant i < j \leqslant n} (x_j - x_i)$$
$$= V_n(x_1, x_2, \cdots, x_n)$$

于是

$$x_1 x_2 \cdots x_n F(t) = x_1 x_2 \cdots x_n V_n(x_1, x_2, \cdots, x_n) \prod_{i=1}^{n} (t + x_i)$$

最后,注意

$$x_1 x_2 \cdots x_n V_n(x_1, x_2, \cdots, x_n)$$
$$= x_1 x_2 \cdots x_n \begin{vmatrix} 1 & x_1 & \cdots & x_1^{n-1} \\ 1 & x_2 & \cdots & x_2^{n-1} \\ \vdots & \vdots & & \vdots \\ 1 & x_n & \cdots & x_n^{n-1} \end{vmatrix}$$
$$= \begin{vmatrix} x_1 & x_1^2 & \cdots & x_1^n \\ x_2 & x_2^2 & \cdots & x_2^n \\ \vdots & \vdots & & \vdots \\ x_n & x_n^2 & \cdots & x_n^n \end{vmatrix}$$
$$= F(0)$$

即得

$$x_1 x_2 \cdots x_n F(t) = F(0)(t+x_1)(t+x_2)\cdots(t+x_n)$$

问题 3 设 $n \geqslant 2$, $V_n(x_1, x_2, \cdots, x_n)$ 是 n 阶 Vandermonde 行列式.

(1)令 $V_n^{(i)}(x_1, x_2, \cdots, x_n)$ 表示删去 $V_n(x_1, x_2, \cdots, x_n)$ 的第 i 行$(x_1^{i-1}, x_2^{i-1}, \cdots, x_n^{i-1})$,然后增添(新的)第 n

行$(x_1^n,x_2^n,\cdots,x_n^n)$所得到的 n 阶行列式$(i=1,2,\cdots,n)$. 证明

$$V_n^{(i)}(x_1,x_2,\cdots,x_n)=\sigma_{n-i+1}V_n(x_1,x_2,\cdots,x_n)$$
$$(i=1,2,\cdots,n)$$

其中 $\sigma_1,\sigma_2,\cdots,\sigma_n$ 是由 $x_1,x_2,\cdots,x_n$ 形成的初等对称多项式,即

$$\sigma_j=\sum_{1\leqslant k_1<k_2<\cdots<k_j\leqslant n}x_{k_1}x_{k_2}\cdots x_{k_j}\quad(1\leqslant j\leqslant n)$$

(2)设 $\Delta_n(x_1,x_2,\cdots,x_n)$ 是将 $V_n(x_1,x_2,\cdots,x_n)$ 的第 n 行换为$(x_1^{n+1},x_2^{n+1},\cdots,x_n^{n+1})$所得到的行列式,证明

$$\Delta_n(x_1,x_2,\cdots,x_n)=\left(\sum_{k=1}^{n}x_k^2+\sum_{1\leqslant i<j\leqslant n}x_ix_j\right)V_n(x_1,x_2,\cdots,x_n)$$

证明　(1)我们给出3种证法.

证法1:定义变量 x 的 n 次多项式(其系数与 x_j 有关)

$$D_n(x)=\begin{vmatrix}1 & 1 & 1 & \cdots & 1\\ -x & x_1 & x_2 & \cdots & x_n\\ (-x)^2 & x_1^2 & x_2^2 & \cdots & x_n^2\\ \vdots & \vdots & \vdots & & \vdots\\ (-x)^n & x_1^n & x_2^n & \cdots & x_n^n\end{vmatrix}$$

由行列式的性质可知它有 n 个根 $-x_1,-x_2,\cdots,-x_n$,因此

$$D_n(x)=c(x+x_1)(x+x_2)\cdots(x+x_n)$$

其中 c 是 x^n 的系数. 将行列式 $D_n(x)$ 按第1列展开,得到

$$D_n(x)=\sum_{i=1}^{n}(-1)^{i+1}(-x)^{i-1}V_n^{(i)}(x_1,x_2,\cdots,x_n)+$$
$$(-1)^{1+n+1}(-x)^{n}V_n(x_1,x_2,\cdots,x_n)$$
$$=\sum_{i=1}^{n}V_n^{(i)}(x_1,x_2,\cdots,x_n)x^{i-1}+V_n(x_1,x_2,\cdots,x_n)x^{n}$$

特别地,由此可知 $c=V_n(x_1,x_2,\cdots,x_n)$,因此

$$D_n(x)=V_n(x_1,x_2,\cdots,x_n)(x+x_1)(x+x_2)\cdots(x+x_n)$$

此外,由多项式的根与系数的关系,我们还有

$$(x+x_1)(x+x_2)\cdots(x+x_n)=\sum_{k=0}^{n}\sigma_k x^{n-k}=\sum_{i=1}^{n+1}\sigma_{n-i+1}x^{i-1}$$

(此处 $\sigma_0=1$). 于是

$$\sum_{i=1}^{n}V_n^{(i)}(x_1,x_2,\cdots,x_n)x^{i-1}+V_n(x_1,x_2,\cdots,x_n)x^{n}$$
$$=\sum_{i=1}^{n+1}\sigma_{n-i+1}V_n(x_1,x_2,\cdots,x_n)x^{i-1}$$

比较两边 $x^0,x,x^2,\cdots,x^{n-1}$ 的系数,即得所要的公式.

证法 2: 不妨认为所有 x_j 互不相等(因为不然 $V_n^{(i)}(x_1,x_2,\cdots,x_n)$ 和 $V_n(x_1,x_2,\cdots,x_n)$ 都等于0,结论显然成立). 考虑以 $u_1,u_2,\cdots,u_n$ 为未知数的线性方程组

$$u_1+\sum_{k=2}^{n}x_i^{k-1}u_k=x_i^n\quad(i=1,2,\cdots,n)$$

方程组的系数行列式是 Vandermonde 行列式 $V_n(x_1,x_2,\cdots,x_n)$,依假设,它不等于0,因此,由 Cramer 法则得

$$u_i=\frac{\widetilde{V}_n^{(i)}(x_1,x_2,\cdots,x_n)}{V_n(x_1,x_2,\cdots,x_n)}\quad(i=1,2,\cdots,n)$$

其中

$$\widetilde{V}_n^{(1)}(x_1,x_2,\cdots,x_n)=\begin{vmatrix} x_1^n & x_1 & \cdots & x_1^{n-1} \\ x_2^n & x_2 & \cdots & x_2^{n-1} \\ \vdots & \vdots & & \vdots \\ x_n^n & x_n & \cdots & x_n^{n-1} \end{vmatrix}$$

$$=(-1)^{n-1}V_n^{(1)}(x_1,x_2,\cdots,x_n)$$

$$\widetilde{V}_n^{(i)}(x_1,x_2,\cdots,x_n)=\begin{vmatrix} 1 & x_1 & \cdots & x_1^{i-2} & x_1^n & x_1^i & \cdots & x_1^{n-1} \\ 1 & x_2 & \cdots & x_2^{i-2} & x_2^n & x_2^i & \cdots & x_2^{n-1} \\ \vdots & \vdots & & \vdots & \vdots & \vdots & & \vdots \\ 1 & x_n & \cdots & x_n^{i-2} & x_n^n & x_n^i & \cdots & x_n^{n-1} \end{vmatrix}$$

$$=(-1)^{n-i}V_n^{(i)}(x_1,x_2,\cdots,x_n)$$

$$(i=2,3,\cdots,n-1)$$

以及

$$\widetilde{V}_n^{(n)}(x_1,x_2,\cdots,x_n)=\begin{vmatrix} 1 & x_1 & \cdots & x_1^{n-2} & x_1^n \\ 1 & x_2 & \cdots & x_2^{n-2} & x_2^n \\ \vdots & \vdots & & \vdots & \vdots \\ 1 & x_n & \cdots & x_n^{n-2} & x_n^n \end{vmatrix}$$

$$=V_n^{(n)}(x_1,x_2,\cdots,x_n)$$

于是

$$u_i=(-1)^{n-i}\frac{V_n^{(i)}(x_1,x_2,\cdots,x_n)}{V_n(x_1,x_2,\cdots,x_n)}\quad (i=1,2,\cdots,n)$$

又由上述线性方程组可知 x 的 n 次多项式（其最高次项的系数等于 1）

$$P(x)=x^n-u_nx^{n-1}-u_{n-1}x^{n-2}-\cdots-u_2x-u_1$$

有 n 个根 $x_1,x_2,\cdots,x_n$，因此

$$P(x)=(x-x_1)(x-x_2)\cdots(x-x_n)$$

由根与系数的关系,可知 $P(x)$ 的系数

$$u_i=(-1)^{n-i}\sigma_{n-i+1}\quad(i=1,2,\cdots,n)$$

等置 $u_i(1\leqslant i\leqslant n-1)$ 的上述两种表达式,即得结果.

证法 3:对 n 用数学归纳法. 当 $n=2$ 时,可以直接验证(此时 $i=1,2,3$). 设对于阶数 $l\leqslant n-1$ 的 Vandermonde 行列式 $V_l(x_1,x_2,\cdots,x_l)$ 结论成立,现在来考虑 $V_n(x_1,x_2,\cdots,x_n)$. 不妨设 $i>1$(因为当 $i=1$ 时要证的等式显然成立),我们有

$$V_n^{(i)}(x_1,x_2,\cdots,x_n)$$

$$=\begin{vmatrix} 1 & 1 & \cdots & 1 \\ x_1 & x_2 & \cdots & x_n \\ \vdots & \vdots & & \vdots \\ x_1^{i-2} & x_2^{i-2} & \cdots & x_n^{i-2} \\ x_1^{i} & x_2^{i} & \cdots & x_n^{i} \\ \vdots & \vdots & & \vdots \\ x_1^{n} & x_2^{n} & \cdots & x_n^{n} \end{vmatrix}$$

$$=(-1)^{i+1}\begin{vmatrix} 0 & 1 & 1 & \cdots & 1 \\ 0 & x_1 & x_2 & \cdots & x_n \\ \vdots & \vdots & \vdots & & \vdots \\ 0 & x_1^{i-2} & x_2^{i-2} & \cdots & x_n^{i-2} \\ 1 & 0 & 0 & \cdots & 0 \\ 0 & x_1^{i} & x_2^{i} & \cdots & x_n^{i} \\ \vdots & \vdots & \vdots & & \vdots \\ 0 & x_1^{n} & x_2^{n} & \cdots & x_n^{n} \end{vmatrix}$$

注意上面的行列式是 $n+1$ 阶的. 分别将上式第 $k(k=2,3,\cdots,n+1)$ 列与第 1 列的 x_{k-1}^{i-1} 倍相加,得到

$$V_n^{(i)}(x_1,x_2,\cdots,x_n)$$

$$=(-1)^{i+1}\begin{vmatrix} 0 & 1 & 1 & \cdots & 1 \\ 0 & x_1 & x_2 & \cdots & x_n \\ \vdots & \vdots & \vdots & & \vdots \\ 0 & x_1^{i-2} & x_2^{i-2} & \cdots & x_n^{i-2} \\ 1 & x_1^{i-1} & x_2^{i-1} & \cdots & x_n^{i-1} \\ 0 & x_1^{i} & x_2^{i} & \cdots & x_n^{i} \\ \vdots & \vdots & \vdots & & \vdots \\ 0 & x_1^{n} & x_2^{n} & \cdots & x_n^{n} \end{vmatrix}$$

在这个行列式中,依次将第 $n+1$ 行减第 n 行的 x_n 倍,第 n 行减第 $n-1$ 行的 x_n 倍,……,第 2 行减第 1 行的 x_n 倍,可知上式等于

$$(-1)^{i+1}\begin{vmatrix} 0 & 1 & 1 & \cdots & 1 & 1 \\ 0 & x_1-x_n & x_2-x_n & \cdots & x_{n-1}-x_n & 0 \\ \vdots & \vdots & \vdots & & \vdots & \vdots \\ 0 & x_1^{i-2}-x_1^{i-3}x_n & x_2^{i-2}-x_2^{i-3}x_n & \cdots & x_{n-1}^{i-2}-x_{n-1}^{i-3}x_n & 0 \\ 1 & x_1^{i-1}-x_1^{i-2}x_n & x_2^{i-1}-x_2^{i-2}x_n & \cdots & x_{n-1}^{i-1}-x_{n-1}^{i-2}x_n & 0 \\ -x_n & x_1^{i}-x_1^{i-1}x_n & x_2^{i}-x_2^{i-1}x_n & \cdots & x_{n-1}^{i}-x_{n-1}^{i-1}x_n & 0 \\ \vdots & \vdots & \vdots & & \vdots & \vdots \\ 0 & x_1^{n}-x_1^{n-1}x_n & x_2^{n}-x_2^{n-1}x_n & \cdots & x_{n-1}^{n}-x_{n-1}^{n-1}x_n & 0 \end{vmatrix}$$

按第 1 列展开上述行列式,它等于

$$
(-1)^{2(i+1)}\begin{vmatrix}
1 & 1 & \cdots & 1 & 1 \\
x_1-x_n & x_2-x_n & \cdots & x_{n-1}-x_n & 0 \\
\vdots & \vdots & & \vdots & \vdots \\
x_1^{i-2}-x_1^{i-3}x_n & x_2^{i-2}-x_2^{i-3}x_n & \cdots & x_{n-1}^{i-2}-x_{n-1}^{i-3}x_n & 0 \\
x_1^{i}-x_1^{i-1}x_n & x_2^{i}-x_2^{i-1}x_n & \cdots & x_{n-1}^{i}-x_{n-1}^{i-1}x_n & 0 \\
\vdots & \vdots & & \vdots & \vdots \\
x_1^{n}-x_1^{n-1}x_n & x_2^{n}-x_2^{n-1}x_n & \cdots & x_{n-1}^{n}-x_{n-1}^{n-1}x_n & 0
\end{vmatrix}
$$

与

$$
(-1)^{2i+3}(-x_n)\begin{vmatrix}
1 & 1 & \cdots & 1 & 1 \\
x_1-x_n & x_2-x_n & \cdots & x_{n-1}-x_n & 0 \\
\vdots & \vdots & & \vdots & \vdots \\
x_1^{i-2}-x_1^{i-3}x_n & x_2^{i-2}-x_2^{i-3}x_n & \cdots & x_{n-1}^{i-2}-x_{n-1}^{i-3}x_n & 0 \\
x_1^{i-1}-x_1^{i-2}x_n & x_2^{i-1}-x_2^{i-2}x_n & \cdots & x_{n-1}^{i-1}-x_{n-1}^{i-2}x_n & 0 \\
x_1^{i+1}-x_1^{i}x_n & x_2^{i+1}-x_2^{i}x_n & \cdots & x_{n-1}^{i+1}-x_{n-1}^{i}x_n & 0 \\
\vdots & \vdots & & \vdots & \vdots \\
x_1^{n}-x_1^{n-1}x_n & x_2^{n}-x_2^{n-1}x_n & \cdots & x_{n-1}^{n}-x_{n-1}^{n-1}x_n & 0
\end{vmatrix}
$$

之和. 这两个行列式都是 n 阶的,将它们按第 n 列展开,得到

$$
V_n^{(i)}(x_1,x_2,\cdots,x_n) = \prod_{i=1}^{n-1}(x_n - x_i)\left(V_{n-1}^{(i-1)}(x_1,x_2,\cdots,x_{n-1}) + x_n V_{n-1}^{(i)}(x_1,x_2,\cdots,x_{n-1})\right)
$$

由归纳假设,我们有

$$
\begin{aligned}
& V_{n-1}^{(i-1)}(x_1,x_2,\cdots,x_{n-1}) \\
={} & \left(\sum_{1\leqslant k_1<\cdots<k_{n-i+1}\leqslant n-1} x_{k_1}\cdots x_{k_{n-i+1}}\right) V_{n-1}(x_1,x_2,\cdots,x_{n-1}) \\
& V_{n-1}^{(i)}(x_1,x_2,\cdots,x_{n-1})
\end{aligned}
$$

$$= \left(\sum_{1 \leqslant k_1 < \cdots < k_{n-i} \leqslant n-1} x_{k_1} \cdots x_{k_{n-i}} \right) V_{n-1}(x_1, x_2, \cdots, x_{n-1})$$

注意

$$\sum_{1 \leqslant k_1 < \cdots < k_{n-i+1} \leqslant n-1} x_{k_1} \cdots x_{k_{n-i+1}} + x_n \sum_{1 \leqslant k_1 < \cdots < k_{n-i} \leqslant n-1} x_{k_1} \cdots x_{k_{n-i}}$$

$$= \sum_{1 \leqslant k_1 < \cdots < k_{n-i+1} \leqslant n} x_{k_1} \cdots x_{k_{n-i+1}} = \sigma_{n-i+1}$$

(其中 σ_{n-i+1} 按 $x_1, x_2, \cdots, x_n$ 而言),以及

$$\prod_{i=1}^{n-1} (x_n - x_i) V_{n-1}(x_1, x_2, \cdots, x_{n-1}) = V_n(x_1, x_2, \cdots, x_n)$$

所以

$$V_n^{(i)}(x_1, x_2, \cdots, x_n) = \sigma_{n-i+1} V_n(x_1, x_2, \cdots, x_n)$$

于是完成归纳证明.

(2)我们在此给出 4 种证法(第 5 种证法见问题 5(3)),其中前 3 种证法是本题(1)中相应方法的变形,证法 4 中的方法看来难以用于本题(1)(但 $i=n$ 的情形除外).

证法 1:定义变量 x 的 $n+1$ 次多项式(其系数与 x_j 有关)

$$P_{n+1}(x) = \begin{vmatrix} 1 & 1 & 1 & \cdots & 1 \\ -x & x_1 & x_2 & \cdots & x_n \\ (-x)^2 & x_1^2 & x_2^2 & \cdots & x_n^2 \\ \vdots & \vdots & \vdots & & \vdots \\ (-x)^{n-1} & x_1^{n-1} & x_2^{n-1} & \cdots & x_n^{n-1} \\ (-x)^{n+1} & x_1^{n+1} & x_2^{n+1} & \cdots & x_n^{n+1} \end{vmatrix}$$

它有 $n+1$ 个根,由行列式的性质可知其中 n 个根是 $-x_1$, $-x_2, \cdots, -x_n$,我们用 $-x_{n+1}$ 表示它的第 $n+1$ 个根,于是

$$P_{n+1}(x)=a_0(x+x_1)(x+x_2)\cdots(x+x_n)(x+x_{n+1})$$

其中 a_0 是 x^{n+1} 的系数. 将行列式 $P_{n+1}(x)$ 按第 1 列展开,得到

$$P_{n+1}(x)=-V_n(x_1,x_2,\cdots,x_n)x^{n+1}+\Delta_n(x_1,x_2,\cdots,x_n)x^{n-1}+a_{n-2}x^{n-2}+\cdots+a_0$$

其中系数 $a_{n-2},\cdots,a_0$ 是某些(元素与 x_j 有关的) n 阶行列式(下文不需要它们的明显表达式),特别得到 $a_0=-V_n(x_1,x_2,\cdots,x_n)$,因此

$$P_{n+1}(x)=-V_n(x_1,x_2,\cdots,x_n)(x+x_1)\cdot(x+x_2)\cdots(x+x_n)(x+x_{n+1})$$

又由多项式的根与系数的关系可知

$$(x+x_1)(x+x_2)\cdots(x+x_n)(x+x_{n+1})=x^{n+1}+\delta_1x^n+\delta_2x^{n-1}+\cdots+\delta_{n+1}$$

其中 δ_j 是 $x_1,x_2,\cdots,x_n,x_{n+1}$ 形成的初等对称多项式,所以

$$P_{n+1}(x)=-V_n(x_1,x_2,\cdots,x_n)(x^{n+1}+\delta_1x^n+\delta_2x^{n-1}+\cdots+\delta_{n+1})$$

比较上述 $P_{n+1}(x)$ 的两个表达式中 x^{n-1} 的系数,我们得到

$$\Delta_n(x_1,x_2,\cdots,x_n)=-\delta_2V_n(x_1,x_2,\cdots,x_n)$$

注意

$$\delta_2=\sum_{1\leqslant i<j\leqslant n+1}x_ix_j=\sum_{1\leqslant i<j\leqslant n}x_ix_j+x_{n+1}\sum_{i=1}^{n}x_i$$

并且由于 $P_{n+1}(x)$ 的 x^n 的系数等于0,即

$$\delta_1=x_1+x_2+\cdots+x_{n+1}=0$$

因而 $x_{n+1}=-\sum_{i=1}^{n}x_i$，于是我们得到

$$\delta_2=\sum_{1\leqslant i<j\leqslant n+1}x_ix_j=\sum_{1\leqslant i<j\leqslant n}x_ix_j+\left(-\sum_{i=1}^{n}x_i\right)\sum_{i=1}^{n}x_i$$
$$=\sum_{1\leqslant i<j\leqslant n}x_ix_j-\left(\sum_{i=1}^{n}x_i\right)^2=-\sum_{i=1}^{n}x_i^2-\sum_{1\leqslant i<j\leqslant n}x_ix_j$$

由此推出

$$\Delta_n(x_1,x_2,\cdots,x_n)=\left(\sum_{k=1}^{n}x_k^2+\sum_{1\leqslant i<j\leqslant n}x_ix_j\right)\cdot V_n(x_1,x_2,\cdots,x_n)$$

证法2：类似于本题(1)的证法2，不妨认为所有 x_j 互不相等. 考虑以 $u_1,u_2,\cdots,u_n$ 为未知数的线性方程组

$$u_1+\sum_{k=2}^{n}x_i^{k-1}u_k=x_i^{n+1}\quad(i=1,2,\cdots,n)$$

依假设，其系数行列式 $V_n(x_1,x_2,\cdots,x_n)\neq0$，因此由 Cramer 法则，得

$$u_n=\frac{\Delta_n(x_1,x_2,\cdots,x_n)}{V_n(x_1,x_2,\cdots,x_n)}$$

又定义 x 的 $n+1$ 次多项式(其首项系数为1)

$$R(x)=x^{n+1}-u_nx^{n-1}-u_{n-1}x^{n-2}-\cdots-u_2x-u_1$$

由上述线性方程组可知 $x_1,x_2,\cdots,x_n$ 是 $R(x)$ 的 n 个根，用 x_{n+1} 记作第 $n+1$ 个根，则得

$$R(x)=(x-x_1)(x-x_2)\cdots(x-x_n)(x-x_{n+1})$$

由此依根与系数的关系可知 $R(x)$ 的系数

$$u_n=-\sum_{1\leqslant i<j\leqslant n+1}x_ix_j$$

于是我们得到

$$\frac{\Delta_n(x_1,x_2,\cdots,x_n)}{V_n(x_1,x_2,\cdots,x_n)}=-\sum_{1\leqslant i<j\leqslant n+1}x_ix_j$$

(以下的推理和计算同证法 1).

证法 3:对 n 用数学归纳法. 当 $n=2$ 时,可直接验证:$\Delta_2(x_1,x_2)=x_2^3-x_1^3=(x_2-x_1)(x_1^2+x_2^2+x_1x_2)=(x_1^2+x_2^2+x_1x_2)V_2(x_1,x_2)$. 设对于阶数 $l\leqslant n-1$,题中关于 $\Delta_l(x_1,x_2,\cdots,x_l)$ 的公式成立. 现在来考虑 $\Delta_n(x_1,x_2,\cdots,x_n)$,我们有

$$\Delta_n(x_1,x_2,\cdots,x_n)$$

$$=\begin{vmatrix}1 & 1 & \cdots & 1\\ x_1 & x_2 & \cdots & x_n\\ \vdots & \vdots & & \vdots\\ x_1^{n-2} & x_2^{n-2} & \cdots & x_n^{n-2}\\ x_1^{n+1} & x_2^{n+1} & \cdots & x_n^{n+1}\end{vmatrix}=(-1)^{n+1}\begin{vmatrix}0 & 1 & 1 & \cdots & 1\\ 0 & x_1 & x_2 & \cdots & x_n\\ \vdots & \vdots & \vdots & & \vdots\\ 0 & x_1^{n-2} & x_2^{n-2} & \cdots & x_n^{n-2}\\ 1 & 0 & 0 & \cdots & 0\\ 0 & x_1^{n+1} & x_2^{n+1} & \cdots & x_n^{n+1}\end{vmatrix}$$

注意右边行列式是 $n+1$ 阶的. 分别将上式第 $k(k=2,\cdots,n+1)$ 列与第 1 列的x_{k-1}^{n-1}倍相加,得到

$$\Delta_n(x_1,x_2,\cdots,x_n)=(-1)^{n+1}\begin{vmatrix}0 & 1 & 1 & \cdots & 1\\ 0 & x_1 & x_2 & \cdots & x_n\\ \vdots & \vdots & \vdots & & \vdots\\ 0 & x_1^{n-2} & x_2^{n-2} & \cdots & x_n^{n-2}\\ 1 & x_1^{n-1} & x_2^{n-1} & \cdots & x_n^{n-1}\\ 0 & x_1^{n+1} & x_2^{n+1} & \cdots & x_n^{n+1}\end{vmatrix}$$

在这个行列式中,依次将第 $n+1$ 行与第 n 行的 x_n^2 倍相减,第 n 行与第 $n-1$ 行的 x_n 倍相减,……,第 2 行与

第 1 行的x_n倍相减,可知 $\Delta_n(x_1,x_2,\cdots,x_n)$ 等于

$$(-1)^{n+1}\begin{vmatrix} 0 & 1 & 1 & \cdots & 1 & 1 \\ 0 & x_1-x_n & x_2-x_n & \cdots & x_{n-1}-x_n & 0 \\ \vdots & \vdots & \vdots & & \vdots & \vdots \\ 0 & x_1^{n-2}-x_1^{n-3}x_n & x_2^{n-2}-x_2^{n-3}x_n & \cdots & x_{n-1}^{n-2}-x_{n-1}^{n-3}x_n & 0 \\ 1 & x_1^{n-1}-x_1^{n-2}x_n & x_2^{n-1}-x_2^{n-2}x_n & \cdots & x_{n-1}^{n-1}-x_{n-1}^{n-2}x_n & 0 \\ -x_n^2 & x_1^{n+1}-x_1^{n-1}x_n^2 & x_2^{n+1}-x_2^{n-1}x_n^2 & \cdots & x_{n-1}^{n+1}-x_{n-1}^{n-1}x_n^2 & 0 \end{vmatrix}$$

按第 1 列展开上述行列式,它等于

$$(-1)^{2(n+1)}\begin{vmatrix} 1 & 1 & \cdots & 1 & 1 \\ x_1-x_n & x_2-x_n & \cdots & x_{n-1}-x_n & 0 \\ \vdots & \vdots & & \vdots & \vdots \\ x_1^{n-3}-x_1^{n-4}x_n & x_2^{n-3}-x_2^{n-4}x_n & \cdots & x_{n-1}^{n-3}-x_{n-1}^{n-4}x_n & 0 \\ x_1^{n-2}-x_1^{n-3}x_n & x_2^{n-2}-x_2^{n-3}x_n & \cdots & x_{n-1}^{n-2}-x_{n-1}^{n-3}x_n & 0 \\ x_1^{n+1}-x_1^{n-1}x_n^2 & x_2^{n+1}-x_2^{n-1}x_n^2 & \cdots & x_{n-1}^{n+1}-x_{n-1}^{n-1}x_n^2 & 0 \end{vmatrix}$$

与

$$(-1)^{2n+4}x_n^2\begin{vmatrix} 1 & 1 & \cdots & 1 & 1 \\ x_1-x_n & x_2-x_n & \cdots & x_{n-1}-x_n & 0 \\ \vdots & \vdots & & \vdots & \vdots \\ x_1^{n-2}-x_1^{n-3}x_n & x_2^{n-2}-x_2^{n-3}x_n & \cdots & x_{n-1}^{n-2}-x_{n-1}^{n-3}x_n & 0 \\ x_1^{n-1}-x_1^{n-2}x_n & x_2^{n-1}-x_2^{n-2}x_n & \cdots & x_{n-1}^{n-1}-x_{n-1}^{n-2}x_n & 0 \end{vmatrix}$$

之和. 这两个行列式都是 n 阶的,将它们按第 n 列展开,得到

$$\begin{aligned}&\Delta_n(x_1,x_2,\cdots,x_n)\\ &=(-1)^{n+1}\prod_{i=1}^{n-1}(x_i-x_n)(\widetilde{\Delta}_{n-1}(x_1,x_2,\cdots,x_{n-1})+\end{aligned}$$

$$x_n^2 V_{n-1}(x_1, x_2, \cdots, x_{n-1}))$$

$$= \prod_{i=1}^{n-1} (x_n - x_i)(\widetilde{\Delta}_{n-1}(x_1, x_2, \cdots, x_{n-1}) + x_n^2 V_{n-1}(x_1, x_2, \cdots, x_{n-1}))$$

其中

$$\widetilde{\Delta}_{n-1}(x_1, x_2, \cdots, x_{n-1}) = \begin{vmatrix} 1 & 1 & \cdots & 1 \\ x_1 & x_2 & \cdots & x_{n-1} \\ \vdots & \vdots & & \vdots \\ x_1^{n-3} & x_2^{n-3} & \cdots & x_{n-1}^{n-3} \\ x_1^{n-1}(x_1+x_n) & x_2^{n-1}(x_2+x_n) & \cdots & x_{n-1}^{n-1}(x_{n-1}+x_n) \end{vmatrix}$$

依行列式的加法法则(按最后一行相加),我们有

$$\widetilde{\Delta}_{n-1}(x_1, x_2, \cdots, x_{n-1}) = \begin{vmatrix} 1 & 1 & \cdots & 1 \\ x_1 & x_2 & \cdots & x_{n-1} \\ x_1^2 & x_2^2 & \cdots & x_{n-1}^2 \\ \vdots & \vdots & & \vdots \\ x_1^{n-3} & x_2^{n-3} & \cdots & x_{n-1}^{n-3} \\ x_1^n & x_2^n & \cdots & x_{n-1}^n \end{vmatrix} + x_n \begin{vmatrix} 1 & 1 & \cdots & 1 \\ x_1 & x_2 & \cdots & x_{n-1} \\ x_1^2 & x_2^2 & \cdots & x_{n-1}^2 \\ \vdots & \vdots & & \vdots \\ x_1^{n-3} & x_2^{n-3} & \cdots & x_{n-1}^{n-3} \\ x_1^{n-1} & x_2^{n-1} & \cdots & x_{n-1}^{n-1} \end{vmatrix}$$

$$= \Delta_{n-1}(x_1, x_2, \cdots, x_{n-1}) + x_n V_{n-1}^{(n-1)}(x_1, x_2, \cdots, x_{n-1})$$

所以

$$\Delta_n(x_1, x_2, \cdots, x_n) = \prod_{i=1}^{n-1} (x_n - x_i)(\Delta_{n-1}(x_1, x_2, \cdots, x_{n-1}) + x_n V_{n-1}^{(n-1)}(x_1, x_2, \cdots, x_{n-1}) + x_n^2 V_{n-1}(x_1, x_2, \cdots, x_{n-1}))$$

又由归纳假设以及本题(1)中所证,可知

$$\Delta_{n-1}(x_1,x_2,\cdots,x_{n-1})$$
$$=\Big(\sum_{k=1}^{n-1}x_k^2+\sum_{1\leqslant k_i<k_j\leqslant n-1}x_{k_i}x_{k_j}\Big)V_{n-1}(x_1,x_2,\cdots,x_{n-1})$$

$$V_{n-1}^{(n-1)}(x_1,x_2,\cdots,x_{n-1})=\Big(\sum_{i=1}^{n-1}x_i\Big)V_{n-1}(x_1,x_2,\cdots,x_{n-1})$$

由此我们推出

$$\Delta_n(x_1,x_2,\cdots,x_n)$$
$$=\prod_{i=1}^{n-1}(x_n-x_i)\cdot V_{n-1}(x_1,x_2,\cdots,x_{n-1})\cdot$$
$$\Big(\sum_{k=1}^{n-1}x_k^2+\sum_{1\leqslant k_i<k_j\leqslant n-1}x_{k_i}x_{k_j}+x_n\sum_{i=1}^{n-1}x_i+x_n^2\Big)$$
$$=\Big(\sum_{k=1}^{n}x_k^2+\sum_{1\leqslant k_i<k_j\leqslant n}x_{k_i}x_{k_j}\Big)V_n(x_1,x_2,\cdots,x_n)$$

于是完成归纳证明.

证法4:定义辅助函数

$$f(u)=\mathrm{e}^{(x_1+\cdots+x_n)u}V_n^{(n)}(x_1,x_2,\cdots,x_n)$$

则有

$$f'(u)=(x_1+\cdots+x_n)\mathrm{e}^{(x_1+\cdots+x_n)u}V_n^{(n)}(x_1,x_2,\cdots,x_n)$$

又将$f(u)$表示为

$$f(u)=\begin{vmatrix}\mathrm{e}^{x_1u} & \mathrm{e}^{x_2u} & \cdots & \mathrm{e}^{x_nu}\\ x_1\mathrm{e}^{x_1u} & x_2\mathrm{e}^{x_2u} & \cdots & x_n\mathrm{e}^{x_nu}\\ \vdots & \vdots & & \vdots\\ x_1^{n-3}\mathrm{e}^{x_1u} & x_2^{n-3}\mathrm{e}^{x_2u} & \cdots & x_n^{n-3}\mathrm{e}^{x_nu}\\ x_1^{n-2}\mathrm{e}^{x_1u} & x_2^{n-2}\mathrm{e}^{x_2u} & \cdots & x_n^{n-2}\mathrm{e}^{x_nu}\\ x_1^{n}\mathrm{e}^{x_1u} & x_2^{n}\mathrm{e}^{x_2u} & \cdots & x_n^{n}\mathrm{e}^{x_nu}\end{vmatrix}$$

依行列式的求导法则，对此行列式的前 $n-2$ 行分别求导所得行列式都等于 0，因此 $f'(u)$ 等于行列式

$$\begin{vmatrix} e^{x_1u} & e^{x_2u} & \cdots & e^{x_nu} \\ x_1e^{x_1u} & x_2e^{x_2u} & \cdots & x_ne^{x_nu} \\ \vdots & \vdots & & \vdots \\ x_1^{n-3}e^{x_1u} & x_2^{n-3}e^{x_2u} & \cdots & x_n^{n-3}e^{x_nu} \\ x_1^{n-1}e^{x_1u} & x_2^{n-1}e^{x_2u} & \cdots & x_n^{n-1}e^{x_nu} \\ x_1^{n}e^{x_1u} & x_2^{n}e^{x_2u} & \cdots & x_n^{n}e^{x_nu} \end{vmatrix}$$

与行列式

$$\begin{vmatrix} e^{x_1u} & e^{x_2u} & \cdots & e^{x_nu} \\ x_1e^{x_1u} & x_2e^{x_2u} & \cdots & x_ne^{x_nu} \\ \vdots & \vdots & & \vdots \\ x_1^{n-3}e^{x_1u} & x_2^{n-3}e^{x_2u} & \cdots & x_n^{n-3}e^{x_nu} \\ x_1^{n-2}e^{x_1u} & x_2^{n-2}e^{x_2u} & \cdots & x_n^{n-2}e^{x_nu} \\ x_1^{n+1}e^{x_1u} & x_2^{n+1}e^{x_2u} & \cdots & x_n^{n+1}e^{x_nu} \end{vmatrix}$$

之和，由此得到

$$f'(u)=e^{(x_1+\cdots+x_n)u}\left(V_n^{(n-1)}(x_1,x_2,\cdots,x_n)+\Delta_n(x_1,x_2,\cdots,x_n)\right)$$

等置上面得到的 $f'(u)$ 的两个表达式，我们推出

$$\Delta_n(x_1,x_2,\cdots,x_n)=(x_1+\cdots+x_n)V_n^{(n)}(x_1,x_2,\cdots,x_n)-V_n^{(n-1)}(x_1,x_2,\cdots,x_n)$$

又由本题(1)可知

$$V_n^{(n)}(x_1,x_2,\cdots,x_n)=(x_1+\cdots+x_n)V_n(x_1,x_2,\cdots,x_n)$$

$$V_n^{(n-1)}(x_1,x_2,\cdots,x_n)=\left(\sum_{1\leqslant x_i<x_j\leqslant n}x_ix_j\right)V_n(x_1,x_2,\cdots,x_n)$$

所以我们最终求得

$$\begin{aligned}&\Delta_n(x_1,x_2,\cdots,x_n)\\=&\Big((x_1+\cdots+x_n)^2-\sum_{1\leqslant x_i<x_j\leqslant n}x_ix_j\Big)V_n(x_1,x_2,\cdots,x_n)\\=&\Big(\sum_{k=1}^{n}x_k^2+\sum_{1\leqslant k_i<k_j\leqslant n}x_{k_i}x_{k_j}\Big)V_n(x_1,x_2,\cdots,x_n)\end{aligned}$$

问题4　(1)设$\boldsymbol{A}=(a_{ij})_n,f_i(x)=a_{i1}+a_{i2}x+\cdots+a_{in}x^{n-1}$ $(i=1,2,\cdots,n)$，证明：对于任何复数 $x_1,x_2,\cdots,x_n$，有

$$\begin{vmatrix}f_1(x_1)&f_1(x_2)&\cdots&f_1(x_n)\\f_2(x_1)&f_2(x_2)&\cdots&f_2(x_n)\\\vdots&\vdots&&\vdots\\f_n(x_1)&f_n(x_2)&\cdots&f_n(x_n)\end{vmatrix}=(\det\boldsymbol{A})V_n(x_1,x_2,\cdots,x_n)$$

其中 $V_n(x_1,x_2,\cdots,x_n)$表示 Vandermonde 行列式.

(2)设$f_1(x),f_2(x),\cdots,f_n(x)$是次数至多为 $n-2$ 的多项式，证明：对任何复数 $a_1,a_2,\cdots,a_n$ 有

$$\begin{vmatrix}f_1(a_1)&f_1(a_2)&\cdots&f_1(a_n)\\f_2(a_1)&f_2(a_2)&\cdots&f_2(a_n)\\\vdots&\vdots&&\vdots\\f_n(a_1)&f_n(a_2)&\cdots&f_n(a_n)\end{vmatrix}=0$$

(3)设$f_i(x)=a_{i1}+a_{i2}x+\cdots+a_{ii}x^{i-1}(i=1,2,\cdots,n)$，证明：对于任何复数 $x_1,x_2,\cdots,x_n$，有

$$\begin{vmatrix}f_1(x_1)&f_1(x_2)&\cdots&f_1(x_n)\\f_2(x_1)&f_2(x_2)&\cdots&f_2(x_n)\\\vdots&\vdots&&\vdots\\f_n(x_1)&f_n(x_2)&\cdots&f_n(x_n)\end{vmatrix}=a_{11}a_{22}\cdots a_{nn}V_n(x_1,x_2,\cdots,x_n)$$

其中 $V_n(x_1,x_2,\cdots,x_n)$表示 Vandermonde 行列式.

(4)证明

Vandermonde 行列式

$$A_n=\begin{vmatrix}1 & 1 & \cdots & 1\\ \cos\theta_1 & \cos\theta_2 & \cdots & \cos\theta_n\\ \cos 2\theta_1 & \cos 2\theta_2 & \cdots & \cos 2\theta_n\\ \vdots & \vdots & & \vdots\\ \cos(n-1)\theta_1 & \cos(n-1)\theta_2 & \cdots & \cos(n-1)\theta_n\end{vmatrix}$$

$$=2^{\frac{(n-2)(n-1)}{2}}\prod_{1\leqslant i<j\leqslant n}(\cos\theta_j-\cos\theta_i)$$

以及

$$B_n=\begin{vmatrix}\sin\theta_1 & \sin\theta_2 & \cdots & \sin\theta_n\\ \sin 2\theta_1 & \sin 2\theta_2 & \cdots & \sin 2\theta_n\\ \vdots & \vdots & & \vdots\\ \sin n\theta_1 & \sin n\theta_2 & \cdots & \sin n\theta_n\end{vmatrix}$$

$$=2^{\frac{n(n-1)}{2}}\prod_{k=1}^{n}\sin\theta_k\prod_{1\leqslant i<j\leqslant n}(\cos\theta_j-\cos\theta_i)$$

(5)证明

$$P_n=\begin{vmatrix}\cos\frac{\theta_1}{2} & \cos\frac{\theta_2}{2} & \cdots & \cos\frac{\theta_n}{2}\\ \cos\frac{3\theta_1}{2} & \cos\frac{3\theta_2}{2} & \cdots & \cos\frac{3\theta_n}{2}\\ \vdots & \vdots & & \vdots\\ \cos\frac{(2n-1)\theta_1}{2} & \cos\frac{(2n-1)\theta_2}{2} & \cdots & \cos\frac{(2n-1)\theta_n}{2}\end{vmatrix}$$

$$=2^{\frac{n(n-1)}{2}}\prod_{k=1}^{n}\cos\frac{\theta_k}{2}\prod_{1\leqslant i<j\leqslant n}(\cos\theta_j-\cos\theta_i)$$

以及

$$Q_n=\begin{vmatrix} \sin\frac{\theta_1}{2} & \sin\frac{\theta_2}{2} & \cdots & \sin\frac{\theta_n}{2} \\ \sin\frac{3\theta_1}{2} & \sin\frac{3\theta_2}{2} & \cdots & \sin\frac{3\theta_n}{2} \\ \vdots & \vdots & & \vdots \\ \sin\frac{(2n-1)\theta_1}{2} & \sin\frac{(2n-1)\theta_2}{2} & \cdots & \sin\frac{(2n-1)\theta_n}{2} \end{vmatrix}$$

$$=2^{\frac{n(n-1)}{2}}\prod_{k=1}^{n}\sin\frac{\theta_k}{2}\prod_{1\leqslant i<j\leqslant n}(\cos\theta_j-\cos\theta_i)$$

(6) 设 $k_1<k_2<\cdots<k_n$ 是任意给定的正整数，$V_n(x_1,x_2,\cdots,x_n)$ 表示 Vandermonde 行列式，证明

$$\frac{V_n(k_1,k_2,\cdots,k_n)}{V_n(1,2,\cdots,n)}$$

是一个整数.

证明　(1) 我们有矩阵等式

$$\begin{pmatrix} a_{11} & a_{12} & \cdots & a_{1n} \\ a_{21} & a_{22} & \cdots & a_{2n} \\ a_{31} & a_{32} & \cdots & a_{3n} \\ \vdots & \vdots & & \vdots \\ a_{n1} & a_{n2} & \cdots & a_{nn} \end{pmatrix}\begin{pmatrix} 1 & 1 & \cdots & 1 \\ x_1 & x_2 & \cdots & x_n \\ x_1^2 & x_2^2 & \cdots & x_n^2 \\ \vdots & \vdots & & \vdots \\ x_1^{n-1} & x_2^{n-1} & \cdots & x_n^{n-1} \end{pmatrix}$$

$$=\begin{pmatrix} f_1(x_1) & f_1(x_2) & \cdots & f_1(x_n) \\ f_2(x_1) & f_2(x_2) & \cdots & f_2(x_n) \\ \vdots & \vdots & & \vdots \\ f_n(x_1) & f_n(x_2) & \cdots & f_n(x_n) \end{pmatrix}$$

两边取行列式，即得所要的结果.

(2) 证法 1：这是本题(1)的特例，因为 det $\boldsymbol{A}$ 的最

后一列是零列,所以其值为 0.

证法 2:如果 a_k 中有两个相等,那么题中行列式有两列相等,从而等于 0. 如果 a_k 两两互异,那么将题中行列式看作 a_1 的多项式,由行列式的展开式和题设可知,此多项式至多是 $n-2$ 次的. 但当自变量 a_1 取值 $a_2,a_3,\cdots,a_n$ 时,行列式都等于 0,因此 $n-2$ 次多项式有 $n-1$ 个根,从而它恒等于 0,于是题中行列式等于 0.

(3)证法 1:这是本题(1)的特例,因为 $\det \boldsymbol{A}$ 是下三角行列式,其主对角元为 $a_{11},a_{22},\cdots,a_{nn}$,所以得到题中的等式.

证法 2:因为 $f_1(x_i)=a_{11}(i=1,2,\cdots,n)$,所以题中行列式的第 1 行是 $(a_{11},a_{11},\cdots,a_{11})$;提出公因子 a_{11} 后,第 1 行成为 $(1,1,\cdots,1)$. 因为 $f_2(x_i)=a_{21}+a_{22}x_i$,在刚才所得行列式中,从第 2 行减去第 1 行 $(1,1,\cdots,1)$ 的 a_{21} 倍后,第 2 行变为 $(a_{22}x_1,a_{22}x_2,\cdots,a_{22}x_n)$;提出公因子 a_{22} 后,第 2 行变为 $(x_1,x_2,\cdots,x_n)$. 于是题中行列式等于

$$a_{11}a_{22}\begin{vmatrix} 1 & 1 & \cdots & 1 \\ x_1 & x_2 & \cdots & x_n \\ f_3(x_1) & f_3(x_2) & \cdots & f_3(x_n) \\ \vdots & \vdots & & \vdots \\ f_n(x_1) & f_n(x_2) & \cdots & f_n(x_n) \end{vmatrix}$$

继续应用 $f_3(x_i)=a_{31}+a_{32}x_i+a_{33}x_i^2$,进行类似的操作,将产生因子 a_{33} 以及新的第 3 行 $(x_1^2,x_2^2,\cdots,x_n^2)$. 这样的操作进行有限次后,即得所要的等式.

证法 3:因为

$$f_1(x_i)=a_{11},f_2(x_i)=a_{21}+a_{22}x_i$$

所以可将第 2 行分拆为$(a_{21},a_{21},\cdots,a_{21})$和$(a_{22}x_1,a_{22}x_2,\cdots,a_{22}x_n)$. 按行列式加法法则,题中行列式等于

$$D_n=\begin{vmatrix} a_{11} & a_{11} & \cdots & a_{11} \\ a_{21} & a_{21} & \cdots & a_{21} \\ f_3(x_1) & f_3(x_2) & \cdots & f_3(x_n) \\ \vdots & \vdots & & \vdots \\ f_n(x_1) & f_n(x_2) & \cdots & f_n(x_n) \end{vmatrix}+$$

$$\begin{vmatrix} a_{11} & a_{11} & \cdots & a_{11} \\ a_{22}x_1 & a_{22}x_2 & \cdots & a_{22}x_n \\ f_3(x_1) & f_3(x_2) & \cdots & f_3(x_n) \\ \vdots & \vdots & & \vdots \\ f_n(x_1) & f_n(x_2) & \cdots & f_n(x_n) \end{vmatrix}$$

右边第 1 个行列式中前两行成比例,所以等于 0,从而

$$D_n=\begin{vmatrix} a_{11} & a_{11} & \cdots & a_{11} \\ a_{22}x_1 & a_{22}x_2 & \cdots & a_{22}x_n \\ f_3(x_1) & f_3(x_2) & \cdots & f_3(x_n) \\ \vdots & \vdots & & \vdots \\ f_n(x_1) & f_n(x_2) & \cdots & f_n(x_n) \end{vmatrix}$$

因为$f_3(x_i)=a_{31}+a_{32}x_i+a_{33}x_i^2$,所以可将上面的行列式按第 3 行分拆为 3 个行列式之和,其中两个分别含有行$(a_{31},a_{31},\cdots,a_{31})$和$(a_{32}x_1,a_{32}x_2,\cdots,a_{32}x_n)$,因而各含有两行成比例,所以等于 0,从而

$$D_n=\begin{vmatrix} a_{11} & a_{11} & \cdots & a_{11} \\ a_{22}x_1 & a_{22}x_2 & \cdots & a_{22}x_n \\ a_{33}x_1^2 & a_{33}x_2^2 & \cdots & a_{33}x_n^2 \\ f_4(x_1) & f_4(x_2) & \cdots & f_4(x_n) \\ \vdots & \vdots & & \vdots \\ f_n(x_1) & f_n(x_2) & \cdots & f_n(x_n) \end{vmatrix}$$

继续进行类似的操作,有限步后得到

$$D_n = \begin{vmatrix} a_{11} & a_{11} & \cdots & a_{11} \\ a_{22}x_1 & a_{22}x_2 & \cdots & a_{22}x_n \\ a_{33}x_1^2 & a_{33}x_2^2 & \cdots & a_{33}x_n^2 \\ \vdots & \vdots & & \vdots \\ a_{nn}x_1^{n-1} & a_{nn}x_2^{n-1} & \cdots & a_{nn}x_n^{n-1} \end{vmatrix}$$

$$=a_{11}a_{22}\cdots a_{nn}V_n(x_1,x_2,\cdots,x_n)$$

(4)(i)首先证明:若 m 是正整数,则可将 $\cos m\theta$ 表示为 $\cos\theta$ 的 m 次多项式,将 $\sin m\theta$ 表示为 $\cos\theta$ 的 $m-1$ 次多项式与 $\sin\theta$ 之积的形式. 由 De Moivre(棣莫弗)公式 $(\cos\theta\pm\mathrm{i}\sin\theta)^m=\cos m\theta\pm\mathrm{i}\sin m\theta$ $(\mathrm{i}=\sqrt{-1})$ 可知

$$\cos m\theta = \frac{1}{2}((\cos\theta+\mathrm{i}\sin\theta)^m+(\cos\theta-\mathrm{i}\sin\theta)^m)$$

$$=\frac{1}{2}\sum_{t=0}^{m}\binom{m}{t}((\mathrm{i}\sin\theta)^t+(-\mathrm{i}\sin\theta)^t)\cos^{m-t}\theta$$

当 t 取奇数时, $(\mathrm{i}\sin\theta)^t+(-\mathrm{i}\sin\theta)^t=0$, 所以

$$\cos m\theta=\sum_{0\leqslant 2k\leqslant m}\binom{m}{2k}(-1)^k\sin^{2k}\theta\cos^{m-2k}\theta$$

$$=\sum_{0\leqslant 2k\leqslant m}(-1)^k\binom{m}{2k}(1-\cos^2\theta)^k\cos^{m-2k}\theta$$

$$= C_m(\cos\theta)$$

其中

$$C_m(x) = \sum_{0\leqslant 2k\leqslant m}(-1)^k\binom{m}{2k}(1-x^2)^k x^{m-2k}$$

是 x 的 m 次多项式,而且最高次项 x^m 的系数

$$c_m = \sum_{0\leqslant 2k\leqslant m}(-1)^k\binom{m}{2k}\cdot(-1)^k = \sum_{0\leqslant 2k\leqslant m}\binom{m}{2k}$$

注意

$$0 = (1-1)^m = \sum_{0\leqslant 2k\leqslant m}\binom{m}{2k} - \sum_{0\leqslant 2k+1\leqslant m}\binom{m}{2k+1}$$

$$2^m = (1+1)^m = \sum_{0\leqslant 2k\leqslant m}\binom{m}{2k} + \sum_{0\leqslant 2k+1\leqslant m}\binom{m}{2k+1}$$

因此

$$\sum_{0\leqslant 2k\leqslant m}\binom{m}{2k} = \frac{1}{2}\times 2^m = 2^{m-1}$$

由此可知多项式 $C_m(x)$ 的最高次项系数 $c_m = 2^{m-1}$.

类似地,我们有

$$\begin{aligned}\sin m\theta &= \frac{1}{2\mathrm{i}}((\cos\theta+\mathrm{i}\sin\theta)^m-(\cos\theta-\mathrm{i}\sin\theta)^m)\\ &= \frac{1}{2\mathrm{i}}\sum_{t=0}^{m}\binom{m}{t}((\mathrm{i}\sin\theta)^t-(-\mathrm{i}\sin\theta)^t)\cos^{m-t}\theta\\ &= \sum_{0\leqslant 2k+1\leqslant m}\binom{m}{2k+1}(-1)^k\sin^{2k+1}\theta\cos^{m-2k-1}\theta\\ &= \sin\theta\sum_{0\leqslant 2k+1\leqslant m}(-1)^k\binom{m}{2k+1}\cdot\\ &\quad (1-\cos^2\theta)^k\cos^{m-2k-1}\theta\\ &= \sin\theta S_{m-1}(\cos\theta)\end{aligned}$$

其中

$$S_{m-1}(x)=\sum_{0\leqslant 2k+1\leqslant m}(-1)^k\binom{m}{2k+1}(1-x^2)^k x^{m-2k-1}$$

是 x 的 $m-1$ 次多项式,而且最高次项 x^{m-1} 的系数

$$s_{m-1}=\sum_{0\leqslant 2k+1\leqslant m}(-1)^k\binom{m}{2k+1}\cdot(-1)^k$$

$$=\sum_{0\leqslant 2k+1\leqslant m}\binom{m}{2k+1}=2^{m-1}$$

(ii) 在本题(3) 中取

$$f_1(x)=1,f_k(x)=C_{k-1}(x)\quad(k=2,3,\cdots,n)$$

以及

$$x_k=\cos\theta_k\quad(k=1,2,\cdots,n)$$

可知

$$A_n=1\times 2^0\times 2^1\times\cdots\times 2^{n-1}V_n(\cos\theta_1,\cos\theta_2,\cdots,\cos\theta_n)$$
$$=2^{\frac{(n-2)(n-1)}{2}}\prod_{1\leqslant i<j\leqslant n}(\cos\theta_j-\cos\theta_i)$$

(iii)我们还有

$$B_n=\begin{vmatrix}\sin\theta_1 & \sin\theta_2 & \cdots & \sin\theta_n\\ \sin\theta_1 S_2(\cos\theta_1) & \sin\theta_2 S_2(\cos\theta_2) & \cdots & \sin\theta_n S_2(\cos\theta_n)\\ \vdots & \vdots & & \vdots\\ \sin\theta_1 S_n(\cos\theta_1) & \sin\theta_2 S_n(\cos\theta_2) & \cdots & \sin\theta_n S_n(\cos\theta_n)\end{vmatrix}$$

类似地,取

$$f_k(x)=S_k(x),x_k=\cos\theta_k\quad(k=1,2,\cdots,n)$$

即得

$$B_n=2^{\frac{n(n-1)}{2}}\prod_{k=1}^{n}\sin\theta_k\prod_{1\leqslant i<j\leqslant n}(\cos\theta_j-\cos\theta_i)$$

(5)因为

$$\sin\frac{\theta}{2}\cos\left(k+\frac{1}{2}\right)\theta=\frac{1}{2}(\sin(k+1)\theta-\sin k\theta)$$

所以用 $\sin\frac{\theta_k}{2}$乘行列式 P_n 的第 k 列($k=1,2,\cdots,n$)后,得到

$$P_n=\frac{1}{2^n\prod_{k=1}^{n}\sin\frac{\theta_k}{2}}\cdot\begin{vmatrix}\sin\theta_1 & \cdots & \sin\theta_n\\ \sin 2\theta_1-\sin\theta_1 & \cdots & \sin 2\theta_n-\sin\theta_n\\ \sin 3\theta_1-\sin 2\theta_1 & \cdots & \sin 3\theta_n-\sin 2\theta_n\\ \vdots & & \vdots\\ \sin n\theta_1-\sin(n-1)\theta_1 & \cdots & \sin n\theta_n-\sin(n-1)\theta_n\end{vmatrix}$$

在右边的行列式中,依次将第 2 行加上第 1 行,第 3 行加上新得到的第 2 行,第 4 行加上新得到的第 3 行,……,最后,第 n 行加上新得到的第 $n-1$ 行,可知

$$P_n=\frac{1}{2^n\prod_{k=1}^{n}\sin\frac{\theta_k}{2}}\begin{vmatrix}\sin\theta_1 & \sin\theta_2 & \cdots & \sin\theta_n\\ \sin 2\theta_1 & \sin 2\theta_2 & \cdots & \sin 2\theta_n\\ \sin 3\theta_1 & \sin 3\theta_2 & \cdots & \sin 3\theta_n\\ \vdots & \vdots & & \vdots\\ \sin n\theta_1 & \sin n\theta_2 & \cdots & \sin n\theta_n\end{vmatrix}$$

最后,应用本题(4)中行列式 B_n 的公式以及 $\sin\theta=2\sin\frac{\theta}{2}\cos\frac{\theta}{2}$,即得

$$P_n=2^{\frac{n(n-1)}{2}}\prod_{k=1}^{n}\cos\frac{\theta_k}{2}\prod_{1\leqslant i<j\leqslant n}(\cos\theta_j-\cos\theta_i)$$

类似地,对于 Q_n,应用

$$\sin\left(k-\frac{1}{2}\right)\theta\cos\frac{\theta}{2}=\frac{1}{2}(\sin k\theta+\sin(k-1)\theta)$$

以及本题(4)中行列式 B_n 的公式,即可得到所要的结果.

(6)在本题(3)中取

$$f_1(x)=1, f_i(x)=x(x-1)(x-2)\cdots(x-i+2)$$

$$(i=2,3,\cdots,n)$$

那么对于正整数 $k_1<k_2<\cdots<k_n$,有

$$D_n=\begin{vmatrix} 1 & 1 & \cdots & 1 \\ f_2(k_1) & f_2(k_2) & \cdots & f_2(k_n) \\ f_3(k_1) & f_3(k_2) & \cdots & f_3(k_n) \\ \vdots & \vdots & & \vdots \\ f_n(k_1) & f_n(k_2) & \cdots & f_n(k_n) \end{vmatrix}$$

$$=V_n(k_1,k_2,\cdots,k_n)$$

设 $i\geqslant 2$. 因为对于任何正整数 m,有

$$f_i(m)=m(m-1)(m-2)\cdots(m-i+2)$$

$$=(i-1)!\binom{m}{i-1}$$

(当正整数 $m<i-1$ 时,$\binom{m}{i-1}=0$),所以对于任何正整数 m,有 $(i-1)!$ 整除 $f_i(m)$. 在行列式 D_n 的第 2 行提出公因子 $1!=1$,第 3 行提出公因子 $2!$,……,第 n 行提出公因子 $(n-1)!$,可知 $\prod_{i=1}^{n-1} i!$ 整除

$$D_n=V_n(k_1,k_2,\cdots,k_n)$$

又由问题 1 知

$$V_n(1,2,\cdots,n)=\prod_{i=1}^{n-1} i!$$

于是本题得证.

问题 5　$k_1<k_2<\cdots<k_n$ 是非负整数,令

$$\Delta(k_1,k_2,\cdots,k_n)=\begin{vmatrix} x_1^{k_1} & x_2^{k_1} & \cdots & x_n^{k_1} \\ x_1^{k_2} & x_2^{k_2} & \cdots & x_n^{k_2} \\ \vdots & \vdots & & \vdots \\ x_1^{k_n} & x_2^{k_n} & \cdots & x_n^{k_n} \end{vmatrix}$$

$V_n(x_1,x_2,\cdots,x_n)=\Delta(0,1,\cdots,n-1)$ 是 Vandermonde 行列式.

(1)证明

$$\Delta(k_1,k_2,\cdots,k_n)=V_n(x_1,x_2,\cdots,x_n)P(x_1,x_2,\cdots,x_n)$$

其中 $P(x_1,x_2,\cdots,x_n)$ 是 $x_1,x_2,\cdots,x_n$ 的齐次对称多项式.

(2)证明

$$\lim_{\substack{x_1\to 0\\ \vdots \\ x_n\to 0}}\frac{\Delta(k_1,k_2,\cdots,k_n)}{V_n(x_1,x_2,\cdots,x_n)}=\begin{cases}1,\text{当}(k_1,k_2,\cdots,k_n)=(0,1,\cdots,n-1)\text{时}\\ 0,\text{当}(k_1,k_2,\cdots,k_n)\neq(0,1,\cdots,n-1)\text{时}\end{cases}$$

(3)证明

$$\Delta(0,1,\cdots,n-2,n+1)=\left(\sum_{k=1}^{n}x_k^2+\sum_{1\leqslant i<j\leqslant n}x_ix_j\right)V_n(x_1,x_2,\cdots,x_n)$$

证明　(1)如果某两个 x_i,x_j 相等,那么题中要证的等式显然成立. 下面设所有 x_k 互不相等. 因为 $\Delta(k_1,k_2,\cdots,k_n)$ 是 x_n 的多项式,由行列式的性质可知,当 $x_n=x_1,x_2,\cdots,x_{n-1}$ 时,此多项式等于 0,所以它有因子 $(x_n-x_1)(x_n-x_2)\cdots(x_n-x_{n-1})$. 类似地,$\Delta(k_1,k_2,\cdots,k_n)$ 也是 x_{n-1} 的多项式,因此推出它有因

子$(x_{n-1}-x_1)(x_{n-1}-x_2)\cdots(x_{n-1}-x_{n-2})$. 继续类似的推理,可知$\Delta(k_1,k_2,\cdots,k_n)$有因子

$$\prod_{j=2}^{n}\prod_{i=1}^{j-1}(x_j-x_i)=\prod_{1\leqslant i<j\leqslant n}(x_j-x_i)$$

由此及问题1推出$V_n(x_1,x_2,\cdots,x_n)$整除$\Delta(k_1,k_2,\cdots,k_n)$. 于是存在变量$x_1,x_2,\cdots,x_n$的多项式$P(x_1,x_2,\cdots,x_n)$,使得

$$\Delta(k_1,k_2,\cdots,k_n)=V_n(x_1,x_2,\cdots,x_n)P(x_1,x_2,\cdots,x_n)$$

因为以任何顺序重新排列$x_1,x_2,\cdots,x_n$时,行列式$\Delta(k_1,k_2,\cdots,k_n)$和$V_n(x_1,x_2,\cdots,x_n)$的变号情况相同,但绝对值都不变,因此多项式$P(x_1,x_2,\cdots,x_n)$保持不变,因而是$x_1,x_2,\cdots,x_n$的对称函数. 又由行列式展开可知$\Delta(k_1,k_2,\cdots,k_n)$和$V_n(x_1,x_2,\cdots,x_n)$都是关于$x_1,x_2,\cdots,x_n$的齐次多项式,因此$P(x_1,x_2,\cdots,x_n)$也是关于$x_1,x_2,\cdots,x_n$的齐次多项式,其次数等于

$$\begin{aligned}&k_1+k_2+\cdots+k_n-1-2-\cdots-(n-1)\\&=k_1+k_2+\cdots+k_n-\frac{n(n-1)}{2}\end{aligned}$$

(2)由本题(1)所证可知,当$(k_1,k_2,\cdots,k_n)=(0,1,\cdots,n-1)$时,$\Delta(k_1,k_2,\cdots,k_n)=V_n(x_1,x_2,\cdots,x_n)$,从而$P(x_1,x_2,\cdots,x_n)=1$;当$\Delta(k_1,k_2,\cdots,k_n)\neq(0,1,\cdots,n-1)$时,因为$0\leqslant k_1<k_2<\cdots<k_n$,所以多项式$P(x_1,x_2,\cdots,x_n)$的次数大于0,注意它是齐次的,因而

$$\lim_{\substack{x_1\to 0\\ \vdots\\ x_n\to 0}}P(x_1,x_2,\cdots,x_n)=0$$

(3)由本题(1)可知,此时$P(x_1,x_2,\cdots,x_n)$是二次

齐次对称多项式,所以,令

$$P(x_1,x_2,\cdots,x_n)=A\sum_{k=1}^{n}x_k^2+B\sum_{1\leqslant i<j\leqslant n}x_ix_j$$

其中 A,B 是待定系数. 在等式

$$\begin{vmatrix} 1 & 1 & \cdots & 1 \\ x_1 & x_2 & \cdots & x_n \\ \vdots & \vdots & & \vdots \\ x_1^{n-2} & x_2^{n-2} & \cdots & x_n^{n-2} \\ x_1^{n+1} & x_2^{n+1} & \cdots & x_n^{n+1} \end{vmatrix}$$

$$=\left(A\sum_{k=1}^{n}x_k^2+B\sum_{1\leqslant i<j\leqslant n}x_ix_j\right)\begin{vmatrix} 1 & 1 & \cdots & 1 \\ x_1 & x_2 & \cdots & x_n \\ \vdots & \vdots & & \vdots \\ x_1^{n-2} & x_2^{n-2} & \cdots & x_n^{n-2} \\ x_1^{n-1} & x_2^{n-1} & \cdots & x_n^{n-1} \end{vmatrix}$$

中,左边行列式的副对角线元素之积 $x_1^{n+1}x_2^{n-2}\cdots x_{n-1}\cdot 1$,以及右边行列式的副对角线元素之积 $x_1^{n-1}x_2^{n-2}\cdots\cdot x_{n-1}\cdot 1$ 都只出现 1 次(没有同类项),并且它们所带符号相同,所以由

$$x_1^{n+1}x_2^{n-2}\cdots x_{n-1}=Ax_1^2\cdot(x_1^{n-1}x_2^{n-2}\cdots x_{n-1})$$

推出 $A=1$. 此外,在右边行列式的展开式中出现下列两项(它们没有同类项):

$$x_1^{n-2}x_2^{n-1}(x_3^{n-3}x_4^{n-4}\cdots x_{n-1}\cdot 1)$$

$$x_1^{n-1}x_2^{n-2}(x_3^{n-3}x_4^{n-4}\cdots x_{n-1}\cdot 1)$$

它们所带符号相反,因此在右边出现

$$Ax_1^2 \cdot x_1^{n-2}x_2^{n-1}(x_3^{n-3}x_4^{n-4}\cdots x_{n-1} \cdot 1)-$$

$$Bx_1x_2 \cdot x_1^{n-1}x_2^{n-2}(x_3^{n-3}x_4^{n-4}\cdots x_{n-1} \cdot 1)$$

$$=(A-B)x_1^nx_2^{n-1}x_3^{n-3}x_4^{n-4}\cdots x_{n-1}$$

但等式左边行列式的展开式中不出现含因子 x_1^n 的项，因此上式等于0，于是

$$A-B=0, B=A=1$$

由此即得要证的等式.

问题 6 设 $x_i(i=1,2,\cdots,n)$ 两两互异，求 n 阶 Vandermonde 方阵

$$\boldsymbol{V}_n=\begin{pmatrix} 1 & 1 & 1 & \cdots & 1 \\ x_1 & x_2 & x_3 & \cdots & x_n \\ x_1^2 & x_2^2 & x_3^2 & \cdots & x_n^2 \\ \vdots & \vdots & \vdots & & \vdots \\ x_1^{n-1} & x_2^{n-1} & x_3^{n-1} & \cdots & x_n^{n-1} \end{pmatrix}$$

的逆矩阵.

解 令

$$V_n=V_n(x_1,x_2,\cdots,x_n)=\det \boldsymbol{V}_n$$

是变量为 $x_1,x_2,\cdots,x_n$ 的 Vandermonde 行列式. 因为 x_i $(i=1,2,\cdots,n)$ 两两互异，由问题 1 可知 $V_n\neq 0$，所以 $\boldsymbol{V}_n^{-1}$ 存在，并且

$$\boldsymbol{V}_n^{-1}=\left(\frac{V_{i,j}}{V_n}\right)'$$

其中 $V_{i,j}$ 表示方阵 $\boldsymbol{V}_n$ 的位于 (i,j) 位置的元素的代数余子式. 按定义有

$$V_{i,j}=(-1)^{i+j}\begin{vmatrix} 1 & \cdots & 1 & 1 & \cdots & 1 \\ x_1 & \cdots & x_{j-1} & x_{j+1} & \cdots & x_n \\ \vdots & & \vdots & \vdots & & \vdots \\ x_1^{i-2} & \cdots & x_{j-1}^{i-2} & x_{j+1}^{i-2} & \cdots & x_n^{i-2} \\ x_1^{i+1} & \cdots & x_{j-1}^{i+1} & x_{j+1}^{i+1} & \cdots & x_n^{i+1} \\ \vdots & & \vdots & \vdots & & \vdots \\ x_1^{n-1} & \cdots & x_{j-1}^{n-1} & x_{j+1}^{n-1} & \cdots & x_n^{n-1} \end{vmatrix}$$

依问题3(1)知

$$\begin{aligned} V_{i,j} &= (-1)^{i+j}V_{n-1}^{(i)}(x_1,\cdots,x_{j-1},x_{j+1},\cdots,x_n) \\ &= (-1)^{i+j}\sigma_{n-i}^{(j)}V_{n-1}(x_1,\cdots,x_{j-1},x_{j+1},\cdots,x_n) \end{aligned}$$

其中 $\sigma_{n-i}^{(j)}=\sigma_{n-i}^{(j)}(x_1,\cdots,x_{j-1},x_{j+1},\cdots,x_n)$ 是 $x_1,\cdots,x_{j-1},x_{j+1},\cdots,x_n$ 形成的第 $n-i$ 个初等对称多项式，因而

$$\sigma_{n-i}^{(j)}(x_1,\cdots,x_{j-1},x_{j+1},\cdots,x_n)=\sum_{\substack{1\leqslant k_1<\cdots<k_{n-i}\leqslant n \\ k_1,\cdots,k_{n-i}\neq j}} x_{k_1}x_{k_2}\cdots x_{k_{n-i}}$$

于是

$$\frac{V_{i,j}}{V_n}=(-1)^{i+j}\sigma_{n-i}^{(j)}(x_1,\cdots,x_{j-1},x_{j+1},\cdots,x_n)\cdot \frac{V_{n-1}(x_1,\cdots,x_{j-1},x_{j+1},\cdots,x_n)}{V_n(x_1,x_2,\cdots,x_n)}$$

由问题1可知

$$V_n(x_1,x_2,\cdots,x_n)=\prod_{1\leqslant u<v\leqslant n}(x_v-x_u)$$

$$\begin{aligned} &V_{n-1}(x_1,\cdots,x_{j-1},x_{j+1},\cdots,x_n) \\ =&\prod_{j+1\leqslant u<v\leqslant n}(x_v-x_u)\prod_{1\leqslant u<v\leqslant j-1}(x_v-x_u)\cdot \end{aligned}$$

$$\prod_{k=j+1}^{n}((x_k - x_{j-1})\cdots(x_k - x_1))$$

因为诸 x_i 两两互异，所以

$$\frac{V_{n-1}(x_1,\cdots,x_{j-1},x_{j+1},\cdots,x_n)}{V_n(x_1,x_2,\cdots,x_n)} = \frac{1}{\prod_{j<v}(x_v - x_j)\prod_{u<j}(x_j - x_u)}$$

又由

$$\begin{aligned}
&\prod_{j<v}(x_v - x_j)\prod_{u<j}(x_j - x_u) \\
&= \prod_{j<v}(x_v - x_j)\cdot(-1)^{j-1}\prod_{j>u}(x_u - x_j) \\
&= (-1)^{j-1}\prod_{\substack{1\leqslant u\leqslant n \\ u\neq j}}(x_u - x_j)
\end{aligned}$$

可知

$$\frac{V_{i,j}}{V_n} = (-1)^{i+1}\frac{\sum\limits_{\substack{1\leqslant k_1<\cdots<k_{n-i}\leqslant n \\ k_1,\cdots,k_{n-i}\neq j}} x_{k_1}x_{k_2}\cdots x_{k_{n-i}}}{\prod\limits_{\substack{1\leqslant u\leqslant n \\ u\neq j}}(x_u - x_j)}$$

最后，作矩阵转置（互换 i,j），我们最终得到 $\boldsymbol{V}_n^{-1} = (a_{ij})$，其中

$$a_{ij} = (-1)^{j+1}\frac{\sum\limits_{\substack{1\leqslant k_1<\cdots<k_{n-j}\leqslant n \\ k_1,\cdots,k_{n-j}\neq i}} x_{k_1}x_{k_2}\cdots x_{k_{n-j}}}{\prod\limits_{\substack{1\leqslant u\leqslant n \\ u\neq i}}(x_u - x_i)}$$

问题 7 设 $x_0,x_1,\cdots,x_{2n}$ 是两两互异的复数，$y_0,y_1,\cdots,y_{2n}$ 是给定的复数，证明：存在唯一一个三角多项式

$$S(x) = a_0 + \sum_{k=1}^{n}(a_k\cos kx + b_k\sin kx)$$

满足 $S(x_k)=y_k(k=0,1,\cdots,2n)$.

证明　只需证明线性方程组

$$a_0+\sum_{k=1}^{n}(a_k\cos kx_j+b_k\sin kx_j)=y_j\quad(j=0,1,\cdots,2n)$$

有唯一一组解 $a_0,a_1,\cdots,a_{2n};b_1,\cdots,b_{2n}$. 依 Cramer 法则,应证其系数行列式($2n+1$ 阶)$D\neq 0$.

因为 $\cos kt=\dfrac{e^{ikt}+e^{-ikt}}{2}$, $\sin kt=\dfrac{e^{ikt}-e^{-ikt}}{2i}$,所以 D 的每行有形式

$$\left(1,\frac{1}{2}(e^{it}+e^{-it}),\frac{1}{2}(e^{i2t}+e^{-i2t}),\cdots,\frac{1}{2}(e^{int}+e^{-int}),\right.$$
$$\left.\frac{1}{2i}(e^{it}-e^{-it}),\frac{1}{2i}(e^{i2t}-e^{-i2t}),\cdots,\frac{1}{2i}(e^{int}-e^{-int})\right)$$

其中第 j 行($j=1,2,\cdots,2n+1$)中 $t=x_{j-1}$(后同). 从各行提出"公因子"$\dfrac{1}{2}$或$\dfrac{1}{2i}$后得到

$$D=\frac{1}{4^n i^n}D_1$$

其中行列式 D_1 的每行有形式

$$(1,e^{it}+e^{-it},e^{i2t}+e^{-i2t},\cdots,e^{int}+e^{-int},$$
$$e^{it}-e^{-it},e^{i2t}-e^{-i2t},\cdots,e^{int}-e^{-int})$$

将 D_1 的第 $n+2$ 列,第 $n+3$ 列,……,第 $2n+1$ 列分别加到第 2 列,第 3 列,……,第 $n+1$ 列,然后从得到的第 2 列,第 3 列,……,第 $n+1$ 列分别提出公因子 2,可得

$$D=\frac{1}{4^n i^n}\cdot 2^n D_2$$

其中行列式 D_2 的每行有形式

$$(1, e^{it}, e^{i2t}, \cdots, e^{int}, e^{it}-e^{-it}, e^{i2t}-e^{-i2t}, \cdots, e^{int}-e^{-int})$$

将 D_2 的第 $n+2$ 列,第 $n+3$ 列,……,第 $2n+1$ 列分别减去第 2 列,第 3 列,……,第 $n+1$ 列,然后从得到的第 $n+2$ 列,第 $n+3$ 列,……,第 $2n+1$ 列分别提出公因子 -1,可得

$$D=\frac{1}{4^n i^n}\cdot 2^n(-1)^n D_3$$

其中行列式 D_3 的每行有形式

$$(1, e^{it}, e^{i2t}, \cdots, e^{int}, e^{-it}, e^{-i2t}, \cdots, e^{-int})$$

由行列式 D_3 的各行提出公因子 e^{-int},然后将各列按 $(e^{it})^k$ 升幂排列,则得

$$D=\frac{1}{4^n i^n}\cdot 2^n(-1)^n(-1)^{\sigma}\prod_{k=0}^{2n} e^{-inx_k}\cdot D_4$$

其中 σ 是排列 $(n, n+1, \cdots, 2n, n-1, \cdots, 1)$ 中的逆序数,行列式

$$D_4=\begin{vmatrix} 1 & e^{ix_0} & (e^{ix_0})^2 & \cdots & (e^{ix_0})^{2n} \\ 1 & e^{ix_1} & (e^{ix_1})^2 & \cdots & (e^{ix_1})^{2n} \\ 1 & e^{ix_2} & (e^{ix_2})^2 & \cdots & (e^{ix_2})^{2n} \\ \vdots & \vdots & \vdots & & \vdots \\ 1 & e^{ix_{2n}} & (e^{ix_{2n}})^2 & \cdots & (e^{ix_{2n}})^{2n} \end{vmatrix}$$

因为 D_4 是两两不相等的数 $e^{ix_k}(k=0,1,\cdots,2n)$ 的 $2n+1$ 阶 Vandermonde 行列式(见问题 1),所以 $D_4\neq 0$,从而本题得证.

问题 8 令 $\alpha=\frac{2\pi}{n}$,证明:矩阵

$$\begin{pmatrix} 1 & 1 & \cdots & 1 \\ \cos\alpha & \cos 2\alpha & \cdots & \cos n\alpha \\ \cos 2\alpha & \cos 4\alpha & \cdots & \cos 2n\alpha \\ \vdots & \vdots & & \vdots \\ \cos(n-1)\alpha & \cos 2(n-1)\alpha & \cdots & \cos(n-1)n\alpha \end{pmatrix}$$

是可逆的.

证明　令 $x_1=2\cos\alpha, x_2=2\cos 2\alpha, \cdots, x_n=2\cos n\alpha$. 需证明行列式

$$\begin{vmatrix} T_0(x_1) & T_0(x_2) & \cdots & T_0(x_n) \\ T_1(x_1) & T_1(x_2) & \cdots & T_1(x_n) \\ \vdots & \vdots & & \vdots \\ T_{n-1}(x_1) & T_{n-1}(x_2) & \cdots & T_{n-1}(x_n) \end{vmatrix} \neq 0$$

代入 $T_0(x_i)=1, T_1(x_i)=x_i, i=1,2,\cdots,n$,做行运算以消去 x_i 的幂,可把行列式转化为

$$2\cdot 4\cdot\cdots\cdot 2^{n-1}\begin{vmatrix} 1 & 1 & \cdots & 1 \\ x_1 & x_2 & \cdots & x_n \\ \vdots & \vdots & & \vdots \\ x_1^{n-1} & x_2^{n-1} & \cdots & x_n^{n-1} \end{vmatrix}$$

这是 Vandermonde 行列式,后者不等于 0,因为对 $1\leqslant i<j\leqslant n, x_i\neq x_j$,因此原矩阵可逆. 它的行列式等于

$$2^{\frac{(n-1)(n-2)}{2}}\prod_{1\leqslant i<j\leqslant n}(\cos j\alpha-\cos i\alpha)\neq 0$$

问题 9　已知不同整数 $x_1, x_2, \cdots, x_n$,证明:$\prod_{i>j}(x_i-x_j)$ 可被 $1!\ 2!\ \cdots(n-1)!$ 整除.

证明　行列式

<u>Vandermonde 行列式</u>

$$\begin{vmatrix} \binom{x_1}{0} & \binom{x_2}{0} & \cdots & \binom{x_n}{0} \\ \binom{x_1}{1} & \binom{x_2}{1} & \cdots & \binom{x_n}{1} \\ \vdots & \vdots & & \vdots \\ \binom{x_1}{n-1} & \binom{x_2}{n-1} & \cdots & \binom{x_n}{n-1} \end{vmatrix}$$

是整数行列式. 此外,对一些正整数 m 与 k,二项式系数$\binom{m}{k}$是 m^k,$\binom{m}{k-1}$,…,$\binom{m}{0}$的线性组合,它的系数不依赖于 m. 在这个线性组合中,m^k 的系数是$\frac{1}{k!}$. 因此在以上行列式中做行运算,可把它变换为

$$\begin{vmatrix} 1 & 1 & \cdots & 1 \\ x_1 & x_2 & \cdots & x_n \\ \vdots & \vdots & & \vdots \\ x_1^{n-1} & x_2^{n-1} & \cdots & x_n^{n-1} \end{vmatrix}$$

Vandermonde 行列式的值是$\prod\limits_{i>j}(x_i-x_j)$.

这推出,行列式等于$\dfrac{\prod\limits_{i>j}(x_i-x_j)}{1!\ 2!\ \cdots(n-1)!}$,其一定是整数. 结论得证.

问题 10 令 $P(x)=x^n+x^{n-1}+\cdots+x+1$,求在$P(x^{n+1})$除以 $P(x)$时得出的余数.

解法 1 $P(x)$的零点是 $\epsilon,\epsilon^2,\cdots,\epsilon^n$,其中 ϵ 是第

$n+1$次单位原根. 因而 $P(x)$的零点是不同的. 令

$$P(x^{n+1})=Q(x)\cdot P(x)+R(x)$$

其中 $R(x)=a_{n-1}x^{n-1}+\cdots+a_1x+a_0$ 是余数. 把 x 依次换为 $\epsilon,\epsilon^2,\cdots,\epsilon^n$,得

$$a_{n-1}\epsilon^{n-1}+\cdots+a_1\epsilon+a_0=n+1$$
$$a_{n-1}(\epsilon^2)^{n-1}+\cdots+a_1\epsilon^2+a_0=n+1$$
$$\vdots$$
$$a_{n-1}(\epsilon^n)^{n-1}+\cdots+a_1\epsilon^n+a_0=n+1$$

或

$$[a_0-(n+1)]+a_1\epsilon+\cdots+a_{n-1}\epsilon^{n-1}=0$$
$$[a_0-(n+1)]+a_1(\epsilon^2)+\cdots+a_{n-1}(\epsilon^2)^{n-1}=0$$
$$\vdots$$
$$[a_0-(n+1)]+a_1(\epsilon^n)+\cdots+a_{n-1}(\epsilon^n)^{n-1}=0$$

这可以解释为未知数是 $a_0-(n+1),a_1,a_2,\cdots,a_{n-1}$的齐次方程组. 系数矩阵的行列式是 Vandermonde 行列式,从而不为零,于是方程组有唯一解

$$a_0-(n+1)=a_1=\cdots=a_{n-1}=0$$

我们得 $R(x)=n+1$.

解法 2　注意

$$x^{n+1}=(x-1)P(x)+1$$

因而

$$x^{k(n+1)}=(x-1)(x^{(k-1)(n+1)}+x^{(k-2)(n+1)}+\cdots+1)P(x)+1$$

因此任一多项式 $F(x^{n+1})$对模 $P(x)$的剩余是 $F(1)$. 在这种情形下,这是 $n+1$,正如上面所见.

问题 11　(1)考虑实数 $a_{ij}(i=1,2,\cdots,n-2;j=1,$

$2,\cdots,n,n\geqslant 3$)与行列式

$$A_k=\begin{vmatrix} 1 & \cdots & 1 & 1 & \cdots & 1 \\ a_{11} & \cdots & a_{1,k-1} & a_{1,k+1} & \cdots & a_{1n} \\ \vdots & & \vdots & \vdots & & \vdots \\ a_{n-2,1} & \cdots & a_{n-2,k-1} & a_{n-2,k+1} & \cdots & a_{n-2,n} \end{vmatrix}$$

证明

$$A_1+A_3+A_5+\cdots=A_2+A_4+A_6+\cdots$$

(2)定义

$$p_k=\prod_{i=0}^{n-(k+1)}(x_{n-i}-x_k),q_k=\prod_{i=1}^{k-1}(x_k-x_i)$$

其中 $x_i(i=1,2,\cdots,n)$ 是一些不同的实数. 证明

$$\sum_{k=1}^{n}\frac{(-1)^k}{p_kq_k}=0$$

(3)证明:对所有的正整数 $n\geqslant 3$,以下恒等式成立

$$\sum_{k=1}^{n}\frac{(-1)^k k^2}{(n-k)!\ (n+k)!}=0$$

证明 (1)我们有

$$\begin{vmatrix} 1 & 1 & \cdots & 1 & 1 \\ 1 & 1 & \cdots & 1 & 1 \\ a_{11} & a_{12} & \cdots & a_{1,n-1} & a_{1n} \\ a_{21} & a_{22} & \cdots & a_{2,n-1} & a_{2n} \\ \vdots & \vdots & & \vdots & \vdots \\ a_{n-2,1} & a_{n-2,2} & \cdots & a_{n-2,n-1} & a_{n-2,n} \end{vmatrix}=0$$

展开第 1 行,得

$$A_1 - A_2 + A_3 - A_4 + \cdots = 0$$

也就是说

$$A_1 + A_3 + A_5 + \cdots = A_2 + A_4 + A_6 + \cdots$$

(1) 证毕.

(2) 作代换 $a_{ij} = x_j^i(i = 1,2,\cdots,n-2; j = 1,2,\cdots,n)$,则

$$A_k = \begin{vmatrix} 1 & \cdots & 1 & 1 & \cdots & 1 \\ x_1 & \cdots & x_{k-1} & x_{k+1} & \cdots & x_n \\ \vdots & & \vdots & \vdots & & \vdots \\ x_1^{n-2} & \cdots & x_{k-1}^{n-2} & x_{k+1}^{n-2} & \cdots & x_n^{n-2} \end{vmatrix}$$

这是 Vandermonde 行列式. 它的值等于

$$\prod_{\substack{i>j \\ i,j\neq k}} (x_i - x_j) = \frac{1}{p_k q_k}$$

在此特殊情形下,(1) 中证明过的等式变为

$$\sum_{k=1}^{n} \frac{(-1)^k}{p_k q_k} = 0$$

这正是要求的.

(3) 若这时令 $x_k = k^2$,则得(3) 中的恒等式,本题证毕.

问题12　在双曲线 $xy = 1$ 上考虑横坐标为 x_1, x_2, x_3, x_4 的4点,证明:若这些点在一个圆上,则 $x_1x_2x_3x_4 = 1$.

证明　点$\left(x_i, \dfrac{1}{x_i}\right)$在圆上这一事实表示存在数 A, B, C 使

$$x_i^2 + \frac{1}{x_i^2} + 2x_iA + 2\frac{1}{x_i}B + C = 0 \quad (i = 1,2,3,4)$$

把它看作未知数为 $2A,2B,C$ 的方程组，只在扩充矩阵的行列式为 0 时，这个方程组才允许有解. 这个行列式等于

$$\begin{vmatrix} x_1^2+\frac{1}{x_1^2} & x_1 & \frac{1}{x_1} & 1 \\ x_2^2+\frac{1}{x_2^2} & x_2 & \frac{1}{x_2} & 1 \\ x_3^2+\frac{1}{x_3^2} & x_3 & \frac{1}{x_3} & 1 \\ x_4^2+\frac{1}{x_4^2} & x_4 & \frac{1}{x_4} & 1 \end{vmatrix} = \begin{vmatrix} x_1^2 & x_1 & \frac{1}{x_1} & 1 \\ x_2^2 & x_2 & \frac{1}{x_2} & 1 \\ x_3^2 & x_3 & \frac{1}{x_3} & 1 \\ x_4^2 & x_4 & \frac{1}{x_4} & 1 \end{vmatrix} + \begin{vmatrix} \frac{1}{x_1^2} & x_1 & \frac{1}{x_1} & 1 \\ \frac{1}{x_2^2} & x_2 & \frac{1}{x_2} & 1 \\ \frac{1}{x_3^2} & x_3 & \frac{1}{x_3} & 1 \\ \frac{1}{x_4^2} & x_4 & \frac{1}{x_4} & 1 \end{vmatrix}$$

$$= \left(-\frac{1}{x_1x_2x_3x_4}+\frac{1}{x_1^2x_2^2x_3^2x_4^2}\right)\begin{vmatrix} x_1^3 & x_1^2 & x_1 & 1 \\ x_2^3 & x_2^2 & x_2 & 1 \\ x_3^3 & x_3^2 & x_3 & 1 \\ x_4^3 & x_4^2 & x_4 & 1 \end{vmatrix}$$

其中一个因式是 Vandermonde 型行列式，因此它不能为 0. 于是，另一个因式为 0. 由此推出 $x_1x_2x_3x_4=1$，这就是需要证明的.

问题 13 计算下列行列式的值

$$D_4 = \begin{vmatrix} 1 & 1 & 1 & 1 \\ x_1 & x_2 & x_3 & x_4 \\ x_1^2 & x_2^2 & x_3^2 & x_4^2 \\ x_1^4 & x_2^4 & x_3^4 & x_4^4 \end{vmatrix}$$

解　本行列式与标准的 Vandermonde 行列式十分接近,如果在第 3 行与第 4 行之间插入一行,其元素为 x_i^3,再加上适当的一列就可构成一个标准的 5 阶 Vandermonde 行列式了. 记

$$f(y)=\begin{vmatrix}1 & 1 & 1 & 1 & 1\\ x_1 & x_2 & x_3 & x_4 & y\\ x_1^2 & x_2^2 & x_3^2 & x_4^2 & y^2\\ x_1^3 & x_2^3 & x_3^3 & x_4^3 & y^3\\ x_1^4 & x_2^4 & x_3^4 & x_4^4 & y^4\end{vmatrix}$$

由 5 阶 Vandermonde 行列式结合 $f(y)$ 的变量记号,有

$$f(y)=(y-x_1)(y-x_2)(y-x_3)(y-x_4)\cdot\prod_{1\leqslant j<i\leqslant 4}(x_i-x_j) \qquad (1)$$

对比 $f(y)$ 与行列式 D_4 的构造形式,可知 D_4 就是 $f(y)$ 中元素 $a_{45}=y^3$ 的余子式 M_{45}. $A_{45}=(-1)^{4+5}M_{45}$, A_{45} 是 $f(y)$ 中元素 $a_{45}=y^3$ 的代数余子式. 若将 $f(y)$ 按第 5 列展开,则

$$f(y)=a_{15}A_{15}+a_{25}A_{25}+a_{35}A_{35}+a_{45}A_{45}+a_{55}A_{55}$$

现在 $a_{45}=y^3$,而 $a_{15},a_{25},a_{35},a_{55}$ 及 $A_{15},A_{25},A_{35},A_{45},A_{55}$ 中都没有 y^3 项,故式(1) 中 y^3 的系数必是 A_{45}. 由式(1) 可知 y^3 的系数应为

$$-(x_1+x_2+x_3+x_4)\prod_{1\leqslant j<i\leqslant 4}(x_i-x_j)$$

因此

$$A_{45}=-(x_1+x_2+x_3+x_4)\prod_{1\leqslant j<i\leqslant 4}(x_i-x_j)$$

所以

$$D_4=M_{45}=-A_{45}=(x_1+x_2+x_3+x_4)\prod_{1\leqslant j<i\leqslant 4}(x_i-x_j)$$

本题结果也可推广到 n 阶,即

$$\begin{vmatrix} 1 & 1 & \cdots & 1 \\ x_1 & x_2 & \cdots & x_n \\ x_1^2 & x_2^2 & \cdots & x_n^2 \\ \vdots & \vdots & & \vdots \\ x_1^{n-2} & x_2^{n-2} & \cdots & x_n^{n-2} \\ x_1^n & x_2^n & \cdots & x_n^n \end{vmatrix}$$

$$=(x_1+x_2+\cdots+x_n)\prod_{1\leqslant j<i\leqslant n}(x_i-x_j)$$

问题 14　证明

$$D_{n+1}^{(n)}=\begin{vmatrix} 1 & 1 & \cdots & 1 \\ a_1 & a_2 & \cdots & a_n \\ a_1^2 & a_2^2 & \cdots & a_n^2 \\ \vdots & \vdots & & \vdots \\ a_1^{n-2} & a_2^{n-2} & \cdots & a_n^{n-2} \\ a_1^n & a_2^n & \cdots & a_n^n \end{vmatrix}=\prod_{1\leqslant j<i\leqslant n}(a_i-a_j)\sum_{k=1}^{n}a_k$$

分析　由于本行列式与 Vandermonde 行列式只相差一行及一列,因此可用升阶法,即在第 $n-1$ 行与第 n 行之间补上一行及一列,使原行列式变为

$$D_{n+1}^{(n)}=-\begin{vmatrix}1&1&\cdots&1&0\\a_1&a_2&\cdots&a_n&0\\a_1^2&a_2^2&\cdots&a_n^2&0\\\vdots&\vdots&&\vdots&\vdots\\a_1^{n-1}&a_2^{n-1}&\cdots&a_n^{n-1}&1\\a_1^n&a_2^n&\cdots&a_n^n&0\end{vmatrix}$$

然后用求解 Vandermonde 行列式的方法解之. 本题也可用母函数(Vandermonde 行列式) 法证明,即在第 $n-1$ 行与第 n 行之间加上一行($a_1^{n-1}\quad a_2^{n-1}\quad\cdots\quad a_n^{n-1}\quad b^{n-1}$) 及一列,使原行列式变成 Vandermonde 行列式,考察 b^{n-1} 的代数余子式,并与 Vandermonde 行列式的结果中 b^{n-1} 的系数进行比较,由 b^{n-1} 的系数的唯一性使本题得证.

注　对于 Vandermonde 行列式中缺任意一行的题目,都可以采用这两种方法解之.

证法 1　采用升阶法.

原式左端 $=D_{n+1}^{(n)}$

$$=-\begin{vmatrix}1&1&\cdots&1&0\\a_1&a_2&\cdots&a_n&0\\a_1^2&a_2^2&\cdots&a_n^2&0\\\vdots&\vdots&&\vdots&\vdots\\a_1^{n-1}&a_2^{n-1}&\cdots&a_n^{n-1}&1\\a_1^n&a_2^n&\cdots&a_n^n&0\end{vmatrix}$$

$$\xlongequal[i=n+1,n,\cdots,2]{r_i-a_1r_{i-1}}-\begin{vmatrix} 1 & 1 & \cdots & 1 & 0 \\ 0 & a_2-a_1 & \cdots & a_n-a_1 & 0 \\ 0 & a_2(a_2-a_1) & \cdots & a_n(a_n-a_1) & 0 \\ \vdots & \vdots & & \vdots & \vdots \\ 0 & a_2^{n-2}(a_2-a_1) & \cdots & a_n^{n-2}(a_n-a_1) & 1 \\ 0 & a_2^{n-1}(a_2-a_1) & \cdots & a_n^{n-1}(a_n-a_1) & -a_1 \end{vmatrix}$$

（按第 1 列展开后，再每列提取公因式）

$$=-\prod_{k=2}^{n}(a_k-a_1)\begin{vmatrix} 1 & 1 & \cdots & 1 & 0 \\ a_2 & a_3 & \cdots & a_n & 0 \\ a_2^2 & a_3^2 & \cdots & a_n^2 & 0 \\ \vdots & \vdots & & \vdots & \vdots \\ a_2^{n-2} & a_3^{n-2} & \cdots & a_n^{n-2} & 1 \\ a_2^{n-1} & a_3^{n-1} & \cdots & a_n^{n-1} & -a_1 \end{vmatrix}$$

$$=-\prod_{k=2}^{n}(a_k-a_1)\prod_{t=3}^{n}(a_t-a_2)\cdot$$

$$\begin{vmatrix} 1 & 1 & \cdots & 1 & 0 \\ a_3 & a_4 & \cdots & a_n & 0 \\ a_3^2 & a_4^2 & \cdots & a_n^2 & 0 \\ \vdots & \vdots & & \vdots & \vdots \\ a_3^{n-3} & a_4^{n-3} & \cdots & a_n^{n-3} & 1 \\ a_3^{n-2} & a_4^{n-2} & \cdots & a_n^{n-2} & -a_1-a_2 \end{vmatrix}$$

$$=\cdots=-\prod_{1\leqslant j<i\leqslant n}(a_i-a_j)\begin{vmatrix} 1 & 1 \\ a_n & -\sum_{k=1}^{n-1}a_k \end{vmatrix}$$

$$= \prod_{1\leqslant j<i\leqslant n}(a_i - a_j)\sum_{k=1}^{n} a_k = \text{原式右端}$$

证法 2　采用母函数法. 考察

$$D_{n+1} = \begin{vmatrix} 1 & 1 & \cdots & 1 & 1 \\ a_1 & a_2 & \cdots & a_n & b \\ a_1^2 & a_2^2 & \cdots & a_n^2 & b^2 \\ \vdots & \vdots & & \vdots & \vdots \\ a_1^{n-1} & a_2^{n-1} & \cdots & a_n^{n-1} & b^{n-1} \\ a_1^n & a_2^n & \cdots & a_n^n & b^n \end{vmatrix}$$

$$= b^{n-1}(-1)^{2n+1}D_{n+1}^{(n)} + \cdots$$

$$= -b^{n-1}D_{n+1}^{(n)} + \cdots \quad (\text{按第 } n+1 \text{ 列展开})$$

$$= \prod_{k=1}^{n}(b - a_k)\prod_{1\leqslant j<i\leqslant n}(a_i - a_j)$$

（利用 Vandermonde 行列式的结论）

$$= -b^{n-1}\prod_{1\leqslant j<i\leqslant n}(a_i - a_j)\sum_{k=1}^{n} a_k + \cdots$$

比较 b^{n-1} 的系数,本题得证.

问题 15　计算下列行列式的值

$$\begin{vmatrix} 1+x_1 & 1+x_1^2 & \cdots & 1+x_1^n \\ 1+x_2 & 1+x_2^2 & \cdots & 1+x_2^n \\ \vdots & \vdots & & \vdots \\ 1+x_n & 1+x_n^2 & \cdots & 1+x_n^n \end{vmatrix}$$

解　设所求行列式为 D. 于是有

Vandermonde 行列式

$$D = \begin{vmatrix} 1 & 0 & 0 & \cdots & 0 \\ 1 & 1+x_1 & 1+x_1^2 & \cdots & 1+x_1^n \\ 1 & 1+x_2 & 1+x_2^2 & \cdots & 1+x_2^n \\ \vdots & \vdots & \vdots & & \vdots \\ 1 & 1+x_n & 1+x_n^2 & \cdots & 1+x_n^n \end{vmatrix}$$

$$= \begin{vmatrix} 1 & -1 & -1 & \cdots & -1 \\ 1 & x_1 & x_1^2 & \cdots & x_1^n \\ 1 & x_2 & x_2^2 & \cdots & x_2^n \\ \vdots & \vdots & \vdots & & \vdots \\ 1 & x_n & x_n^2 & \cdots & x_n^n \end{vmatrix}$$

$$= \begin{vmatrix} -1 & -1 & -1 & \cdots & -1 \\ 1 & x_1 & x_1^2 & \cdots & x_1^n \\ 1 & x_2 & x_2^2 & \cdots & x_2^n \\ \vdots & \vdots & \vdots & & \vdots \\ 1 & x_n & x_n^2 & \cdots & x_n^n \end{vmatrix} +$$

$$\begin{vmatrix} 2 & 0 & 0 & \cdots & 0 \\ 1 & x_1 & x_1^2 & \cdots & x_1^n \\ 1 & x_2 & x_2^2 & \cdots & x_2^n \\ \vdots & \vdots & \vdots & & \vdots \\ 1 & x_n & x_n^2 & \cdots & x_n^n \end{vmatrix}$$

$$= (-1) \prod_{i<j} \prod_{k=1}^{n} (x_j - x_i)(x_k - 1) +$$

$$2\prod_{k=1}^{n}x_k\prod_{i<j}(x_j-x_i)$$

$$=\prod_{i<j}(x_j-x_i)\left(2\prod_{k=1}^{n}x_k-\prod_{k=1}^{n}(x_k-1)\right)$$

问题 16　计算下列行列式的值

$$\begin{vmatrix} C_{m_1}^{0} & C_{m_1}^{1} & \cdots & C_{m_1}^{n-1} \\ C_{m_2}^{0} & C_{m_2}^{1} & \cdots & C_{m_2}^{n-1} \\ \vdots & \vdots & & \vdots \\ C_{m_n}^{0} & C_{m_n}^{1} & \cdots & C_{m_n}^{n-1} \end{vmatrix}$$

解　设所求行列式为 D. 注意到

$$C_k^i=\frac{1}{i!}k(k-1)\cdots(k-i+1)$$

$$=\frac{1}{i!}(k^i+a_{i-1}k^{i-1}+\cdots)$$

于是

$$D=\prod_{i=1}^{n-1}\frac{1}{i!}\begin{vmatrix} 1 & m_1 & \cdots & m_1^{n-1} \\ 1 & m_2 & \cdots & m_2^{n-1} \\ \vdots & \vdots & & \vdots \\ 1 & m_n & \cdots & m_n^{n-1} \end{vmatrix}$$

$$=\prod_{i=1}^{n-1}\frac{1}{i!}\prod_{t<s}(m_s-m_t)$$

问题 17　计算行列式

$$\begin{vmatrix} 1 & 1 & 0 & 0 & 1 & 0 \\ 1 & \omega & 0 & 0 & \omega^2 & 0 \\ a_1 & b_1 & 1 & 1 & c_1 & 1 \\ a_2 & b_2 & 1 & \omega^2 & c_2 & \omega \\ a_3 & b_3 & 1 & \omega & c_3 & \omega^2 \\ 1 & \omega^2 & 0 & 0 & \omega & 0 \end{vmatrix}$$

其中 ω 为 1 的立方根，即 $\omega^3 - 1 = 0$.

解　根据 Laplace 定理，取定第 1 行、第 2 行与第 6 行，得

$$原式 = \begin{vmatrix} 1 & 1 & 1 \\ 1 & \omega & \omega^2 \\ 1 & \omega^2 & \omega \end{vmatrix} (-1)^{1+2+6+1+2+5} \begin{vmatrix} 1 & 1 & 1 \\ 1 & \omega^2 & \omega \\ 1 & \omega & \omega^2 \end{vmatrix}$$

$$= \begin{vmatrix} 1 & 1 & 1 \\ 1 & \omega & \omega^2 \\ 1 & \omega^2 & \omega \end{vmatrix}^2 = \begin{vmatrix} 1 & 1 & 1 \\ 1 & \omega & \omega^2 \\ 1 & \omega^2 & \omega^4 \end{vmatrix}^2$$

$$= (\omega - 1)^2(\omega^2 - 1)^2(\omega^2 - \omega)^2$$

$$= 9(\omega^2 + \omega - 2)$$

最后一步用到 Vandermonde 行列式.

问题 18　设 $\{p_n(x)\}$ $(n \geqslant 1)$ 是无穷多项式序列，各个多项式的次数都不超过 m，并且存在 $m+1$ 个实数 $\alpha_1, \cdots, \alpha_{m+1}$，使得对于每个 α_i，数列 $\{p_n(\alpha_i)\}$ $(n \geqslant 1)$ 都收敛. 证明：当 $n \to \infty$ 时，无穷函数列 $\{p_n(x)\}$ $(n \geqslant$

1）收敛于某个多项式.

证明　设

$$p_n(x)=\sum_{k=0}^{m}a_{nk}x^k\quad(n\geqslant 1)$$

$$\lim_{n\to\infty}p_n(\alpha_i)=\beta_i\quad(i=1,2,\cdots,m+1)$$

记

$$\boldsymbol{V}=\begin{pmatrix}1&\alpha_1&\cdots&\alpha_1^m\\1&\alpha_2&\cdots&\alpha_2^m\\\vdots&\vdots&&\vdots\\1&\alpha_{m+1}&\cdots&\alpha_{m+1}^m\end{pmatrix}$$

（Vandermonde 矩阵），则有

$$\lim_{n\to\infty}\boldsymbol{V}\begin{pmatrix}a_{n0}\\a_{n1}\\\vdots\\a_{nm}\end{pmatrix}=\begin{pmatrix}\beta_1\\\beta_2\\\vdots\\\beta_{m+1}\end{pmatrix}$$

因为 $\alpha_i(1\leqslant i\leqslant m+1)$ 两两互异，所以 $\boldsymbol{V}$ 可逆，于是

$$\lim_{n\to\infty}\begin{pmatrix}a_{n0}\\a_{n1}\\\vdots\\a_{nm}\end{pmatrix}=\boldsymbol{V}^{-1}\begin{pmatrix}\beta_1\\\beta_2\\\vdots\\\beta_{m+1}\end{pmatrix}=\begin{pmatrix}c_0\\c_1\\\vdots\\c_m\end{pmatrix}$$

记 $p(x)=c_0+c_1x+\cdots+c_mx^m$. 对每个固定的实数 x，令

$$C=\max\{1,|x|\}^m$$

对于任意给定的 $\varepsilon>0$，可取 n_0，使得当 $n\geqslant n_0$ 时

$$|a_{nk}-c_k|\leqslant\frac{\varepsilon}{C(m+1)}\quad(k=0,1,\cdots,m)$$

于是

$$|p_n(x)-p(x)|\leqslant C\sum_{k=0}^{m}|a_{nk}-c_k|\leqslant \varepsilon$$

因此 $p_n(x)\to p(x)(n\to\infty)$（注意：这是逐点收敛，未必一致收敛）.

问题 19 (1) 设 $a_1,a_2,\cdots,a_n\in\mathbf{C}$，函数

$$f(x)=\sum_{k=1}^{n}a_k\sin kx, g(x)=\sum_{k=1}^{n}a_{n-k+1}\sin kx$$

满足不等式

$$|f(x)|\leqslant|\sin x|, |g(x)|\leqslant|\sin x|$$

证明

$$\left|\sum_{k=1}^{n}a_k\right|\leqslant\frac{2}{n+1}$$

(2) 设

$$P_n(x)=\sum_{k=0}^{n}\alpha_k x^k, Q_n(x)=\sum_{k=0}^{n}\beta_k x^k$$

是两个实系数多项式. 令

$$\rho_1=\max_{0\leqslant x\leqslant 1}|P_n(x)-Q_n(x)|, \rho_2=\sum_{k=0}^{n}|\alpha_k-\beta_k|$$

证明：存在与 P_n,Q_n 无关的常数 $c_1,c_2>0$，使得 $c_1\rho_1\leqslant\rho_2\leqslant c_2\rho_1$.

证明 (1) 因为当 $x\neq 0$ 时

$$\frac{f(x)}{x}=\sum_{k=1}^{n}a_k\frac{\sin kx}{x}$$

所以

$$\lim_{x\to 0}\frac{f(x)}{x}=\sum_{k=1}^{n}a_k\lim_{x\to 0}\frac{\sin kx}{x}=\sum_{k=1}^{n}ka_k$$

(或者:因为$f(0)=0$,所以

$$\lim_{x\to 0}\frac{f(x)}{x}=\lim_{x\to 0}\frac{f(x)-f(0)}{x-0}=f'(0)=\sum_{k=1}^{n}ka_k)$$

又由题设,当$x\neq 0$时

$$\left|\frac{f(x)}{x}\right|=\frac{|f(x)|}{|x|}\leqslant\frac{|\sin x|}{|x|}=\left|\frac{\sin x}{x}\right|$$

所以

$$\left|\lim_{x\to 0}\frac{f(x)}{x}\right|=\lim_{x\to 0}\left|\frac{f(x)}{x}\right|\leqslant\lim_{x\to 0}\left|\frac{\sin x}{x}\right|=1$$

因此

$$\left|\sum_{k=1}^{n}ka_k\right|\leqslant 1$$

将类似的推理应用于函数$g(x)$,可得

$$\left|\sum_{k=1}^{n}(n-k+1)a_{n-k+1}\right|\leqslant 1$$

最后,注意$k+(n-k+1)=n+1$,可推出

$$\begin{aligned}\left|(n+1)\sum_{k=1}^{n}a_k\right|&=\left|\sum_{k=1}^{n}ka_k+\sum_{k=1}^{n}(n-k+1)a_{n-k+1}\right|\\&\leqslant\left|\sum_{k=1}^{n}ka_k\right|+\left|\sum_{k=1}^{n}(n-k+1)a_{n-k+1}\right|\\&\leqslant 2\end{aligned}$$

于是

$$\left|\sum_{k=1}^{n}a_k\right|\leqslant\frac{2}{n+1}$$

(2)(i) 定义多项式

$$g_n(x)=P_n(x)-Q_n(x)=\sum_{k=0}^{n}(\alpha_k-\beta_k)x^k$$

那么

Vandermonde 行列式

$$\rho_1 = \max_{0\leqslant x\leqslant 1} | P_n(x) - Q_n(x) | = \max_{0\leqslant x\leqslant 1} | g_n(x) |$$

$$\leqslant \sum_{k=0}^{n} | \alpha_k - \beta_k | = \rho_2$$

(ii) 取区间[0,1] 的 $n+1$ 个等分点

$$x_i = \frac{i+1}{n+1} \quad (i = 0,1,\cdots,n)$$

那么

$$\sum_{k=0}^{n} (\alpha_k - \beta_k) x_i^k = g_n(x_i) \quad (i = 0,1,\cdots,n)$$

将它看作含 $n+1$ 个变量 $\alpha_k - \beta_k (k = 0,1,\cdots,n)$ 的线性方程组. 方程组的系数行列式是 $x_0, x_1, \cdots, x_n$ 的 Vandermonde 行列式,$x_i (i = 0,1,\cdots,n)$ 两两不等,因而不为零,所以可唯一地解出

$$\alpha_k - \beta_k = \sum_{i=0}^{n} c_{ki} g_n(x_i) \quad (k = 0,1,\cdots,n)$$

其中,c_{ki} 只与 x_i 有关,与 P_n, Q_n 无关. 因为 $x_i \in [0,1]$,所以

$$| \alpha_k - \beta_k | \leqslant \sum_{i=0}^{n} | c_{ki} | | g_n(x_i) | \leqslant \rho_1 \sum_{i=0}^{n} | c_{ki} |$$

于是

$$\rho_2 = \sum_{k=0}^{n} | \alpha_k - \beta_k | \leqslant \rho_1 \sum_{i,k=0}^{n} | c_{ki} |$$

(iii) 由步骤(i) 和(ii),取 $c_1 = 1, c_2 = \sum_{k,i=0}^{n} | c_{ki} |$,即符合要求.

问题 20 证明

$$\iint\limits_{0<x<y<\pi} \log|\sin(x-y)|\,\mathrm{d}x\mathrm{d}y = -\frac{1}{2}\pi^2\log 2$$

证法 1　作变量代换

$$x = \frac{1}{2}(-u+v),\ y = \frac{1}{2}(u+v)$$

则积分区域(三角形)$0 < x < y < \pi$ 变为

$$D: 0 < u < v < 2\pi - u$$

变换的 Jacobi 式等于 $-\frac{1}{2}$,因此题中的积分

$$\begin{aligned} J &= \frac{1}{2}\iint\limits_{D}\log|\sin u|\,\mathrm{d}u\mathrm{d}v \\ &= \frac{1}{2}\int_0^{\pi}\log|\sin u|\,\mathrm{d}u\int_u^{2\pi-u}\mathrm{d}v \\ &= \int_0^{\pi}(\pi-u)\log|\sin u|\,\mathrm{d}u \\ &= \frac{\pi}{2}\int_0^{\pi}\log|\sin u|\,\mathrm{d}u + \int_0^{\pi}\left(\frac{\pi}{2}-u\right)\log|\sin u|\,\mathrm{d}u \\ &= J_1 + J_2 \end{aligned}$$

在 J_2 中令 $t = \pi - u$,则得

$$J_2 = \int_{\pi}^{0}\left(\frac{\pi}{2}-t\right)\log|\sin t|\,\mathrm{d}t = -J_2$$

所以 $J_2 = 0$. 于是

$$J = J_1 = \frac{\pi}{2}\int_0^{\pi}\log|\sin u|\,\mathrm{d}u \tag{2}$$

还有

$$\begin{aligned} J &= \frac{\pi}{2}\left(\int_0^{\frac{\pi}{2}}\log|\sin u|\,\mathrm{d}u + \int_{\frac{\pi}{2}}^{\pi}\log|\sin u|\,\mathrm{d}u\right) \\ &= \frac{\pi}{2}\left(\int_0^{\frac{\pi}{2}}\log|\sin u|\,\mathrm{d}u + J_3\right) \end{aligned}$$

在积分 J_3 中令 $v = u - \frac{\pi}{2}$,则有

$$J = \frac{\pi}{2}\left(\int_0^{\frac{\pi}{2}} \log|\sin u|\,\mathrm{d}u + \int_0^{\frac{\pi}{2}} \log|\cos v|\,\mathrm{d}v\right)$$

$$= \frac{\pi}{2}\left(\int_0^{\frac{\pi}{2}} \log|\sin 2u|\,\mathrm{d}u - \log 2\int_0^{\frac{\pi}{2}} \mathrm{d}u\right)$$

$$= \frac{\pi}{2}\left(\frac{1}{2}\int_0^{\pi} \log|\sin t|\,\mathrm{d}t - \log 2\int_0^{\frac{\pi}{2}} \mathrm{d}u\right)$$

$$= \frac{\pi}{4}\int_0^{\pi} \log|\sin t|\,\mathrm{d}t - \frac{\pi^2}{4}\log 2$$

由此及式(2)得到

$$J = \frac{1}{2}J - \frac{\pi^2}{4}\log 2$$

从而

$$J = \frac{-(\pi^2\log 2)}{2}$$

证法 2 记 $z = \mathrm{e}^{\frac{2\pi \mathrm{i}}{n}}$,以及(Vandermonde 矩阵)

$$\boldsymbol{V} = \boldsymbol{V}(1, z, z^2, \cdots, z^{n-1})$$
$$= \begin{pmatrix} 1 & 1 & 1 & \cdots & 1 \\ 1 & z & z^2 & \cdots & z^{n-1} \\ 1 & z^2 & z^4 & \cdots & z^{2(n-1)} \\ \vdots & \vdots & \vdots & & \vdots \\ 1 & z^{n-1} & z^{2(n-1)} & \cdots & z^{(n-1)^2} \end{pmatrix}$$

那么(Vandermonde 行列式)

$$\det \boldsymbol{V} = \prod_{0 \leqslant j < k \leqslant n-1} (z^k - z^j)$$

因为

$$\begin{aligned}|z^k-z^j|^2&=(z^k-z^j)(z^{-k}-z^{-j})\\&=1-z^{k-j}-z^{-(k-j)}+1\\&=2\left(1-\frac{z^{k-j}+z^{-(k-j)}}{2}\right)\\&=2\left(1-\cos\frac{2(k-j)\pi}{n}\right)\\&=\left(2\sin\frac{k-j}{n}\pi\right)^2\end{aligned}$$

所以

$$|\det \boldsymbol{V}|^2=\prod_{0\leqslant j<k\leqslant n-1}\left(2\sin\frac{k-j}{n}\pi\right)^2 \tag{3}$$

用 $\overline{\boldsymbol{V}}^{\mathrm{T}}$ 表示 $\boldsymbol{V}$ 的转置的复数共轭,则

$$|\det \boldsymbol{V}|^2=\det(\boldsymbol{V}\overline{\boldsymbol{V}}^{\mathrm{T}})$$

它的 (s,t) 位置的元素是 $1+z^{s-t}+z^{2(s-t)}+\cdots+z^{(n-1)(s-t)}$,所以矩阵 $\boldsymbol{V}\overline{\boldsymbol{V}}^{\mathrm{T}}$ 各行和各列都只有一个元素 n,其余元素都为0,从而

$$|\det \boldsymbol{V}|^2=n^n \tag{4}$$

由式(3)和式(4)得到

$$\prod_{0\leqslant j<k\leqslant n-1}\left(2\sin\frac{k-j}{n}\pi\right)^2=n^n$$

两边取对数,可得

$$2\sum_{0\leqslant j<k\leqslant n-1}\log 2+2\sum_{0\leqslant j<k\leqslant n-1}\log\left|\sin\frac{k-j}{n}\pi\right|=n\log n$$

注意 $\sum\limits_{0\leqslant j<k\leqslant n-1}1=\dfrac{n(n-1)}{2}$,并用$\dfrac{\pi^2}{2n^2}$乘上式两边,可推出

$$\frac{\pi^2}{n^2}\sum_{0\leqslant j<k\leqslant n-1}\log\left|\sin\left(\frac{j\pi}{n}-\frac{k\pi}{n}\right)\right|$$

$$=\frac{\pi^2}{2n}\log n-\left(1-\frac{1}{n}\right)\frac{\pi^2}{2}\log 2$$

令 $n\to\infty$，即得结果(因为广义积分存在，所以二重 Riemann 和收敛).

第 3 编

Vandermonde 行列式的若干研究

第4章

Vandermonde 矩阵之逆阵的三角分解及应用①

在多项式插值、体积计算及其他问题中[1-3],常常需要解线性方程组

$$V_n y = c \tag{1}$$

或

$$V_n^{T} y = c \tag{2}$$

其中 V_n 是 $n+1$ 个互不相等的数 $\alpha_0,\alpha_1,\cdots,\alpha_n$ 的 Vandermonde 矩阵 $(\alpha_{i-1}^{j-1})_{1\leqslant i,j\leqslant n+1}$,$y=(y_0,y_1,\cdots,y_n)^{T}$,$c=(c_0,c_1,\cdots,c_n)^{T}$,上标 T 表示矩阵或向量的转置. 文[2-3]仅对特殊情形给出(1)和(2)的解的公式,文[4]则用一系列单位下三角阵左乘 V_n^{T},将它化为上三角阵,从而求出(2)的解. 湖南教育学院的张圭教授 1983 年首先给出 Newton(牛顿)插值公式的矩阵表示,由此便得出

① 摘编自《数值计算与计算机应用》,1983(4):247-250.

方程组(1)和(2)的解的公式. 事实上,它给出了 Vandermonde 矩阵之逆阵的一种三角分解. 这个公式不仅计算量小,而且使用方便(因公式中元素由递推公式算出). 最后,我们导出了高阶等差数列求和公式的矩阵表示.

为了行文方便,引入下列记号.

1. $\alpha_0,\alpha_1,\cdots,\alpha_j$ 表示互不相等的数,而 $\pi_j(x)$ 是由下式定义的 $j+1$ 次多项式

$$\pi_j(x)=(x-\alpha_0)(x-\alpha_1)\cdots(x-\alpha_j)$$

于是

$$\pi'_j(\alpha_i)=\prod_{\substack{k=0\\k\neq i}}^{j}(\alpha_i-\alpha_k)\quad(0\leqslant i\leqslant j)$$

2. $\boldsymbol{D}_n$ 是下列单位上三角阵

$$\boldsymbol{D}_n=(\boldsymbol{d}_0,\boldsymbol{d}_1,\cdots,\boldsymbol{d}_n)=\begin{pmatrix}d_{00}&d_{01}&\cdots&d_{0n}\\&d_{11}&\cdots&d_{1n}\\&&\ddots&\vdots\\&&&d_{nn}\end{pmatrix}\qquad(3)$$

其中 $\boldsymbol{d}_0,\boldsymbol{d}_1,\cdots,\boldsymbol{d}_n$ 是 $\boldsymbol{D}_n$ 的列向量. $\boldsymbol{D}_n$ 的元素 $d_{ij}(i,j=0,1,\cdots,n)$满足下列递推关系

$$d_{ii}=1\quad(i=0,1,\cdots,n)$$

$$d_{0i}=-\alpha_{i-1}d_{0,i-1}\quad(i=1,2,\cdots,n)$$

当 $i>j$ 时

$$d_{ij}=0\quad(i=1,2,\cdots,n;j=0,1,\cdots,n-1)$$

当 $i<j$ 时

$$d_{ij}=d_{i-1,j-1}-\alpha_{j-1}d_{i,j-1}\quad(i,j=1,2,\cdots,n)\qquad(4)$$

3. $\boldsymbol{F}_n$ 是下列三角阵

$$\boldsymbol{F}_n=\begin{pmatrix}\boldsymbol{f}_0^{\mathrm{T}}\\\boldsymbol{f}_1^{\mathrm{T}}\\\vdots\\\boldsymbol{f}_n^{\mathrm{T}}\end{pmatrix}=\begin{pmatrix}\dfrac{1}{\pi'_0(\alpha_0)} & & & \\ \dfrac{1}{\pi'_1(\alpha_0)} & \dfrac{1}{\pi'_1(\alpha_1)} & & \\ \vdots & \vdots & \ddots & \\ \dfrac{1}{\pi'_n(\alpha_0)} & \dfrac{1}{\pi'_n(\alpha_1)} & \cdots & \dfrac{1}{\pi'_n(\alpha_n)}\end{pmatrix} \quad (5)$$

其中 $\boldsymbol{f}_0^{\mathrm{T}},\boldsymbol{f}_1^{\mathrm{T}},\cdots,\boldsymbol{f}_n^{\mathrm{T}}$ 是 $\boldsymbol{F}_n$ 的行向量，$\boldsymbol{F}_n$ 的元素 $f_{ij}(i,j=0,1,\cdots,n)$ 满足下列递推关系

$$f_{00}=1,f_{ij}=0\quad(i<j)$$

$$f_{ii}=\frac{1}{\prod\limits_{j=0}^{i-1}(\alpha_i-\alpha_j)}\quad(i=1,2,\cdots,n)$$

$$f_{ij}=\frac{1}{\alpha_j-\alpha_i}f_{i-1,j}\quad(i>j) \quad (6)$$

4. $\boldsymbol{c},\boldsymbol{c}_{\Delta},\boldsymbol{X}$ 分别是下列各式定义的列向量

$$\boldsymbol{c}=(f(\alpha_0),f(\alpha_1),\cdots,f(\alpha_n))^{\mathrm{T}}$$

$$f(\alpha_i)=c_i\quad(i=0,1,\cdots,n) \quad (7)$$

$$\boldsymbol{c}_{\Delta}=(f(\alpha_0),f(\alpha_0,\alpha_1),\cdots,f(\alpha_0,\alpha_1,\cdots,\alpha_n))^{\mathrm{T}} \quad (8)$$

其中 $f(\alpha_0,\alpha_1,\cdots,\alpha_j)(j=0,1,\cdots,n)$ 是 $f(x)$ 的 j 阶差商，且

$$\boldsymbol{X}=(1,x,\cdots,x^n)^{\mathrm{T}} \quad (9)$$

在上述记号的规定下，由数学归纳法易证下式成立

$$\pi_{j-1}(x)=\prod_{i=0}^{j-1}(x-\alpha_i)=\sum_{i=0}^{j}d_{ij}x^i=\boldsymbol{X}^{\mathrm{T}}\boldsymbol{d}_j \quad (10)$$

此外,因为[5]

$$f(\alpha_0,\alpha_1,\cdots,\alpha_j)=\sum_{i=0}^{j}\frac{f(\alpha_i)}{\pi'_j(\alpha_i)}=\boldsymbol{f}_j^{\mathrm{T}}\boldsymbol{c}$$

于是有

$$\boldsymbol{F}_n\boldsymbol{c}=\begin{pmatrix}\boldsymbol{f}_0^{\mathrm{T}}\\ \boldsymbol{f}_1^{\mathrm{T}}\\ \vdots\\ \boldsymbol{f}_n^{\mathrm{T}}\end{pmatrix}\boldsymbol{c}=\begin{pmatrix}\boldsymbol{f}_0^{\mathrm{T}}\boldsymbol{c}\\ \boldsymbol{f}_1^{\mathrm{T}}\boldsymbol{c}\\ \vdots\\ \boldsymbol{f}_n^{\mathrm{T}}\boldsymbol{c}\end{pmatrix}=\begin{pmatrix}f(\alpha_0)\\ f(\alpha_0,\alpha_1)\\ \vdots\\ f(\alpha_0,\alpha_1,\cdots,\alpha_n)\end{pmatrix}=\boldsymbol{c}_\Delta \quad (11)$$

定理 1(Newton 插值公式的矩阵表示) 如果不超过 n 次的多项式 $f(x)$ 满足

$$f(\alpha_i)=c_i \quad (i=0,1,\cdots,n)$$

那么

$$f(x)=\boldsymbol{X}^{\mathrm{T}}\boldsymbol{D}_n\boldsymbol{F}_n\boldsymbol{c}=\boldsymbol{X}^{\mathrm{T}}\boldsymbol{D}_n\boldsymbol{c}_\Delta \quad (12)$$

证明 由式(11)知只需证明

$$f(x)=\boldsymbol{X}^{\mathrm{T}}\boldsymbol{D}_n\boldsymbol{c}_\Delta$$

由 Newton 插值公式,有

$$\begin{aligned}f(x)&=f(\alpha_0)+f(\alpha_0,\alpha_1)\pi_0(x)+\cdots+\\&\quad f(\alpha_0,\alpha_1,\cdots,\alpha_n)\pi_{n-1}(x)\\&=(1,\pi_0(x),\cdots,\pi_{n-1}(x))\boldsymbol{c}_\Delta\end{aligned}$$

并利用式(10)便得

$$\begin{aligned}f(x)&=(\boldsymbol{X}^{\mathrm{T}}\boldsymbol{d}_0,\boldsymbol{X}^{\mathrm{T}}\boldsymbol{d}_1,\cdots,\boldsymbol{X}^{\mathrm{T}}\boldsymbol{d}_n)\boldsymbol{c}_\Delta\\&=\boldsymbol{X}^{\mathrm{T}}(\boldsymbol{d}_0,\boldsymbol{d}_1,\cdots,\boldsymbol{d}_n)\boldsymbol{c}_\Delta\\&=\boldsymbol{X}^{\mathrm{T}}\boldsymbol{D}_n\boldsymbol{c}_\Delta\end{aligned}$$

证毕.

定理 2 方程组(1)的解为

$$\boldsymbol{y}=\boldsymbol{D}_n\boldsymbol{F}_n\boldsymbol{c}=\boldsymbol{D}_n\boldsymbol{c}_\Delta \quad (13)$$

方程组(2)的解为

$$\boldsymbol{y}=\boldsymbol{F}_n^{\mathrm{T}}\boldsymbol{D}_n^{\mathrm{T}}\boldsymbol{c} \tag{14}$$

证明 显然有下列事实成立

$$f(x)=\sum_{i=1}^{n}a_ix^i=\boldsymbol{X}^{\mathrm{T}}(a_0,a_1,\cdots,a_n)^{\mathrm{T}}$$

满足

$$f(\alpha_i)=c_i\quad(i=0,1,\cdots,n;\alpha_i\text{ 互不相等})$$

的充要条件是$\boldsymbol{y}=(\alpha_0,\alpha_1,\cdots,\alpha_n)^{\mathrm{T}}$是方程组(1)的唯一解. 再由定理1便知式(13)成立,从而式(14)也成立.

推论 $n+1$个互不相等的数$\alpha_0,\alpha_1,\cdots,\alpha_n$的Vandermonde矩阵$\boldsymbol{V}_n=(\alpha_{i-1}^{j-1})_{1\leqslant i,j\leqslant n+1}$之逆矩阵为

$$\boldsymbol{V}_n^{-1}=\boldsymbol{D}_n\boldsymbol{F}_n$$

最后,我们考虑一个特殊情况. 设$\alpha_i=i(i=0,1,\cdots,n)$时,式(3)(5)(7)(8)定义的矩阵或向量$\boldsymbol{D}_n$,$\boldsymbol{F}_n$,$\boldsymbol{c}$,$\boldsymbol{c}_\Delta$分别记为$\boldsymbol{D}_n^0$,$\boldsymbol{F}_n^0$,$\boldsymbol{c}^0$,$\boldsymbol{c}_\Delta^0$. 于是,通过简单计算有下列等式成立:

$$\boldsymbol{D}_n^0=\begin{pmatrix}1&0&0&0&\cdots&0&0\\0&1&-1&2&\cdots&(-1)^{n-2}(n-2)!&(-1)^{n-1}(n-1)!\\\vdots&\vdots&\vdots&\vdots&&\vdots&\vdots\\0&0&0&0&\cdots&1&\dfrac{-n(n-1)}{2}\\0&0&0&0&\cdots&0&1\end{pmatrix}$$

$\boldsymbol{D}_n^0$中的元素仍满足递推关系式(4),不过这时(4)中$\alpha_i=i(i=0,1,\cdots,n)$.

$$F_n^0=\begin{pmatrix} 1 & 0 & 0 & \cdots & 0 \\ \frac{-c_1^0}{1!} & \frac{c_1^1}{1!} & 0 & \cdots & 0 \\ \frac{c_2^0}{2!} & \frac{-c_2^1}{2!} & \frac{c_2^2}{2!} & \cdots & 0 \\ \vdots & \vdots & \vdots & & \vdots \\ \frac{(-1)^n c_n^0}{n!} & \frac{(-1)^{n-1}c_n^1}{n!} & \frac{(-1)^{n-2}c_n^2}{n!} & \cdots & \frac{c_n^n}{n!} \end{pmatrix}$$

$\boldsymbol{F}_n^0$ 的元素 $f_{ij}^0(i,j=0,1,\cdots,n)$ 满足下列递推关系：

$$f_{00}^0=1,f_{ij}^0=0 \quad (i<j)$$

$$f_{ii}^0=\frac{c_i^i}{i!}=\frac{1}{i!},f_{ij}^0=\frac{1}{j-i}f_{i-1,j}^0 \quad (i>j)$$

$$\boldsymbol{c}^0=(f(0),f(1),\cdots,f(n))^{\mathrm{T}},f(i)=c_i \quad (i=0,1,\cdots,n)$$

注意到 $\alpha_i=i$ 时，$f(x)$ 的 j 阶差商可表示为

$$f(\alpha_0,\alpha_1,\cdots,\alpha_j)=\frac{\Delta^j(0)}{j!}$$

其中 Δ^j 表示 j 阶差分，于是有

$$\boldsymbol{c}_\Delta^0=\left(f(0),\frac{\Delta f(0)}{1!},\cdots,\frac{\Delta^n f(0)}{n!}\right)^{\mathrm{T}}$$

在 $\alpha_i=i$ 的情况下，定理 1 可写为如下形式：

定理 1′ 如果不超过 n 次的多项式 $f(x)$ 满足 $f(i)=c_i(i=0,1,\cdots,n)$，那么

$$f(x)=\boldsymbol{X}^{\mathrm{T}}\boldsymbol{D}_n^0\boldsymbol{F}_n^0\boldsymbol{c}^0=\boldsymbol{X}^{\mathrm{T}}\boldsymbol{D}_n^0\boldsymbol{c}_\Delta^0$$

由定理 1′便可导出下列高阶等差数列求和公式的矩阵表示.

定理 3 设 $s_n=\sum\limits_{i=0}^{n}F(i)$，$F(x)$ 是 r 次多项式，

$\boldsymbol{N}_j=(1,n,\cdots,n^j)^{\mathrm{T}}$，且

$$\boldsymbol{F}_{j+1}=\left(F(0),\frac{F(1)}{1!},\frac{\Delta F(1)}{2!},\cdots,\frac{\Delta^j F(1)}{(j+1)!}\right)^{\mathrm{T}}$$

那么，$s_n=\boldsymbol{N}_{r+1}^{\mathrm{T}}\boldsymbol{D}_{r+1}^{0}\boldsymbol{F}_{r+1}$.

证明　由代数学知 s_n 是 n 的 $r+1$ 次多项式，又 $\Delta^{k+1}s_0=\Delta^k(\Delta s_0)=\Delta^k F(1)\ (k=0,1,\cdots,n-1)$，$\Delta^m F(1)=0(m\geqslant r+1)$，故由定理 1′得

$$\begin{aligned}s_n&=\boldsymbol{N}_n^{\mathrm{T}}\boldsymbol{D}_n^{0}\left(s_0,\frac{\Delta s_0}{1!},\cdots,\frac{\Delta^n s_0}{n!}\right)^{\mathrm{T}}\\&=\boldsymbol{N}_n^{\mathrm{T}}\boldsymbol{D}_n^{0}\left(F(0),\frac{F(1)}{1!},\frac{\Delta F(1)}{2!},\cdots,\frac{\Delta^r F(1)}{(r+1)!},0,\cdots,0\right)^{\mathrm{T}}\\&=\boldsymbol{N}_{r+1}^{\mathrm{T}}\boldsymbol{D}_{r+1}^{0}\boldsymbol{F}_{r+1}\end{aligned}$$

证毕.

参考文献

[1]华罗庚，王元. 关于等高线上计算矿藏储量和坡地面积的问题[J]. 数学学报，1961，11(1)：29-40.

[2]张肇濠. 一类线性方程组的解的公式[J]. 数学的实践与认识，1979(4)：1-8.

[3]张晗方. 也谈一类线性方程组的解的公式[J]. 数学的实践与认识，1981(1)：7-15.

[4] BALLESTER C, PEREYRA V. On the construction of discrete approximations to linear differential expressions [J]. Math. Comp., 1967，21(99)：297-302.

[5]李岳生，黄友谦. 数值逼近[M]. 北京：人民教育出版社，1978.

第5章 友矩阵与 Vandermonde 矩阵

设

$$f(\lambda)=\lambda^n+a_1\lambda^{n-1}+\cdots+a_{n-1}\lambda+a_n \quad (1)$$

是数域 F 上的首项系数为 1 的多项式,则 n 阶矩阵

$$\boldsymbol{C}=\begin{pmatrix} 0 & 0 & \cdots & 0 & -a_n \\ 1 & 0 & \cdots & 0 & -a_{n-1} \\ 0 & 1 & \cdots & 0 & -a_{n-2} \\ \vdots & \vdots & & \vdots & \vdots \\ 0 & 0 & \cdots & 1 & -a_1 \end{pmatrix} \quad (2)$$

称为多项式 $f(\lambda)$ 的友矩阵(或伴侣矩阵).方阵的有理标准形就是由友矩阵块构成的分块对角矩阵,而有理标准形在应用以及理论推导中,都有较大的作用.

本章将研讨在友矩阵有互不相同的特征值的条件下,化友矩阵为对角矩阵的变换矩阵求法及其与 Vandermonde 矩阵的关系.

中心问题　设多项式 $f(\lambda)$（式(1)）的友矩阵为 $\boldsymbol{C}$（式(2)），且 $f(\lambda)$ 有 n 个不同的根，求化 $\boldsymbol{C}$ 为对角矩阵的变换矩阵及其逆矩阵.

准备知识　矩阵的对角化，特征值与特征向量的直接求法.

1. 课题探究

首先探讨上述的中心问题，然后再探索将友矩阵化为对角矩阵的变换矩阵的特点.

问题 1　设矩阵 $\boldsymbol{C}$（式(2)）是 $f(\lambda)$（式(1)）的友矩阵，$f(\lambda)$ 有 n 个不同的根，求变换矩阵 $\boldsymbol{T}$，使 $\boldsymbol{T}^{-1}\boldsymbol{C}\boldsymbol{T}$ 为对角矩阵.

问题 2　设 $f(\lambda)=\lambda^3-2\lambda^2+\lambda-2$ 的友矩阵为

$$\boldsymbol{C}=\begin{pmatrix}0 & 0 & 2\\ 1 & 0 & -1\\ 0 & 1 & 2\end{pmatrix} \tag{3}$$

求变换矩阵 $\boldsymbol{T}$，使 $\boldsymbol{T}^{-1}\boldsymbol{C}\boldsymbol{T}$ 为对角矩阵.

在问题 1 和问题 2 中，易求出化友矩阵 $\boldsymbol{C}$ 为对角矩阵

$$\boldsymbol{\Lambda}=\boldsymbol{T}^{-1}\boldsymbol{C}\boldsymbol{T} \tag{4}$$

的变换矩阵 $\boldsymbol{T}$. 下面讨论式(4)中的变换矩阵的逆矩阵的求法. 我们可以按逆矩阵的定义来计算 $\boldsymbol{T}^{-1}$，但是，在目前的情况下，可以寻求更简捷的计算方法. 由式(4)知

$$\Lambda=(T^{-1}CT)^{\mathrm{T}}=\boldsymbol{T}^{\mathrm{T}}\boldsymbol{C}^{\mathrm{T}}(\boldsymbol{T}^{-1})^{\mathrm{T}}=((\boldsymbol{T}^{-1})^{\mathrm{T}})^{-1}\boldsymbol{C}^{\mathrm{T}}(\boldsymbol{T}^{-1})^{\mathrm{T}}$$

故 $\boldsymbol{C}^{\mathrm{T}}$ 与 $\boldsymbol{C}$ 相似（都相似于 $\boldsymbol{\Lambda}$）. 如果能从 $\boldsymbol{C}^{\mathrm{T}}$ 直接求出它的变换矩阵 $\boldsymbol{V}$ 及其逆矩阵 $\boldsymbol{V}^{-1}$，使得

$$V^{-1}C^{\mathrm{T}}V=\Lambda$$

那么令 $T=(V^{-1})^{\mathrm{T}}$，则 $T=(V^{\mathrm{T}})^{-1}$，故 $T^{-1}=V^{\mathrm{T}}$，且

$$(T^{-1}CT)^{\mathrm{T}}=T^{\mathrm{T}}C^{\mathrm{T}}(T^{-1})^{\mathrm{T}}=V^{-1}C^{\mathrm{T}}V=\Lambda$$

于是，我们可以求得 $T=(V^{-1})^{\mathrm{T}}$ 和 $T^{-1}=V^{\mathrm{T}}$，使得

$$T^{-1}CT=\Lambda$$

下面先以问题 2 的友矩阵 C（见式(3)）为例来求 C^{T} 的变换矩阵 V 及 V^{-1}，然后再找寻一般规律.

问题 3 设

$$C^{\mathrm{T}}=\begin{pmatrix}0&1&0\\0&0&1\\2&-1&2\end{pmatrix}$$

求变换矩阵 V，使 $V^{-1}C^{\mathrm{T}}V$ 为对角矩阵，从中你有什么发现？

问题 4 设多项式 $f(\lambda)=\lambda^n+a_1\lambda^{n-1}+\cdots+a_{n-1}\lambda+a_n$ 有 n 个不同的根，其友矩阵的转置矩阵为

$$C^{\mathrm{T}}=\begin{pmatrix}0&1&0&\cdots&0\\0&0&1&\cdots&0\\\vdots&\vdots&\vdots&&\vdots\\0&0&0&\cdots&1\\-a_n&-a_{n-1}&-a_{n-2}&\cdots&-a_1\end{pmatrix}$$

求变换矩阵 V 及其逆矩阵 V^{-1}，使 $V^{-1}C^{\mathrm{T}}V$ 为对角矩阵，从而求出把多项式 $f(\lambda)$ 的友矩阵 C 化为对角矩阵的变换矩阵 T 及其逆矩阵 T^{-1}.

由后文的解答知，当多项式

$$f(\lambda)=\lambda^n+a_1\lambda^{n-1}+\cdots+a_{n-1}\lambda+a_n$$

有 n 个不同的根，其友矩阵的转置矩阵为 C^{T} 时，存在

变换矩阵

$$V=\begin{pmatrix}1 & 1 & \cdots & 1\\ \lambda_1 & \lambda_2 & \cdots & \lambda_n\\ \lambda_1^2 & \lambda_2^2 & \cdots & \lambda_n^2\\ \vdots & \vdots & & \vdots\\ \lambda_1^{n-1} & \lambda_2^{n-1} & \cdots & \lambda_n^{n-1}\end{pmatrix}$$

使得 $\boldsymbol{V}^{-1}\boldsymbol{C}^{\mathrm{T}}\boldsymbol{V}=\boldsymbol{\Lambda}=\mathrm{diag}(\lambda_1,\lambda_2,\cdots,\lambda_n)$.

设

$$\boldsymbol{v}_i=(1,\lambda_i,\lambda_i^2,\cdots,\lambda_i^{n-1})^{\mathrm{T}}\quad(i=1,2,\cdots,n)$$

则 $\boldsymbol{V}=(\boldsymbol{v}_1,\boldsymbol{v}_2,\cdots,\boldsymbol{v}_n)$，且

$$\boldsymbol{C}^{\mathrm{T}}(\boldsymbol{v}_1,\boldsymbol{v}_2,\cdots,\boldsymbol{v}_n)=(\lambda_1\boldsymbol{v}_1,\lambda_2\boldsymbol{v}_2,\cdots,\lambda_n\boldsymbol{v}_n)$$

即

$$\boldsymbol{C}^{\mathrm{T}}\boldsymbol{v}_i=\lambda_i\boldsymbol{v}_i\quad(i=1,2,\cdots,n)$$

因此，变换矩阵 $\boldsymbol{V}$ 可以用 $\boldsymbol{C}^{\mathrm{T}}$ 的分别属于特征值 λ_1，$\lambda_2,\cdots,\lambda_n$ 的特征向量 $\boldsymbol{v}_1,\boldsymbol{v}_2,\cdots,\boldsymbol{v}_n$ 作列向量而构成. 我们能否利用属于不同特征值的 Jordan 链，将这个结果再推广到有重根的多项式 $f(\lambda)$ 的友矩阵的转置矩阵 $\boldsymbol{C}^{\mathrm{T}}$ 呢？

下面我们仅讨论 $\boldsymbol{C}^{\mathrm{T}}$ 的特征值有重根（其重数称为该特征值的代数重数），但是各个特征值的特征子空间的维数（称为特征值的几何重数）都是 1 的情况.

探究题 1　设多项式

$$f(\lambda)=\lambda^n+a_1\lambda^{n-1}+\cdots+a_{n-1}\lambda+a_n=\prod_{i=1}^{l}(\lambda-\lambda_i)^{m_i}$$

其中 $m_1,m_2,\cdots,m_l$ 分别是它的友矩阵 $\boldsymbol{C}$ 的特征值 λ_1，$\lambda_2,\cdots,\lambda_l$ 的代数重数，$m_1+m_2+\cdots+m_l=n$，且它们的几

何重数 dim $V_{\lambda_i}=1, i=1,2,\cdots,l$. 求变换矩阵 $\boldsymbol{V}$, 使 $\boldsymbol{V}^{-1}\boldsymbol{C}^{\mathrm{T}}\boldsymbol{V}$为 Jordan 标准形.

如果我们取 $\lambda_1,\lambda_2,\cdots,\lambda_l$ 为整数,$m_1,m_2,\cdots,m_l$ 为正整数,以及$f(\lambda)=\prod\limits_{i=1}^{l}(\lambda-\lambda_i)^{m_i}$,则由式(1) 和式(2) 可确定 $a_1,a_2,\cdots,a_n$,从而得到多项式$f(\lambda)$ 的友矩阵 $\boldsymbol{C}$. 显然,$\boldsymbol{C}$ 和 $\boldsymbol{C}^{\mathrm{T}}$ 都是元素皆为整数的整矩阵,且它们的特征值也均为整数. 当 $\boldsymbol{C}^{\mathrm{T}}$ 的特征值的几何重数也均为 1 时,由探究题 1 知,$\boldsymbol{C}^{\mathrm{T}}$ 具有整数特征向量和整数 Jordan 链,使得变换矩阵 $\boldsymbol{V}$ 也是整矩阵. 例如:取$\lambda_1=1,\lambda_2=2,m_1=2,m_2=1$. 由式(1)和式(2),得

$$\boldsymbol{C}^{\mathrm{T}}=\begin{pmatrix}0&1&0\\0&0&1\\2&-5&4\end{pmatrix}$$

$\boldsymbol{C}^{\mathrm{T}}$ 具有分别属于特征值 $\lambda_1=1$ 和 $\lambda_2=2$ 的特征向量

$$\boldsymbol{v}_1=(1,1,1)^{\mathrm{T}},\boldsymbol{v}_3=(1,2,4)^{\mathrm{T}}$$

以及属于特征值 $\lambda_1=1$ 的 Jordan 链$\{\boldsymbol{v}_2,\boldsymbol{v}_1\}$,其中

$$\boldsymbol{v}_2=(0,1,2)^{\mathrm{T}}$$

由此得变换矩阵

$$\boldsymbol{V}=(\boldsymbol{v}_1,\boldsymbol{v}_2,\boldsymbol{v}_3)=\begin{pmatrix}1&0&1\\1&1&2\\1&2&4\end{pmatrix}$$

它是一个整矩阵. 由于$|\boldsymbol{V}|=1$,故 $\boldsymbol{V}^{-1}$也是整矩阵,且

$$\boldsymbol{V}^{-1}=\begin{pmatrix}0&2&-1\\-2&3&-1\\1&-2&1\end{pmatrix}$$

下面简要介绍有理标准形以了解友矩阵的作用.

我们知道,在复数域上任一 n 阶矩阵可以相似于一个 Jordan 标准形. 那么在一般的数域 F(例如有理数域)上,一个 n 阶矩阵的形式较简单的相似标准形是什么呢? 由于任一 n 次特征多项式在复数域中有 n 个根,而在一般的数域 F 上情况就有所不同,所以在数域 F 上的一个 n 阶矩阵 $\boldsymbol{A}$ 的形式最简单的相似矩阵不一定是 Jordan 形,但由于求矩阵 $\boldsymbol{A}$ 的不变因子时,只用到加、减、乘、除运算,所以 $\boldsymbol{A}$ 在 F 上和 $\mathbf{C}$ 上有相同的不变因子. 利用不变因子,我们就可以构造它的有理标准形.

设数域 F 上 n 阶矩阵 $\boldsymbol{A}$ 的不变因子为

$$1,1,\cdots,1,d_1(\lambda),d_2(\lambda),\cdots,d_s(\lambda)$$

其中 $d_i(\lambda)$ 的次数 $\deg d_i(\lambda)\geqslant 1\ (i=1,2,\cdots,s)$ 且 $d_i(\lambda)\mid d_{i+1}(\lambda)$,则

$$\sum_{i=1}^{s}\deg d_i(\lambda)=n$$

其中 $\deg d_i(\lambda)$ 表示 $d_i(\lambda)$ 的次数. 设 $\boldsymbol{C}_1,\boldsymbol{C}_2,\cdots,\boldsymbol{C}_s$ 分别是 $d_1(\lambda),d_2(\lambda),\cdots,d_s(\lambda)$ 的友矩阵,则 $\boldsymbol{C}_i$ 是 $\deg d_i(\lambda)$ 阶矩阵,$i=1,2,\cdots,s$. 我们称分块对角矩阵

$$\boldsymbol{C}=\begin{pmatrix}\boldsymbol{C}_1 & & & \\ & \boldsymbol{C}_2 & & \\ & & \ddots & \\ & & & \boldsymbol{C}_s\end{pmatrix}$$

为矩阵 $\boldsymbol{A}$ 的有理标准形. 现在的问题是 $\boldsymbol{C}$ 与 $\boldsymbol{A}$ 是否相似呢? 回答是肯定的.

探究题 2 证明:数域 F 上的任意 n 阶矩阵 $\boldsymbol{A}$(在 F 上)必相似于它的有理标准形 $\boldsymbol{C}$.

可以看到,构造 F 上的矩阵 $\boldsymbol{A}$ 的相似标准形——有理标准形只需用到加、减、乘、除有理运算,故称为有理标准形. 有理标准形的分块比 Jordan 标准形的要粗糙,但我们很容易构造出它,而且利用它可以在数域 F 上推导出许多有用的结论,这里就不详细介绍了.

2. 问题解答

问题 1 的解答 采用特征值与特征向量的直接求法,求出 $\boldsymbol{C}$ 的属于不同特征值的特征向量,从而构造变换矩阵.

设 $\boldsymbol{e}_1=(1,0,\cdots,0)^{\mathrm{T}},\boldsymbol{e}_2=(0,1,\cdots,0)^{\mathrm{T}},\cdots,\boldsymbol{e}_n=(0,0,\cdots,1)^{\mathrm{T}}$ 为 n 维单位向量组,则

$$\boldsymbol{C}\boldsymbol{e}_1=\boldsymbol{e}_2,\boldsymbol{C}^2\boldsymbol{e}_1=\boldsymbol{C}\boldsymbol{e}_2=\boldsymbol{e}_3,\cdots,\boldsymbol{C}^{n-1}\boldsymbol{e}_1=\boldsymbol{C}\boldsymbol{e}_{n-1}=\boldsymbol{e}_n$$

$$\begin{aligned}\boldsymbol{C}^n\boldsymbol{e}_1&=\boldsymbol{C}\boldsymbol{e}_n=-a_n\boldsymbol{e}_1-a_{n-1}\boldsymbol{e}_2-\cdots-a_1\boldsymbol{e}_n\\&=(-a_n\boldsymbol{E}-a_{n-1}\boldsymbol{C}-\cdots-a_1\boldsymbol{C}^{n-1})\boldsymbol{e}_1\end{aligned}$$

故

$$f(\boldsymbol{C})\boldsymbol{e}_1=(\boldsymbol{C}^n+a_1\boldsymbol{C}^{n-1}+\cdots+a_{n-1}\boldsymbol{C}+a_n\boldsymbol{E})\boldsymbol{e}_1=\boldsymbol{0} \quad (5)$$

设 $f(\lambda)$ 的 n 个不同的根为 $\lambda_1,\lambda_2,\cdots,\lambda_n$,则

$$f(\lambda)=(\lambda-\lambda_1)(\lambda-\lambda_2)\cdots(\lambda-\lambda_n)$$

由式(5)得

$$\boldsymbol{\alpha}_1=(\boldsymbol{C}-\lambda_2\boldsymbol{E})\cdots(\boldsymbol{C}-\lambda_n\boldsymbol{E})\boldsymbol{e}_1$$

$$\boldsymbol{\alpha}_2=(\boldsymbol{C}-\lambda_1\boldsymbol{E})(\boldsymbol{C}-\lambda_3\boldsymbol{E})\cdots(\boldsymbol{C}-\lambda_n\boldsymbol{E})\boldsymbol{e}_1$$

$$\vdots$$

$$\boldsymbol{\alpha}_n=(\boldsymbol{C}-\lambda_1\boldsymbol{E})\cdots(\boldsymbol{C}-\lambda_{n-1}\boldsymbol{E})\boldsymbol{e}_1$$

分别是 $\boldsymbol{C}$ 的属于特征值 $\lambda_1,\lambda_2,\cdots,\lambda_n$ 的特征向量. 由于 $\lambda_1,\lambda_2,\cdots,\lambda_n$ 互不相同,故 $\boldsymbol{\alpha}_1,\boldsymbol{\alpha}_2,\cdots,\boldsymbol{\alpha}_n$ 线性无关,且 $\boldsymbol{C}$ 可对角化. 设 $\boldsymbol{T}=(\boldsymbol{\alpha}_1,\boldsymbol{\alpha}_2,\cdots,\boldsymbol{\alpha}_n)$,则

$$\boldsymbol{T}^{-1}\boldsymbol{C}\boldsymbol{T}=\begin{pmatrix}\lambda_1 & & & \\ & \lambda_2 & & \\ & & \ddots & \\ & & & \lambda_n\end{pmatrix}$$

$\boldsymbol{T}$ 即为所求的变换矩阵.

问题 2 的解答　由于

$$f(\lambda)=\lambda^3-2\lambda^2+\lambda-2=(\lambda-2)(\lambda-\mathrm{i})(\lambda+\mathrm{i})$$

由问题 1 知,因 $f(\lambda)$ 的友矩阵 $\boldsymbol{C}$ 有 3 个不同的特征值:2,i,-i,故 $\boldsymbol{C}$ 可对角化. 设

$$\boldsymbol{\alpha}_1=(\boldsymbol{C}-\mathrm{i}\boldsymbol{E})(\boldsymbol{C}+\mathrm{i}\boldsymbol{E})\boldsymbol{e}_1=(\boldsymbol{C}^2+\boldsymbol{E})\boldsymbol{e}_1=\boldsymbol{e}_3+\boldsymbol{e}_1$$

$$=\begin{pmatrix}1\\0\\1\end{pmatrix}$$

$$\boldsymbol{\alpha}_2=(\boldsymbol{C}-2\boldsymbol{E})(\boldsymbol{C}+\mathrm{i}\boldsymbol{E})\boldsymbol{e}_1=[\boldsymbol{C}^2+(-2+\mathrm{i})\boldsymbol{C}-2\mathrm{i}\boldsymbol{E}]\boldsymbol{e}_1$$

$$=\begin{pmatrix}-2\mathrm{i}\\-2+\mathrm{i}\\1\end{pmatrix}$$

$$\boldsymbol{\alpha}_3=(\boldsymbol{C}-2\boldsymbol{E})(\boldsymbol{C}-\mathrm{i}\boldsymbol{E})\boldsymbol{e}_1=\begin{pmatrix}2\mathrm{i}\\-2-\mathrm{i}\\1\end{pmatrix}$$

则变换矩阵

$$T=\begin{pmatrix}1 & -2\mathrm{i} & 2\mathrm{i}\\ 0 & -2+\mathrm{i} & -2-\mathrm{i}\\ 1 & 1 & 1\end{pmatrix}$$

且有

$$T^{-1}CT=\begin{pmatrix}2 & & \\ & \mathrm{i} & \\ & & -\mathrm{i}\end{pmatrix}$$

问题 3 的解答 仍设 e_1,e_2,e_3 为 3 维单位向量组，设 $A=C^{\mathrm{T}}$，则

$$Ae_1=\begin{pmatrix}0\\0\\2\end{pmatrix},A^2e_1=\begin{pmatrix}0\\2\\4\end{pmatrix},A^3e_1=\begin{pmatrix}2\\4\\6\end{pmatrix}$$

故

$$A^3e_1-2A^2e_1+Ae_1-2Ee_1=\mathbf{0}$$

即

$$(A^3-2A^2+A-2E)e_1=\mathbf{0}$$

$$(A-2E)(A^2+E)e_1=\mathbf{0} \tag{6}$$

由式(6)可得，$C^{\mathrm{T}}=A$ 的属于 $\lambda_1=2$ 的一个特征向量

$$(A^2+E)e_1=A^2e_1+e_1=\begin{pmatrix}1\\2\\4\end{pmatrix}$$

属于 $\lambda_2=\mathrm{i}$ 的一个特征向量

$$\begin{aligned}(A-2E)(A+\mathrm{i}E)e_1&=[A^2+(-2+\mathrm{i})A-2\mathrm{i}E]e_1\\&=\begin{pmatrix}0\\2\\4\end{pmatrix}+(-2+\mathrm{i})\begin{pmatrix}0\\0\\2\end{pmatrix}-2\mathrm{i}\begin{pmatrix}1\\0\\0\end{pmatrix}\end{aligned}$$

$$=\begin{pmatrix}-2\mathrm{i}\\2\\2\mathrm{i}\end{pmatrix}=-2\mathrm{i}\begin{pmatrix}1\\\mathrm{i}\\\mathrm{i}^2\end{pmatrix}$$

属于 $\lambda_3=-\mathrm{i}$ 的一个特征向量

$$(\boldsymbol{A}-2\boldsymbol{E})(\boldsymbol{A}-\mathrm{i}\boldsymbol{E})\boldsymbol{e}_1=\begin{pmatrix}2\mathrm{i}\\2\\-2\mathrm{i}\end{pmatrix}=2\mathrm{i}\begin{pmatrix}1\\-\mathrm{i}\\(-\mathrm{i})^2\end{pmatrix}$$

于是,我们得到 $\boldsymbol{C}^{\mathrm{T}}$ 的 3 个线性无关的特征向量

$$\boldsymbol{\alpha}_1=\begin{pmatrix}1\\2\\4\end{pmatrix},\boldsymbol{\alpha}_2=\begin{pmatrix}1\\\mathrm{i}\\\mathrm{i}^2\end{pmatrix},\boldsymbol{\alpha}_3=\begin{pmatrix}1\\-\mathrm{i}\\(-\mathrm{i})^2\end{pmatrix}$$

由此得到变换矩阵

$$\boldsymbol{V}=(\boldsymbol{\alpha}_1,\boldsymbol{\alpha}_2,\boldsymbol{\alpha}_3)=\begin{pmatrix}1&1&1\\2&\mathrm{i}&-\mathrm{i}\\4&\mathrm{i}^2&(-\mathrm{i})^2\end{pmatrix}=\begin{pmatrix}1&1&1\\\lambda_1&\lambda_2&\lambda_3\\\lambda_1^2&\lambda_2^2&\lambda_3^2\end{pmatrix}$$

我们发现,$\boldsymbol{V}$ 就是对应于 Vandermonde 行列式

$$\begin{vmatrix}1&1&1\\\lambda_1&\lambda_2&\lambda_3\\\lambda_1^2&\lambda_2^2&\lambda_3^2\end{vmatrix}$$

的 Vandermonde 矩阵. 于是,我们可由 $\boldsymbol{C}$ 的特征值 2,i,-i 直接写出变换矩阵

$$\boldsymbol{V}=\begin{pmatrix}1&1&1\\2&\mathrm{i}&-\mathrm{i}\\4&-1&-1\end{pmatrix}$$

关于 $\boldsymbol{V}^{-1}$,我们利用 Lagrange 插值多项式来求.

设 $F[x]_3$ 表示由 x 的次数小于 3 的数域 F 上的多项式全体组成的线性空间，则 $1,x,x^2$ 为它的一组基. 设

$$\begin{cases} L_1(x)=\dfrac{(x-\lambda_2)(x-\lambda_3)}{(\lambda_1-\lambda_2)(\lambda_1-\lambda_3)} \\ L_2(x)=\dfrac{(x-\lambda_1)(x-\lambda_3)}{(\lambda_2-\lambda_1)(\lambda_2-\lambda_3)} \\ L_3(x)=\dfrac{(x-\lambda_1)(x-\lambda_2)}{(\lambda_3-\lambda_1)(\lambda_3-\lambda_2)} \end{cases} \tag{7}$$

则 $L_1(x),L_2(x),L_3(x)$ 也是 $F[x]_3$ 的一组基(这是因为任一 $f(x)\in F[x]_3$ 都可以用它们线性表示：$f(x)=\sum_{i=1}^{3}f(\lambda_i)L_i(x)$). 特别地，取 $f(x)=x^k(k=0,1,2)$ 时有

$$\begin{cases} k=0,1=L_1(x)+L_2(x)+L_3(x) \\ k=1,x=\lambda_1L_1(x)+\lambda_2L_2(x)+\lambda_3L_3(x) \\ k=2,x^2=\lambda_1^2L_1(x)+\lambda_2^2L_2(x)+\lambda_3^2L_3(x) \end{cases} \tag{8}$$

设

$$\boldsymbol{x}=\begin{pmatrix}1\\x\\x^2\end{pmatrix},\boldsymbol{l}=\begin{pmatrix}L_1(x)\\L_2(x)\\L_3(x)\end{pmatrix}$$

则由式(8)得

$$\boldsymbol{x}=\begin{pmatrix}1\\x\\x^2\end{pmatrix}=\begin{pmatrix}1&1&1\\\lambda_1&\lambda_2&\lambda_3\\\lambda_1^2&\lambda_2^2&\lambda_3^2\end{pmatrix}\begin{pmatrix}L_1(x)\\L_2(x)\\L_3(x)\end{pmatrix}=\boldsymbol{Vl}$$

故有

$$\boldsymbol{l}=\boldsymbol{V}^{-1}\boldsymbol{x}$$

由于 $L_i(x)(i=1,2,3)$ 的次数小于 3，都可以用 1，x,x^2 线性表示，设

$$L_i(x)=\alpha_{i1}+\alpha_{i2}x+\alpha_{i3}x^2 \quad (i=1,2,3)$$

则

$$\boldsymbol{l}=\begin{pmatrix} L_1(x) \\ L_2(x) \\ L_3(x) \end{pmatrix}=\begin{pmatrix} \alpha_{11} & \alpha_{12} & \alpha_{13} \\ \alpha_{21} & \alpha_{22} & \alpha_{23} \\ \alpha_{31} & \alpha_{32} & \alpha_{33} \end{pmatrix}\begin{pmatrix} 1 \\ x \\ x^2 \end{pmatrix}=\boldsymbol{V}^{-1}\boldsymbol{x}$$

故

$$\boldsymbol{V}^{-1}=\begin{pmatrix} \alpha_{11} & \alpha_{12} & \alpha_{13} \\ \alpha_{21} & \alpha_{22} & \alpha_{23} \\ \alpha_{31} & \alpha_{32} & \alpha_{33} \end{pmatrix}$$

现在设 $\lambda_1=2,\lambda_2=\mathrm{i},\lambda_3=-\mathrm{i}$，代入式(7)得

$$L_1(x)=\frac{(x-\mathrm{i})(x+\mathrm{i})}{(2-\mathrm{i})(2+\mathrm{i})}=\frac{1+x^2}{5}$$

$$\alpha_{11}=\frac{1}{5},\alpha_{12}=0,\alpha_{13}=\frac{1}{5}$$

$$L_2(x)=\frac{(x-2)(x+\mathrm{i})}{(\mathrm{i}-2)(\mathrm{i}+\mathrm{i})}=\frac{(4+2\mathrm{i})-5\mathrm{i}x+(-1+2\mathrm{i})x^2}{10}$$

$$\alpha_{21}=\frac{4+2\mathrm{i}}{10},\alpha_{22}=\frac{-5\mathrm{i}}{10},\alpha_{23}=\frac{-1+2\mathrm{i}}{10}$$

$$L_3(x)=\frac{(x-2)(x-\mathrm{i})}{(-\mathrm{i}-2)(-\mathrm{i}-\mathrm{i})}=\frac{(4-2\mathrm{i})+5\mathrm{i}x+(-1-2\mathrm{i})x^2}{10}$$

$$\alpha_{31}=\frac{4-2\mathrm{i}}{10},\alpha_{32}=\frac{5\mathrm{i}}{10},\alpha_{33}=\frac{-1-2\mathrm{i}}{10}$$

因此

$$\boldsymbol{V}^{-1}=\frac{1}{10}\begin{pmatrix} 2 & 0 & 2 \\ 4+2\mathrm{i} & -5\mathrm{i} & -1+2\mathrm{i} \\ 4-2\mathrm{i} & 5\mathrm{i} & -1-2\mathrm{i} \end{pmatrix}$$

由此可得

$$T=(V^{-1})^{\mathrm{T}}=\frac{1}{10}\begin{pmatrix}2 & 4+2\mathrm{i} & 4-2\mathrm{i}\\ 0 & -5\mathrm{i} & 5\mathrm{i}\\ 2 & -1+2\mathrm{i} & -1-2\mathrm{i}\end{pmatrix}$$

$$T^{-1}=V^{\mathrm{T}}=\begin{pmatrix}1 & 2 & 4\\ 1 & \mathrm{i} & -1\\ 1 & -\mathrm{i} & -1\end{pmatrix}$$

$$T^{-1}CT=\begin{pmatrix}1 & 2 & 4\\ 1 & \mathrm{i} & -1\\ 1 & -\mathrm{i} & -1\end{pmatrix}\begin{pmatrix}0 & 0 & 2\\ 1 & 0 & -1\\ 0 & 1 & 2\end{pmatrix}\cdot$$

$$\frac{1}{10}\begin{pmatrix}2 & 4+2\mathrm{i} & 4-2\mathrm{i}\\ 0 & -5\mathrm{i} & 5\mathrm{i}\\ 2 & -1+2\mathrm{i} & -1-2\mathrm{i}\end{pmatrix}$$

$$=\begin{pmatrix}2 & & \\ & \mathrm{i} & \\ & & -\mathrm{i}\end{pmatrix}$$

问题 4 的解答 设 $f(\lambda)$ 的 n 个不同的根为 λ_1，$\lambda_2,\cdots,\lambda_n$，对角矩阵 $\boldsymbol{\Lambda}$ 和 Vandermonde 矩阵 $\boldsymbol{V}$ 分别为

$$\boldsymbol{\Lambda}=\begin{pmatrix}\lambda_1 & & & \\ & \lambda_2 & & \\ & & \ddots & \\ & & & \lambda_n\end{pmatrix},\boldsymbol{V}=\begin{pmatrix}1 & 1 & \cdots & 1\\ \lambda_1 & \lambda_2 & \cdots & \lambda_n\\ \lambda_1^2 & \lambda_2^2 & \cdots & \lambda_n^2\\ \vdots & \vdots & & \vdots\\ \lambda_1^{n-1} & \lambda_2^{n-1} & \cdots & \lambda_n^{n-1}\end{pmatrix}$$

容易验证，$\boldsymbol{C}^{\mathrm{T}}\boldsymbol{V}=\boldsymbol{V}\boldsymbol{\Lambda}$，又因 $|\boldsymbol{V}|\neq 0$，故 $\boldsymbol{V}$ 可逆，所以，有

$$\boldsymbol{V}^{-1}\boldsymbol{C}^{\mathrm{T}}\boldsymbol{V}=\boldsymbol{\Lambda}$$

即 $\boldsymbol{V}$ 是 $\boldsymbol{C}^{\mathrm{T}}$ 的变换矩阵(其中 $\lambda_1,\lambda_2,\cdots,\lambda_n$ 是 $\boldsymbol{C}$(也是 $\boldsymbol{C}^{\mathrm{T}}$)的 n 个不同的特征值). 令 $n-1$ 次插值基函数为

$$L_i(x)=\frac{(x-\lambda_1)\cdots(x-\lambda_{i-1})(x-\lambda_{i+1})\cdots(x-\lambda_n)}{(\lambda_i-\lambda_1)\cdots(\lambda_i-\lambda_{i-1})(\lambda_i-\lambda_{i+1})\cdots(\lambda_i-\lambda_n)}$$

则

$$L_i(\lambda_j)=\begin{cases}1,\text{若 } i=j\\0,\text{若 } i\neq j\end{cases}\tag{9}$$

设 $f(x)$ 为任一次数小于 n 的多项式,则 $f(x)$ 由它在 $x=\lambda_1,\lambda_2,\cdots,\lambda_n$ 处的值 $f(\lambda_1),f(\lambda_2),\cdots,f(\lambda_n)$ 完全确定. 由式(9)得

$$\sum_{i=1}^{n}f(\lambda_i)L_i(\lambda_j)=f(\lambda_j)\quad(j=1,2,\cdots,n)$$

即多项式 $\sum\limits_{i=1}^{n}f(\lambda_i)L_i(x)$ 和 $f(x)$ 在 $x=\lambda_1,\lambda_2,\cdots,\lambda_n$ 处的值完全相同,因此

$$f(x)=\sum_{i=1}^{n}f(\lambda_i)L_i(x)\tag{10}$$

我们把它称为 Lagrange 插值多项式.

特别地,取 $f(x)=1$ 时,有 $f(\lambda_i)=1,i=1,2,\cdots,n$,故由式(10) 得

$$1=\sum_{i=1}^{n}L_i(x)=L_1(x)+L_2(x)+\cdots+L_n(x)\tag{11}$$

类似地,取 $f(x)=x^k,k=1,2,\cdots,n-1$,得

Vandermonde 行列式

$$x^k=\lambda_1^k L_1(x)+\lambda_2^k L_2(x)+\cdots+\lambda_n^k L_n(x) \qquad (12)$$

设

$$\boldsymbol{x}=\begin{pmatrix}1\\ x\\ \vdots\\ x^{n-1}\end{pmatrix},\boldsymbol{l}=\begin{pmatrix}L_1(x)\\ L_2(x)\\ \vdots\\ L_n(x)\end{pmatrix}$$

则有 $\boldsymbol{x}=\boldsymbol{V}\boldsymbol{l}$,故 $\boldsymbol{l}=\boldsymbol{V}^{-1}\boldsymbol{x}$.

设

$$L_i(x)=\alpha_{i1}+\alpha_{i2}x+\cdots+\alpha_{in}x^{n-1} \quad (i=1,2,\cdots,n)$$

则有

$$\boldsymbol{V}^{-1}=\begin{pmatrix}\alpha_{11} & \alpha_{12} & \cdots & \alpha_{1n}\\ \alpha_{21} & \alpha_{22} & \cdots & \alpha_{2n}\\ \vdots & \vdots & & \vdots\\ \alpha_{n1} & \alpha_{n2} & \cdots & \alpha_{nn}\end{pmatrix}$$

也就是说,$\boldsymbol{V}^{-1}$ 的 (i,j) 位置上的元素 α_{ij} 是 Lagrange 插值多项式 $L_i(x)$ 的 x^{j-1} 项的系数.

由此可得

$$\boldsymbol{T}=(\boldsymbol{V}^{-1})^{\mathrm{T}},\boldsymbol{T}^{-1}=\boldsymbol{V}^{\mathrm{T}},\boldsymbol{T}^{-1}\boldsymbol{C}\boldsymbol{T}=\boldsymbol{\Lambda}$$

第6章 关于差商方程组和 Vandermonde 方程组的若干研究

§1 预备知识

关于代数方程和方程组的研究是古老的课题,源远流长,根深叶茂,至今仍不时绽发新芽,开辟新路. 本章简述华南师范大学的吴康教授近年来关于差商方程组和 Vandermonde 方程组的若干研究中的部分成果.

本章中 $\mathbf{C},\mathbf{R},\mathbf{Z},\mathbf{N},\mathbf{N}_+$ 分别表示复数集、实数集、整数集、非负整数集、正整数集.

定义 1[1-3](初等对称多项式) 用 $\sigma_k(x_1,x_2,\cdots,x_n)$ 表示 $x_1,x_2,\cdots,x_n$ 中每次取 k 个所做乘积的总和,即

$$\sigma_k(x_1,x_2,\cdots,x_n)=\sum_{1\leqslant j_1<j_2<\cdots<j_k\leqslant n}x_{j_1}x_{j_2}\cdots x_{j_k}\quad (k=1,2,\cdots,n)\qquad (1)$$

称为 $x_1,x_2,\cdots,x_n$ 的初等对称多项式组,其中 $\sigma_k(x_1,x_2,\cdots,x_n)$ 称为 $x_1,x_2,\cdots,x_n$ 的第 k 个初等对称多项式.

约定

$$\sigma_0(x_1,x_2,\cdots,x_n)=1,\sigma_k(x_1,x_2,\cdots,x_n)=0 \quad (k>n \text{ 或 } k<0) \tag{2}$$

引理 1(初等对称多项式的递推关系) 若 $1\leqslant r\leqslant n$,则

$$\sigma_r(x_1,x_2,\cdots,x_n)=x_1\sigma_{r-1}(x_2,x_3,\cdots,x_n)+\sigma_r(x_2,x_3,\cdots,x_n) \tag{3}$$

$$\sigma_r(x_1,x_2,\cdots,x_n)=\sum_{s=0}^{r}\sigma_s(x_1,x_2,\cdots,x_p)\cdot\sigma_{r-s}(x_{p+1},x_{p+2},\cdots,x_n) \quad (1\leqslant p\leqslant n) \tag{4}$$

证略.

引理 2(因式定理) 设 $f(x)$ 为 x 的 n 次多项式,$n\geqslant 1$,$f(a)=0$,即 a 为 $f(x)$ 的根,则 $x-a$ 是 $f(x)$ 的因式.

引理 3[1-3](代数基本定理) 设 $f(x)$ 为 x 的 n 次多项式,$n\geqslant 1$,则 $f(x)$ 在复数范围内恰有 n 个根.

注 重根按重数计算,如 $f(x)=x^3(x-1)^2$ 有 5 个根 0,0,0,1,1.

引理 4(Vieta 定理与逆定理) 设

$$f(x)=\sum_{i=0}^{n}a_ix^i \quad (a_n\neq 0,a_0,a_1,a_2,\cdots,a_n\in\mathbf{C}) \tag{5}$$

为 x 的 n 次多项式，$n\geqslant 1$，$f(x)$ 在复数范围内有 n 个根 $x_1,x_2,\cdots,x_n$，则

$$\sigma_k(x_1,x_2,\cdots,x_n)=(-1)^k\frac{a_{n-k}}{a_n}\quad(k=1,2,\cdots,n)\tag{6}$$

反之，若 n 个复数 $x_1,x_2,\cdots,x_n$ 满足上述关系式，则 $x_1,x_2,\cdots,x_n$ 为形如式(5)的多项式 $f(x)$ 在复数范围内的 n 个根.

引理5[1-3]（Newton 公式）　设 $x_1,x_2,\cdots,x_n$ 是一元 n 次方程

$$x^n-\sigma_1x^{n-1}+\sigma_2x^{n-2}-\cdots+(-1)^{n-1}\sigma_{n-1}x+(-1)^n\sigma_n=0\tag{7}$$

的 n 个根，并设

$$S_k(x_1,x_2,\cdots,x_n)=x_1^k+x_2^k+\cdots+x_n^k\quad(k=1,2,\cdots)\tag{8}$$

简记为 S_k，则

$$S_k-\sigma_1S_{k-1}+\sigma_2S_{k-2}-\cdots+(-1)^{k-1}\sigma_{k-1}S_1+(-1)^kk\sigma_k=0\quad(1\leqslant k\leqslant n)\tag{9}$$

$$S_k-\sigma_1S_{k-1}+\sigma_2S_{k-2}-\cdots+(-1)^{n-1}\sigma_{n-1}S_{k-n+1}+(-1)^n\sigma_nS_{k-n}=0\quad(k>n)\tag{10}$$

其中 $\sigma_k=\sigma_k(x_1,x_2,\cdots,x_n)$，$k=0,1,2,\cdots,n$.

引理6（幂和式递推定理）　设 $S_m=\sum\limits_{i=1}^{n}\lambda_ix_i^m$，$m\in\mathbf{Z}$，常数 $\lambda_1,\lambda_2,\cdots,\lambda_n\in\mathbf{C}$，$\sigma_k(x_1,x_2,\cdots,x_n)=\sigma_k$，$k=0,1,\cdots,n$，则数列 $\{S_m\}_{m\in\mathbf{Z}}$ 满足递推关系式

$$\sum_{k=0}^{n}(-1)^{n-k}\sigma_{n-k}S_{k+m}=0\quad(m\in\mathbf{Z})\tag{11}$$

证明 上式左边 $=\sum_{k=0}^{n}(-1)^{n-k}\sigma_{n-k}\sum_{i=1}^{n}\lambda_i x_i^{k+m}$

$$=\sum_{i=1}^{n}\lambda_i x_i^m\sum_{k=0}^{n}(-1)^{n-k}\sigma_{n-k}x_i^k$$

由引理 5,知

$$\sum_{k=0}^{n}(-1)^{n-k}\sigma_{n-k}x_i^k=0\quad(i=1,2,\cdots,n)$$

故式(11) 成立.

引理 7[1-3](Cramer 法则) 设 $a_{ij},d_i\in\mathbf{C},i,j=1,2,\cdots,n$,关于 $x_1,x_2,\cdots,x_n$ 的线性方程组

$$\sum_{j=1}^{n}a_{ij}x_i=d_i\quad(i=1,2,\cdots,n)\tag{12}$$

的系数行列式为 D,关于 x_j 的变形行列式为 D_j(在 D 中把第 j 列换为方程组的常数列),$j=1,2,\cdots,n$,若 $D\neq0$,则方程组有唯一解

$$x_j=\frac{D_j}{D}\quad(j=1,2,\cdots,n)\tag{13}$$

§2 差商方程组

约定:本节到§5 中 n 表示大于 1 的整数,m,k,r,s,p 表示整数,$a_1,a_2,\cdots,a_n,b_1,b_2,\cdots,b_n$ 为互异且非零的 $2n$ 个复数,且

$$f(t)=\prod_{1\leqslant i\leqslant n}(t-b_i),f_j(t)=\prod_{\substack{1\leqslant i\leqslant n\\ i\neq j}}(t-b_i)$$

$$(j=1,2,\cdots,n)\tag{14}$$

$$g(t)=\prod_{1\leqslant i\leqslant n}(t-a_i),g_j(t)=\prod_{\substack{1\leqslant i\leqslant n\\ i\neq j}}(t-a_i)$$

$$(j=1,2,\cdots,n) \tag{15}$$

$$V(x_1,x_2,\cdots,x_n)=\prod_{1\leqslant i<j\leqslant n}(x_j-x_i) \tag{16}$$

$$V_k(x_1,x_2,\cdots,x_n)=\prod_{\substack{1\leqslant i<j\leqslant n\\ i,j\neq k}}(x_j-x_i)\quad(k=1,2,\cdots,n) \tag{17}$$

$$V(b_1,b_2,\cdots,b_n)=V,V_k(b_1,b_2,\cdots,b_n)=V_k \tag{18}$$

$$A_k=\sum_{j=1}^{n}a_j^k,A_1=A,B_k=\sum_{j=1}^{n}b_j^k,B_1=B,E_k=A_k-B_k$$

$$(k\in\mathbf{Z}) \tag{19}$$

$$\sigma_k(a_1,a_2,\cdots,a_n)=\rho_k,\sigma_k(b_1,b_2,\cdots,b_n)=\tau_k$$

$$(k=1,2,\cdots,n) \tag{20}$$

$$\rho_n=C,\tau_n=D,\rho_k=\tau_k=0\quad(k<0\text{ 或 }k>n) \tag{21}$$

$$U_k=\sum_{j=1}^{n}\frac{b_j^k}{f_j(b_j)},L_k=\sum_{j=1}^{n}\frac{b_j^k g(b_j)}{f_j(b_j)} \tag{22}$$

定义2　关于 $x_1,x_2,\cdots,x_n$ 的形如

$$\sum_{j=1}^{n}\frac{x_j}{a_i-b_j}=1\quad(i=1,2,\cdots,n) \tag{23}$$

的线性方程组称为基本差商方程组，简称差商方程组. 与之形状相似的线性方程组，均称为广义差商方程组. 关于 t 的形如下式的方程称为差商方程组(23)的源方程：

$$\sum_{j=1}^{n}\frac{x_j}{t-b_j}=1 \tag{24}$$

类似地对广义差商方程组也可定义源方程.

引理 8 $f(t)=(t-b_j)f_j(t),f_j(b_j)=f'(b_j)$

$$f(b_j)=f_i(b_j)=0 \quad (i,j=1,2,\cdots,n,i\neq j) \tag{25}$$

$$g(t)=(t-a_j)f_j(t),g_j(a_j)=g'(a_j)$$

$$g(a_j)=g_i(a_j)=0 \quad (i,j=1,2,\cdots,n,i\neq j) \tag{26}$$

引理 9 $$V=(-1)^{n-j}f'(b_j)V_j \quad (j=1,2,\cdots,n) \tag{27}$$

引理 10 $$f(t)=\sum_{k=0}^{n}(-1)^{n-k}\tau_{n-k}t^k \tag{28}$$

$$g(t)=\sum_{k=0}^{n}(-1)^{n-k}\rho_{n-k}t^k \tag{29}$$

引理 11 $$\tau_1=B \tag{30}$$

$$\tau_2=\frac{1}{2}(B^2-B_2) \tag{31}$$

$$\tau_3=\frac{1}{6}(B^3-3BB_2+2B_3) \quad (n\geqslant 3) \tag{32}$$

$$\tau_4=\frac{1}{24}(B^4-6B^2B_2+8BB_3+3B_2^2-6B_4) \quad (n\geqslant 4) \tag{33}$$

$$\tau_{n-1}=DB_{-1} \tag{34}$$

$$\tau_{n-2}=\frac{1}{2}D(B_{-1}^2-B_{-2}) \tag{35}$$

$$\tau_{n-3}=\frac{1}{6}D(B_{-1}^3-3B_{-1}B_{-2}+2B_{-3}) \quad (n\geqslant 3) \tag{36}$$

引理 12 $$U_0=U_1=\cdots=U_{n-2}=0 \tag{37}$$

$$U_{n-1}=1 \tag{38}$$

证明 暂记 $b_1=x$. 由引理 8 ~ 10 可得

$$U_kV=\sum_{j=1}^{n}\frac{Vb_j^k}{f'(b_j)}=\sum_{j=1}^{n}(-1)^{n-j}V_jb_j^k$$

$$=(-1)^{n-1}V_1x^k+\sum_{j=2}^{n}(-1)^{n-j}V_jb_j^k$$

$$(0\leqslant k\leqslant n-2)$$

为 x 的不超过 $n-2$ 次多项式或零多项式. 令 $x=b_j$ $(2\leqslant j\leqslant n)$，易见

$$V_j\big|_{x=b_1}=0,V_j\big|_{x=b_j}=(-1)^{j-2}V_1 \qquad (39)$$

可知 b_j 为 U_kV 的根. 从而知 U_kV 有 $n-1$ 个根 $b_2,\cdots,b_n$，U_kV 必为零多项式. 显然 $V\neq0$，故 $U_k=0$.

$U_{n-1}V=\sum\limits_{j=1}^{n}\dfrac{Vb_j^{n-1}}{f'(b_j)}$ 为 x 的 $n-1$ 次多项式，同上知其有 $n-1$ 个根 $b_2,b_3,\cdots,b_n$. 由引理 2 和引理 3 有恒等式

$$U_{n-1}V=(-1)^{n-1}V_1f_1(x)$$

由引理 8 和引理 9 得

$$U_{n-1}V=(-1)^{n-1}V_1f_1(b_1)=(-1)^{n-1}V_1f'(b_1)=V$$

因此

$$U_{n-1}=1$$

定理 1　数列 $\{U_m\}_{m\in\mathbf{Z}}$ 满足递推关系式

$$\sum_{k=0}^{n}(-1)^{n-k}\tau_{n-k}U_{k+m}=0\quad(m\in\mathbf{Z}) \qquad (40)$$

和式(37)(38)，且有

$$U_n=\tau_1=B \qquad (41)$$

$$U_{n+1}=\tau_1^2-\tau_2=\frac{1}{2}(B^2+B_2) \qquad (42)$$

$$U_{n+2}=\tau_1^3-2\tau_1\tau_2+\tau_3=\begin{cases}\tau_1^3-2\tau_1\tau_2=BB_2,n=2\\ \dfrac{1}{6}(B^3+3BB_2+2B_3),n\geqslant3\end{cases} \qquad (43)$$

$$U_{n+3}=\tau_1^4-3\tau_1^2\tau_2+2\tau_1\tau_3+\tau_2^2-\tau_4$$

$$=\begin{cases}\tau_1^4-3\tau_1^2\tau_2+\tau_2^2=-\dfrac{1}{4}(B^4-4B_2B^2-B_2^2),n=2\\ \tau_1^4-3\tau_1^2\tau_2+2\tau_1\tau_3+\tau_2^2=\dfrac{1}{12}(B^4+8BB_3+3B_2^2),n=3\\ \dfrac{1}{24}(B^4+6B^2B_2+8BB_3+3B_2^2+6B_4),n\geqslant 4\end{cases}\quad(44)$$

$$U_{-1}=(-1)^{n-1}\tau_n^{-1}=(-1)^{n-1}D^{-1}\quad(45)$$

$$U_{-2}=(-1)^{n-1}\tau_{n-1}\tau_n^{-2}=(-1)^{n-1}D^{-1}B_{-1}\quad(46)$$

$$U_{-3}=(-1)^{n-1}(\tau_{n-1}^2-\tau_{n-2}\tau_n)\tau_n^{-3}$$

$$=\frac{1}{2}(-1)^{n-1}D^{-1}(B_{-1}^2+B_{-2})\quad(47)$$

$$U_{-4}=(-1)^{n-1}(\tau_{n-1}^3-2\tau_{n-2}\tau_{n-1}\tau_n+\tau_{n-3}\tau_n^2)\tau_n^{-4}$$

$$=\begin{cases}\tau_1(2\tau_2-\tau_1^2)\tau_2^{-4}=-BB_2D^{-4}=-B_{-1}B_{-2}D^{-1},n=2\\ \dfrac{1}{6}(-1)^{n-1}D^{-1}(B_{-1}^3+3B_{-1}B_{-2}+2B_{-3}),n\geqslant 3\end{cases}\quad(48)$$

证明 由引理 6 和引理 10 可得式(40). 由引理 11 和引理 12 及式(40)逐次递推可得式(41) ~ (48). 详细过程略.

关于数列$\{U_m\}_{m\in\mathbf{Z}}$,还可参看文[8].

例 1 设 $n=2,b_1=2,b_2=3$,则

$$f_1(b_1)=-1,f_2(b_2)=1$$

$$U_0=0,U_1=1,U_2=5,U_3=19,U_4=65,U_5=211$$

$$U_{-1}=-\frac{1}{6},U_{-2}=-\frac{5}{36},U_{-3}=-\frac{19}{216},U_{-4}=-\frac{65}{1\,296}$$

$$\tau_1=B=5,\tau_2=D=6$$

$$B_2=13,B_3=35,B_4=97,B_{-1}=\frac{5}{6},B_{-2}=\frac{13}{36},B_{-3}=\frac{35}{216}$$

可验证如上诸式.

例2　设 $n=3, b_1=1, b_2=2, b_3=3$，则

$$f_1(b_1)=2, f_2(b_2)=-1, f_3(b_3)=2$$

$$U_0=0, U_1=0, U_2=1, U_3=6, U_4=25, U_5=90, U_6=301$$

$$U_{-1}=\frac{1}{6}, U_{-2}=\frac{11}{36}, U_{-3}=\frac{85}{216}, U_{-4}=\frac{575}{1\ 296}$$

$$\tau_1=B=6, \tau_2=11, \tau_3=D=6$$

$$B_2=14, B_3=36, B_4=98$$

$$B_{-1}=\frac{11}{6}, B_{-2}=\frac{49}{36}, B_{-3}=\frac{251}{216}$$

可验证如上诸式.

定理2　差商方程组(23)有唯一解

$$x_j=-\frac{g(b_j)}{f'(b_j)} \quad (j=1,2,\cdots,n) \tag{49}$$

亦即以下 n 个式子为恒等式

$$-\sum_{j=1}^{n} \frac{g(b_j)}{(a_i-b_j)f'(b_j)}=1 \quad (i=1,2,\cdots,n) \tag{50}$$

定理3　对差商方程组(23)的解(49)，设

$$W_m=W_m(x_1,x_2,\cdots,x_n)=\sum_{j=1}^{n} b_j^m x_j \quad (m\in \mathbf{Z}) \tag{51}$$

则

$$W_m=\sum_{k=0}^{n}(-1)^{n-k+1}\rho_{n-k}U_{m+k} \quad (m\in \mathbf{Z}) \tag{52}$$

$$W_0=E \tag{53}$$

$$W_1=\frac{1}{2}(E_2-E^2) \tag{54}$$

$$W_2=\begin{cases}AD-BC+EB_2, n=2\\ \frac{1}{6}(E^3+2E_3-3EE_2), n\geqslant 3\end{cases} \tag{55}$$

$$W_{-1}=\frac{C-D}{D} \tag{56}$$

$$W_{-2}=-\frac{CE_{-1}}{D} \tag{57}$$

$$W_{-3}=\frac{C(E_{-1}^2-E_{-2})}{2D} \tag{58}$$

定理 2 和定理 3 的证明 由差商方程组(23)的形式知其源方程(24)有 n 个根 $a_1,a_2,\cdots,a_n$. 在式(24)两边乘 $f(t)$,可得其同解方程

$$\sum_{j=1}^{n}x_jf_j(t)=f(t) \tag{59}$$

式(59)是 n 次方程,有 n 个根 $a_1,a_2,\cdots,a_n$,由引理 2 和引理 3 得恒等式

$$f(t)-\sum_{j=1}^{n}x_jf_j(t)=g(t) \tag{60}$$

赋值 $t=b_j$,由式(25)可得

$$-x_jf_j(b_j)=g(b_j)\Rightarrow \text{式}(49)\quad (j=1,2,\cdots,n)$$

由式(29)(49)(51)可得

$$\begin{aligned}W_m&=-\sum_{j=1}^{n}\frac{b_j^mg(b_j)}{f'(b_j)}=\sum_{j=1}^{n}\frac{b_j^m}{f'(b_j)}\sum_{k=0}^{n}(-1)^{n-k+1}\rho_{n-k}b_j^k\\&=\sum_{k=0}^{n}(-1)^{n-k+1}\rho_{n-k}\sum_{j=1}^{n}\frac{b_j^{m+k}}{f'(b_j)}\\&=\sum_{k=0}^{n}(-1)^{n-k+1}\rho_{n-k}U_{m+k}\quad (m\in\mathbf{Z})\end{aligned}$$

证得式(52). 再由定理 1 诸式代入可算得式(53)~

(58),详细过程略.

例 3[10](1984 年第 2 届美国数学邀请赛第 15 题)若

$$\begin{cases}\dfrac{x^2}{2^2-1^2}+\dfrac{y^2}{2^2-3^2}+\dfrac{z^2}{2^2-5^2}+\dfrac{w^2}{2^2-7^2}=1\\\dfrac{x^2}{4^2-1^2}+\dfrac{y^2}{4^2-3^2}+\dfrac{z^2}{4^2-5^2}+\dfrac{w^2}{4^2-7^2}=1\\\dfrac{x^2}{6^2-1^2}+\dfrac{y^2}{6^2-3^2}+\dfrac{z^2}{6^2-5^2}+\dfrac{w^2}{6^2-7^2}=1\\\dfrac{x^2}{8^2-1^2}+\dfrac{y^2}{8^2-3^2}+\dfrac{z^2}{8^2-5^2}+\dfrac{w^2}{8^2-7^2}=1\end{cases}$$

确定 $x^2+y^2+z^2+w^2$ 的值.

解　把 x^2,y^2,z^2,w^2 分别改为 x_1,x_2,x_3,x_4,此为 $n=4,a_1=2^2,a_2=4^2,a_3=6^2,a_4=8^2,b_1=1^2,b_2=3^2,b_3=5^2,b_4=7^2$ 时的差商方程组. 由式(52)可得

$$\begin{aligned}x_1+x_2+x_3+x_4&=W_0=E=A-B\\&=2^2+4^2+6^2+8^2-(1^2+3^2+5^2+7^2)\\&=3+7+11+15=36\end{aligned}$$

讨论:我们还可求得

$$x_1=\frac{11\ 025}{1\ 024},x_2=\frac{10\ 395}{1\ 024},x_3=\frac{9\ 009}{1\ 024},x_4=\frac{6\ 435}{1\ 024}$$

$$E_2=2\ 556,E_3=178\ 956,E_{-1}=-\frac{5\ 179\ 491}{6\ 350\ 400}$$

$$C=147\ 456,D=11\ 025$$

以及

$$W_1=x_1+3^2x_2+5^2x_3+7^2x_4=630$$

$$W_2=x_1+3^4x_2+5^4x_3+7^4x_4=21\ 420$$

$$W_{-1}=x_1+\frac{x_2}{3^2}+\frac{x_3}{5^2}+\frac{x_4}{7^2}=\frac{15\ 159}{1\ 225}$$

$$W_{-2}=x_1+\frac{x_2}{3^4}+\frac{x_3}{5^4}+\frac{x_4}{7^4}=\frac{49\ 109\ 248}{4\ 501\ 875}$$

例 4 解方程组

$$\sum_{j=1}^{n}\frac{x_j}{i+j}=1\quad(i=1,2,\cdots,n)\tag{61}$$

解 这是 $a_i=i,b_j=-j(i,j=1,2,\cdots,n)$ 的差商方程组的情形. 易算得

$$g(t)=\prod_{i=1}^{n}(t-i)$$

$$g(b_j)=\prod_{i=1}^{n}(-j-i)=(-1)^n\cdot\frac{(n+j)!}{j!}$$

$$f(t)=\prod_{i=1}^{n}(t+i)$$

$$f'(b_j)=\prod_{\substack{1\leqslant i\leqslant n\\ i\neq j}}(-j+i)=(-1)^{j-1}(j-1)!\ (n-j)!$$

$$(j=1,2,\cdots,n)$$

故由定理 2 知题设方程组的解为

$$x_j=-\frac{g(b_j)}{f'(b_j)}=-\frac{(-1)^n(n+j)!}{j!\ (-1)^{j-1}(j-1)!\ (n-j)!}$$

$$=(-1)^j j\binom{n}{j}\binom{n+j}{j}\quad(j=1,2,\cdots,n)\tag{62}$$

注 令

$$\Omega_m=\sum_{j=1}^{n}(-1)^{n-j}j^m\binom{n}{j}\binom{n+j}{j}\quad(m\in\mathbf{Z})\tag{63}$$

由式(50)～(58)得到组合恒等式

$$\sum_{j=1}^{n}\frac{(-1)^{n-j}}{i+j}j\binom{n}{j}\binom{n+j}{j}=1\quad(i=1,2,\cdots,n)\tag{64}$$

$$\Omega_1=n(n+1)\tag{65}$$

$$\Omega_2=\frac{1}{2}n^2(n+1)^2\tag{66}$$

$$\Omega_0=1-(-1)^n\tag{67}$$

$$\Omega_{-1}=2(-1)^{n+1}\sum_{k=1}^{n}\frac{1}{k}\tag{68}$$

$$\Omega_{-2}=2(-1)^{n+1}\left(\sum_{k=1}^{n}\frac{1}{k}\right)^2\tag{69}$$

用类似的方法对差商方程组进行求解与分析,可得到更多的组合恒等式,可参看文[7].

例 5　解方程组

$$\sum_{j=1}^{n}\frac{x_j}{a_i-\cos\theta_j}=1\quad(i=1,2,\cdots,n)\tag{70}$$

其中 $a_1,a_2,\cdots,a_n$ 是第 n 个 Chebyshev(切比雪夫)多项式 $T_n(x)$ 的 n 个根,$0\leqslant\theta_1<\theta_2<\cdots<\theta_n\leqslant\pi$,$\cos n\theta_j\neq0$,$j=1,2,\cdots,n$.

解　这是 $g(t)=T_n(t)$,$b_j=\cos\theta_j(j=1,2,\cdots,n)$的差商方程组的情形. 易算得

$$g(b_j)=T_n(b_j)=T_n(\cos\theta_j)=\cos n\theta_j$$

$$f'(b_j)=\prod_{\substack{1\leqslant i\leqslant n\\ i\neq j}}(\cos\theta_j-\cos\theta_i)\quad(j=1,2,\cdots,n)$$

由定理 2 知题设方程组的解为

$$x_j=-\frac{g(b_j)}{f'(b_j)}=-\frac{\cos n\theta_j}{\prod\limits_{\substack{1\leqslant i\leqslant n\\ i\neq j}}(\cos\theta_j-\cos\theta_i)}\quad(j=1,2,\cdots,n)\tag{71}$$

注 Chebyshev 多项式

$$T_0(x)=1, T_1(x)=x, T_2(x)=2x^2-1$$

$$T_3(x)=4x^3-3x, T_4(x)=8x^4-8x^2+1$$

$$T_5(x)=16x^5-20x^3+5x, \cdots$$

满足 $T_n(\cos\theta)=\cos n\theta$. 方程 $T_n(x)=0$ 的根是

$$\cos\frac{(2i-1)\pi}{2n}\quad (i=1,2,\cdots,n)$$

由式(50)~(58)可以得到有关 Chebyshev 多项式的若干恒等式,详细过程略,可参看文[11].

例 6 解方程组

$$\sum_{j=1}^{n}\frac{x_j}{\varepsilon^m-j-1}=1\quad (m=1,2,\cdots,n)\tag{72}$$

其中 $\varepsilon=\cos\frac{2\pi}{n}+\mathrm{i}\sin\frac{2\pi}{n}$ 为 1 的 n 次虚根.

解 这是

$$g(t)=t^n-1, b_j=j+1\quad (j=1,2,\cdots,n)$$

的差商方程组的情形. 易算得

$$g(b_j)=(j+1)^n-1$$

$$f'(b_j)=(-1)^{n-j}(j-1)!\ (n-j)!\quad (j=1,2,\cdots,n)$$

由定理 2 知题设方程组的解为

$$x_j=-\frac{g(b_j)}{f'(b_j)}=(-1)^{n-j+1}\frac{(j+1)^n-1}{(j-1)!\ (n-j)!}$$

$$(j=1,2,\cdots,n)\tag{73}$$

注 由式(50)~(58)可以得到若干组合恒等式,如令

$$\Theta_k=\sum_{j=1}^{n}(-1)^{n-j}\binom{n-1}{j-1}(j+1)^k[(j+1)^n-1]$$

$$(j=1,2,\cdots,n) \tag{74}$$

$$\Theta_0=\frac{1}{2}(n+3)\cdot n! \tag{75}$$

$$\Theta_{-1}=(n-1)!\ +\frac{(-1)^n}{n(n+1)} \tag{76}$$

$$\Theta_{-2}=\frac{(-1)^n}{n(n+1)}\sum_{j=2}^{n+1}\frac{1}{j} \tag{77}$$

$$\Theta_1=\begin{cases}18, n=2\\ \dfrac{3n+13}{24}\cdot(n+2)!, n\geqslant 3\end{cases} \tag{78}$$

§3　正次差商方程组

定义3　关于$x_1,x_2,\cdots,x_n$的形如

$$\sum_{j=1}^{n}\frac{x_j}{a_i-b_j}=a_i^p\quad(i=1,2,\cdots,n,p\in\mathbf{Z}) \tag{79}$$

的线性方程组称为p次广义差商方程组,简称p次差商方程组,$p>0$时简称正次差商方程组,$p<0$时简称负次差商方程组. 关于t的形如下式的方程称为差商方程组(79)的源方程:

$$\sum_{j=1}^{n}\frac{x_j}{t-b_j}=t^p \tag{80}$$

显然,$a_1,a_2,\cdots,a_n$是方程(80)的n个根. 当p为正整数时,在其两边乘$f(t)$,可得其同解方程

$$\sum_{j=1}^{n}x_jf_j(t)=t^pf(t) \tag{81}$$

式(81)是$n+p$次方程,在复数范围内有$n+p$个根:a_1,

$a_2,\cdots,a_n,u_1,u_2,\cdots,u_p$. 由引理 4 和引理 10 有

$$\sigma_q(a_1,a_2,\cdots,a_n,u_1,u_2,\cdots,u_p)=\tau_q \quad (q=1,2,\cdots,p) \tag{82}$$

由引理 1 得

$$\begin{aligned}&\sigma_q(a_1,a_2,\cdots,a_n,u_1,u_2,\cdots,u_p)\\ =&\sum_{i=0}^{q}\sigma_{q-i}(a_1,a_2,\cdots,a_n)\sigma_i(u_1,u_2,\cdots,u_p)\\ =&\sum_{i=0}^{q}\rho_{q-i}\theta_i\end{aligned} \tag{83}$$

其中

$$\theta_i=\sigma_i(u_1,u_2,\cdots,u_p) \quad (i\in\mathbf{Z}) \tag{84}$$

我们得到关于 $\theta_1,\theta_2,\cdots,\theta_p$ 的线性方程组

$$\sum_{i=1}^{q}\rho_{q-i}\theta_i=\tau_q-\rho_q \quad (q=1,2,\cdots,p) \tag{85}$$

线性方程组(85)的矩阵形式为

$$\begin{pmatrix}1&0&0&0&\cdots&0&0\\ \rho_1&1&0&0&\cdots&0&0\\ \rho_2&\rho_1&1&0&\cdots&0&0\\ \rho_3&\rho_2&\rho_1&1&\cdots&0&0\\ \vdots&\vdots&\vdots&\vdots&&\vdots&\vdots\\ \rho_{p-1}&\rho_{p-2}&\rho_{p-3}&\rho_{p-4}&\cdots&\rho_1&1\end{pmatrix}\begin{pmatrix}\theta_1\\ \theta_2\\ \theta_3\\ \theta_4\\ \vdots\\ \theta_p\end{pmatrix}=\begin{pmatrix}\tau_1-\rho_1\\ \tau_2-\rho_2\\ \tau_3-\rho_3\\ \tau_4-\rho_4\\ \vdots\\ \tau_p-\rho_p\end{pmatrix} \tag{86}$$

线性方程组(85)的系数行列式等于 1,方程组有唯一解 $\theta_1,\theta_2,\cdots,\theta_p$. 由引理 2 和引理 3 知有恒等式

$$t^pf(t)-\sum_{j=1}^{n}x_jf_j(t)=g(t)h_p(t) \tag{87}$$

其中

$$h_p(t) = (t - u_1)(t - u_2)\cdots(t - u_p)$$

$$= \sum_{i=0}^{p} (-1)^{p-i}\theta_{p-i}t^i \tag{88}$$

赋值 $t=b_j$,由引理8得

$$-x_j f'(b_j)=g(b_j)h_p(b_j)$$

故

$$x_j = -\frac{g(b_j)h_p(b_j)}{f'(b_j)} \quad (j=1,2,\cdots,n) \tag{89}$$

从式(86)的结构可知,对任意给定的 p 都有

$$\theta_p = (\tau_p - \rho_p) - \sum_{i=1}^{p-1}\rho_i\theta_{p-i} \tag{90}$$

因此,对

$$h_p(t) = \sum_{i=1}^{p} (-1)^{p-i}\theta_{p-i}t^i \tag{91}$$

都可得到

$$h_{p+1}(t) = th_p(t) + (-1)^{p+1}\theta_{p+1}$$

$$= th_p(t) + (-1)^{p+1}\left[(\tau_{p+1} - \rho_{p+1}) - \sum_{i=1}^{p}\rho_i\theta_{p+1-i}\right]$$

亦即 $h_{p+1}(t)$ 与 $th_p(t)$ 只相差一个常数. 记 $h_{p+1}(t)-th_p(t)=H_p$,H_p 为只依赖于 p 的常数. 从上式可知

$$H_p = (-1)^{p+1}\left[(\tau_{p+1} - \rho_{p+1}) - \sum_{i=1}^{p}\rho_i\theta_{p+1-i}\right]$$

$$= (-1)^{p+1}\theta_{p+1} \tag{92}$$

另外,把式(89)代入式(87),并改 p 为 $p+1$,可得两个恒等式

$$t^p f(t) + \sum_{j=1}^{n} \frac{g(b_j)h_p(b_j)}{f'(b_j)}f_j(t) = g(t)h_p(t)$$

$$t^{p+1}f(t)+\sum_{j=1}^{n}\frac{g(b_j)h_{p+1}(b_j)}{f'(b_j)}f_j(t)=g(t)h_{p+1}(t)$$

后式减去前式的 t 倍得

$$\sum_{j=1}^{n}\frac{g(b_j)}{f'(b_j)}[h_{p+1}(b_j)-th_p(b_j)]f_j(t)=H_pg(t)$$

上式为恒等式,比较两边 t^n 项系数即得

$$H_p=-\sum_{j=1}^{n}\frac{g(b_j)}{f'(b_j)}h_p(b_j)=\sum_{j=1}^{n}x_j \tag{93}$$

对 $p=0$,约定 $h_p(t)=1$,易见以上结果仍然成立. 从而可得:

定理4 当 p 为非负整数时,p 次差商方程组(79)有唯一解(89),其中多项式列 $\{h_p(t)\}_{p\geqslant 0}$ 满足递推关系式

$$h_{p+1}(t)=th_p(t)+H_p\quad(p\geqslant 0) \tag{94}$$

其中 H_p 由式(93)表述,且有

$$h_0(t)=1 \tag{95}$$

$$h_1(t)=t+E \tag{96}$$

$$h_2(t)=t^2+Et+\frac{1}{2}(E^2+E_2) \tag{97}$$

$$h_3(t)=t^3+Et^2+\frac{1}{2}(E^2+E_2)t+\frac{1}{6}(E^3+2E_3+3EE_2) \tag{98}$$

证略.

例7 设 a_1,a_2 是方程 $t^2-t-1=0$ 的两个根,对非负整数 p,解方程组

$$\frac{x_1}{a_i-1}+\frac{x_2}{a_i-2}=a_i^p\quad(i=1,2) \tag{99}$$

解　这是 $p(p\geqslant 0)$ 次差商方程组. $n=2$; $g(t)=t^2-t-1$, $\rho_1=1$, $\rho_2=-1$, $\rho_k=0$, $k>2$; $b_1=1$, $b_2=2$, $\tau_1=3$, $\tau_2=2$, $\tau_k=0$, $k>2$; $f'(b_1)=-1$, $f'(b_2)=1$; $E_1=-2$, $E_2=-2$, $E_3=-5$. 方程组有唯一解 $x_1=g(1)h_p(1)$, $x_2=-g(2)\cdot h_p(2)$:

(i) 当 $p=0$ 时

$$h_0(t)=1, x_1=-1, x_2=-1$$

(ii) 当 $p=1$ 时

$$h_1(t)=t-2, x_1=1, x_2=0$$

(iii) 当 $p=2$ 时

$$h_2(t)=t^2-2t+1, x_1=0, x_2=-1$$

(iv) 当 $p=3$ 时

$$h_3(t)=t^3-2t^2+t-1, x_1=1, x_2=-1$$

(v) 当 $p=4$ 时

$$h_4(t)=t^4-2t^3+t^2-t, x_1=1, x_2=-2$$

(vi) 当 $p=5$ 时

$$h_5(t)=t^5-2t^4+t^3-t^2-1, x_1=2, x_2=-3$$

(vii) 当 $p=6$ 时

$$h_6(t)=t^6-2t^5+t^4-t^3-t-1, x_1=3, x_2=-5$$

(viii) 当 $p=7$ 时

$$h_7(t)=t^7-2t^6+t^5-t^4-t^2-t-2, x_1=5, x_2=-8$$

对一般情况的 $p(p\geqslant 0)$ 次差商方程组(99),可解得

$$x_1=F_{p-2}, x_2=-F_{p-1} \tag{100}$$

其中 $\{F_n\}_{n\in\mathbf{Z}}$ 为 Fibonacci 数列,满足

$$F_0=0, F_1=1, F_{n+2}=F_{n+1}+F_n \quad (n\in\mathbf{Z}) \tag{101}$$

且

$$h_{p+1}(t)=th_p(t)-F_{p-3}\quad(p\geqslant 0)\qquad(102)$$

详细过程略.

关于 Fibonacci 数列的相关性质,可参看文[9].

例 8 设 a_1,a_2,a_3 是方程 $t^3-t^2+2t-1=0$ 的三个根,对非负整数 p,求解方程组

$$\frac{x_1}{a_i-1}+\frac{x_2}{a_i-2}+\frac{x_3}{a_i-3}=a_i^p\quad(i=1,2,3)\qquad(103)$$

解 这是 $p(p\geqslant 0)$ 次差商方程组

$$g(t)=t^3-t^2+2t-1,\rho_1=1,\rho_2=2,\rho_3=1,\rho_k=0\quad(k>3)$$

$$b_1=1,b_2=2,b_3=3,\tau_1=6,\tau_2=11,\tau_3=6,\tau_k=0\quad(k>3)$$

$$f'(b_1)=2,f'(b_2)=-1,f'(b_3)=2$$

$$E_1=-5,E_2=-17,E_3=-38$$

方程组有唯一解 $x_1=-\frac{1}{2}h_p(1)$, $x_2=7h_p(2)$, $x_3=-\frac{23}{2}h_p(3)$:

(i) 当 $p=0$ 时

$$h_0(t)=1,x_1=-\frac{1}{2},x_2=7,x_3=-\frac{23}{2}$$

(ii) 当 $p=1$ 时

$$h_1(t)=t-5,x_1=2,x_2=-21,x_3=23$$

(iii) 当 $p=2$ 时

$$h_2(t)=t^2-5t+4,x_1=0,x_2=-14,x_3=23$$

(iv) 当 $p=3$ 时

$$h_3(t)=t^3-5t^2+4t+9,x_1=-\frac{9}{2},x_2=35,x_3=-\frac{69}{2}$$

(v) 当 $p=4$ 时

$$h_4(t)=t^4-5t^3+4t^2+9t-4$$

$$x_1=-\frac{5}{2},x_2=42,x_3=-\frac{115}{2}$$

(vi) 当 $p=5$ 时

$$h_5(t)=t^5-5t^4+4t^3+9t^2-4t-18$$

$$x_1=\frac{13}{2},x_2=-42,x_3=\frac{69}{2}$$

(vii) 当 $p=6$ 时

$$h_6(t)=t^6-3t^5+4t^4+9t^3-4t^2-18t-1$$

$$x_1=7,x_2=-91,x_3=115$$

(viii) 当 $p=7$ 时

$$h_7(t)=t^7-5t^6+4t^5+9t^4-4t^3-18t^2-t+31$$

$$x_1=-\frac{17}{2},x_2=35,x_3=-\frac{23}{2}$$

§4　负次差商方程组

当 p 为负整数时,设 $p=-q$,则 q 为正整数. 在 p 次差商方程组(79)的源方程(80)的两边乘 $t^qf(t)$,可得其同解方程

$$\sum_{j=1}^{n}x_jt^qf_j(t)=f(t) \tag{104}$$

限于篇幅,本节只研究 $p=-1$ 的情形. 此时由于 a_1, $a_2,\cdots,a_n$ 是方程(104)的根,比较首项系数,由引理 2 可得恒等式

$$\sum_{j=1}^{n} x_j t f_j(t) - f(t) = (W-1)g(t) \tag{105}$$

其中 $W=\sum_{j=1}^{n} x_j$. 赋值 $t=b_j$,由引理 8 得

$$x_j b_j f'(b_j) = (W-1)g(b_j) \Rightarrow x_j = (W-1)\frac{g(b_j)}{b_j f'(b_j)} \quad (j=1,2,\cdots,n) \tag{106}$$

从而

$$W=\sum_{j=1}^{n} x_j = (W-1)\Gamma \tag{107}$$

其中

$$\Gamma = \sum_{j=1}^{n} \frac{g(b_j)}{b_j f'(b_j)} = L_{-1} \tag{108}$$

参看式(22). 由定理 2 与定理 3 的证明中的方法易见

$$\Gamma = \sum_{k=0}^{n} (-1)^{n-k} \rho_{n-k} U_{k-1} \tag{109}$$

由式(37)(38)(45)可得

$$\begin{aligned}\Gamma &= (-1)^n \rho_n U_{-1} + \rho_0 U_{n-1} = (-1)^n C \cdot (-1)^{n-1} D^{-1} + 1 \\ &= 1 - CD^{-1}\end{aligned} \tag{110}$$

显然 $\Gamma \neq 1$,故从式(107)可解得

$$W = \frac{\Gamma}{\Gamma - 1} = \frac{C-D}{C}, W-1 = -\frac{D}{C} \tag{111}$$

代入式(106)可得

$$x_j = -\frac{Dg(b_j)}{Cb_j f'(b_j)} \quad (j=1,2,\cdots,n) \tag{112}$$

从而可得:

定理 5 当 $p=-1$ 时差商方程组(79)有唯一解(112),它满足式(111).

§5　广义差商方程组

差商方程组可发展成形如

$$\sum_{j=1}^{n} \frac{F(a_i)x_j}{G(a_i)-b_j}=1 \quad (i=1,2,\cdots,n) \tag{113}$$

$$\sum_{j=1}^{n} \frac{x_j}{(a_i-b_j)(a_i-b_{j+1})}=a_i^p, b_{n+1}=b_1$$
$$(p\in \mathbf{Z}, i=1,2,\cdots,n) \tag{114}$$

$$\sum_{j=1}^{n} \left(\frac{1}{a_i-b_j}-\frac{1}{a_i-b_{j+1}}\right)x_j=a_i^p, b_{n+1}=b_1$$
$$(p\in \mathbf{Z}, i=1,2,\cdots,n) \tag{115}$$

$$\sum_{j=1}^{n} \frac{a_i+b_j}{a_i-b_j}x_j=a_i^p$$
$$(p\in \mathbf{Z}, i=1,2,\cdots,n) \tag{116}$$

$$\sum_{j=1}^{n} (a_i-b_j)^m x_j=a_i^p$$
$$(m,p\in \mathbf{Z}, i=1,2,\cdots,n) \tag{117}$$

等的“广义差商方程组”,其中 $F(t)$,$G(t)$ 为 t 的函数,有较大的发展空间,限于篇幅,不再深入研究.

§6　Vandermonde 方程组

本节中 n,k 表示整数,$n\geqslant 2$,$a_1,a_2,\cdots,a_n$ 为互异非零复数,其他符号参考上述几节.

定义 4[1-3](Vandermonde 行列式) 记

$$V=V(a_1,a_2,\cdots,a_n)=\begin{vmatrix}1 & a_1 & a_1^2 & \cdots & a_1^{n-1}\\ 1 & a_2 & a_2^2 & \cdots & a_2^{n-1}\\ \vdots & \vdots & \vdots & & \vdots\\ 1 & a_n & a_n^2 & \cdots & a_n^{n-1}\end{vmatrix}$$

$$=\det(\boldsymbol{l}_0,\boldsymbol{l}_1,\boldsymbol{l}_2,\cdots,\boldsymbol{l}_{n-1}) \tag{118}$$

其中$(\boldsymbol{l}_0,\boldsymbol{l}_1,\boldsymbol{l}_2,\cdots,\boldsymbol{l}_{n-1})$为分块矩阵,向量

$$\boldsymbol{l}_k=(a_1^k,a_2^k,\cdots,a_n^k)^{\mathrm{T}} \tag{119}$$

定义 5(单跳、多跳 Vandermonde 行列式) 设$0\leqslant k\leqslant n-1$,记

$$V_k=V_k(a_1,a_2,\cdots,a_n)=\det(\boldsymbol{l}_0,\boldsymbol{l}_1,\boldsymbol{l}_2,\cdots,\boldsymbol{l}_{k-1},\boldsymbol{l}_{k+1},\cdots,\boldsymbol{l}_n) \tag{120}$$

称之为单跳 Vandermonde 行列式,详称为 k 次单跳 Vandermonde 行列式.

设 p 为整数,$1\leqslant p\leqslant n$,$k_1,k_2,\cdots,k_p$ 为整数,$0\leqslant k_1<k_2<\cdots<k_p\leqslant n+p-1$,$K=(k_1,k_2,\cdots,k_p)$,记

$$\begin{aligned}V_k&=V_k(a_1,a_2,\cdots,a_n)\\&=V_{k_1,k_2,\cdots,k_p}(a_1,a_2,\cdots,a_n)\\&=\det(\boldsymbol{l}_0,\boldsymbol{l}_1,\boldsymbol{l}_2,\cdots,\boldsymbol{l}_{k_1-1},\\&\quad\boldsymbol{l}_{k_1+1},\cdots,\boldsymbol{l}_{k_2-1},\boldsymbol{l}_{k_2+1},\cdots,\\&\quad\boldsymbol{l}_{k_p-1},\boldsymbol{l}_{k_p+1},\cdots,\boldsymbol{l}_{n+p-1})\end{aligned} \tag{121}$$

称之为多跳 Vandermonde 行列式,详称为 $k_1,k_2,\cdots,k_p$ 次 p 跳 Vandermonde 行列式.

定义 6 设 K 为 n 元整数组$(k_1,k_2,\cdots,k_n)$($k_1,k_2,\cdots,k_n$ 为互不相同的整数),称

$$\varphi_K = \begin{vmatrix} \varphi_{k_1} & \varphi_{k_1-1} & \cdots & \varphi_{k_1-p+1} \\ \varphi_{k_2} & \varphi_{k_2-1} & \cdots & \varphi_{k_2-p+1} \\ \vdots & \vdots & & \vdots \\ \varphi_{k_p} & \varphi_{k_p-1} & \cdots & \varphi_{k_p-p+1} \end{vmatrix} \tag{122}$$

为对称多项式 K 型行列式.

注　不要求 $k_1,k_2,\cdots,k_n$ 自小到大排列.

单跳、多跳 Vandermonde 行列式是众多广义 Vandermonde 行列式中常见的一类.

定理 6　设 $\rho_k(k\in\mathbf{Z})$ 为 $a_1,a_2,\cdots,a_n$ 的初等对称多项式,如式(20)定义,且

$$\varphi_k=\rho_{n-k}\quad (k\in\mathbf{Z}) \tag{123}$$

则

$$V=\prod_{1\leqslant i<j\leqslant n}(a_j-a_i) \tag{124}$$

$$V_k=\varphi_k V \tag{125}$$

$$V_K=\varphi_K V \tag{126}$$

证略.

定义 7　关于 $x_0,x_1,\cdots,x_{n-1}$的线性方程组

$$a_i^n+\sum_{j=0}^{n-1}a_i^j x_j=0\quad (i=1,2,\cdots,n) \tag{127}$$

称为 Vandermonde 方程组.

定理 7　Vandermonde 方程组(127)有唯一解

$$x_j=(-1)^{n-j}\varphi_j\quad (j=0,1,2,\cdots,n-1) \tag{128}$$

证明　由定理 6,线性方程组(127)的系数行列式为 $V\neq 0$,由引理 7 知方程组(127)有唯一解,以式(128)代入,由引理 10 得

$$a_i^n+\sum_{j=0}^{n-1}a_i^j\cdot(-1)^{n-j}\varphi_j=\sum_{j=0}^{n}(-1)^{n-j}\rho_{n-j}a_i^j=0$$
$$(i=1,2,\cdots,n)$$

故结论成立.

定义 8 设 $0\leqslant k\leqslant n-1$,关于 $x_j(0\leqslant j\leqslant n,j\neq k)$ 的线性方程组

$$a_i^{n+1}+\sum_{\substack{0\leqslant j\leqslant n\\ j\neq k}}a_i^jx_j=0\quad(i=1,2,\cdots,n)\tag{129}$$

称为单跳 Vandermonde 方程组,详称为 k 次单跳 Vandermonde 方程组.

设 p 为整数,$1\leqslant p\leqslant n$,$k_1,k_2,\cdots,k_p$ 为整数,$0\leqslant k_1<k_2<\cdots<k_p\leqslant n+p-1$,关于 $x_j(0\leqslant j\leqslant n+p-1,j\neq k_1,k_2,\cdots,k_p)$ 的线性方程组

$$a_i^{n+p}+\sum_{\substack{0\leqslant j\leqslant n+p-1\\ j\neq k_1,k_2,\cdots,k_p}}a_i^jx_j=0\quad(i=1,2,\cdots,n)\tag{130}$$

称为多跳 Vandermonde 方程组,详称为 $k_1,k_2,\cdots,k_p$ 次 p 跳 Vandermonde 方程组.

Vandermonde 方程组、单跳 Vandermonde 方程组、多跳 Vandermonde 方程组统称为 Vandermonde 型方程组.

定理 8 若 $\varphi_k\neq 0$,则单跳 Vandermonde 方程组(129)有唯一解

$$x_j=(-1)^{n-j}\varphi_k^{-1}(\varphi_j\varphi_{k-1}-\varphi_{j-1}\varphi_k)\quad(0\leqslant j\leqslant n,j\neq k)\tag{131}$$

证明 由定理 6,线性方程组(129)的系数行列式为 $\varphi_kV\neq 0$,由引理 7 知方程组(129)有唯一解,以式

(131)代入,由引理10得

$$a_i^{n+1}+\sum_{\substack{0\leqslant j\leqslant n\\ j\neq k}}a_i^j\cdot(-1)^n\varphi_k^{-1}(\varphi_{j-1}\varphi_k-\varphi_j\varphi_{k-1})$$

$$=a_i^{n+1}+\sum_{0\leqslant j\leqslant n}a_i^j\cdot(-1)^n\varphi_k^{-1}(\varphi_{j-1}\varphi_k-\varphi_j\varphi_{k-1})$$

$$=(a_i+\varphi_{k-1}\varphi_k^{-1})\sum_{j=0}^{n}(-1)^{n-j}\rho_{n-j}a_i^j=0$$

$$(i=1,2,\cdots,n)$$

故结论成立.

定理9 若 $\varphi_K\neq 0$,则多跳 Vandermonde 方程组(130)有唯一解

$$x_j=(-1)^{n-j}\cdot\frac{\varphi_{K,j}}{\varphi_K}\quad(0\leqslant j\leqslant n+p-1,j\neq k_1,k_2,\cdots,k_p)\tag{132}$$

其中

$$\varphi_{K,j}=\varphi_{K_j},K_j=(j,k_1,k_2,\cdots,k_p)$$
$$(0\leqslant j\leqslant n+p-1,j\neq k_1,k_2,\cdots,k_p)\tag{133}$$

证略. 易见定理8是定理9的特例.

例9 设 a,b,c 互不相等,$\alpha=a+b+c,\beta=ab+ac+bc,\gamma=abc$,则以下 Vandermonde 型方程组有唯一解:

(i) $$\begin{cases}x+ay+a^2z+a^3=0\\ x+by+b^2z+b^3=0\\ x+cy+c^2z+c^3=0\end{cases}\Rightarrow\begin{cases}x=-\gamma\\ y=\beta\\ z=-\alpha\end{cases}\tag{134}$$

(ii)当 $\beta\neq 0$ 时

$$\begin{cases}x+a^2y+a^3z+a^4=0\\x+b^2y+b^3z+b^4=0\\x+c^2y+c^3z+c^4=0\end{cases}\Rightarrow\begin{cases}x=-\beta^{-1}\gamma^2\\y=\beta-\alpha\beta^{-1}\gamma\\z=-\alpha+\beta^{-1}\gamma\end{cases}\qquad(135)$$

(iii) 当 $\alpha\neq0$ 时

$$\begin{cases}x+ay+a^3z+a^4=0\\x+by+b^3z+b^4=0\\x+cy+c^3z+c^4=0\end{cases}\Rightarrow\begin{cases}x=-\alpha^{-1}\beta\gamma\\y=\alpha^{-1}\beta^2-\gamma\\z=\alpha^{-1}\beta-\alpha\end{cases}\qquad(136)$$

(iv)

$$\begin{cases}x+ay+a^2z+a^4=0\\x+by+b^2z+b^4=0\\x+cy+c^2z+c^4=0\end{cases}\Rightarrow\begin{cases}x=-\alpha\gamma\\y=\alpha\beta-\gamma\\z=\beta-\alpha^2\end{cases}\qquad(137)$$

例 10 设 a,b,c 互不相等，$\alpha=a+b+c$，$\beta=ab+ac+bc$，$\gamma=abc$，则以下 Vandermonde 型方程组有唯一解：

(i) 当 $L=\alpha\gamma-\beta^2\neq0$ 时

$$\begin{cases}x+a^3y+a^4z+a^5=0\\x+b^3y+b^4z+b^5=0\\x+c^3y+c^4z+c^5=0\end{cases}\Rightarrow\begin{cases}x=L^{-1}\gamma^3\\y=L^{-1}(2\alpha\beta\gamma-\gamma^2-\beta^3)\\z=L^{-1}(\alpha\beta^2-\alpha^2\gamma-\beta\gamma)\end{cases}\qquad(138)$$

(ii) 当 $\beta\neq0$ 时

$$\begin{cases}x+a^2y+a^3z+a^5=0\\x+b^2y+b^3z+b^5=0\\x+c^2y+c^3z+c^5=0\end{cases}\Rightarrow\begin{cases}x=-\alpha\beta^{-1}\gamma^2\\y=\alpha\beta-\gamma-\alpha^2\beta^{-1}\gamma\\z=\beta-\alpha^2+\alpha\beta^{-1}\gamma\end{cases}\qquad(139)$$

(iii)

$$\begin{cases}x+ay+a^2z+a^5=0\\x+by+b^2z+b^5=0\\x+cy+c^2z+c^5=0\end{cases}\Rightarrow\begin{cases}x=\gamma(\beta-\alpha^2)\\y=\alpha^2\beta-\alpha\gamma-\beta^2\\z=\alpha(2\beta-\alpha^2)\end{cases}\qquad(140)$$

例 11 设 a,b,c,d 是方程 $t^4-3t^3+3t+1=0$ 的 4 个根，在复数范围内求解以下 3 个关于 x,y,z,u 的四元

一次方程组：

$$\text{(i)}\quad \begin{cases} x+a^2y+a^3z+a^4u+a^5=0 \\ x+b^2y+b^3z+b^4u+b^5=0 \\ x+c^2y+c^3z+c^4u+c^5=0 \\ x+d^2y+d^3z+d^4u+d^5=0 \end{cases} \tag{141}$$

$$\text{(ii)}\quad \begin{cases} x+a^2y+a^4z+a^5u+a^6=0 \\ x+b^2y+b^4z+b^5u+b^6=0 \\ x+c^2y+c^4z+c^5u+c^6=0 \\ x+d^2y+d^4z+d^5u+d^6=0 \end{cases} \tag{142}$$

$$\text{(iii)}\quad \begin{cases} x+ay+a^4z+a^6u+a^7=0 \\ x+by+b^4z+b^6u+b^7=0 \\ x+cy+c^4z+c^6u+c^7=0 \\ x+dy+d^4z+d^6u+d^7=0 \end{cases} \tag{143}$$

解法 1　因 a,b,c,d 是

$$t^4-3t^3+3t+1=(t^2-t-1)(t^2-2t-1)$$

的 4 个根，易见 a,b,c,d 互不相同，可以用定理 8 和定理 9 求解. 详细过程略.

解法 2　同上知 a,b,c,d 互不相同，由引理 1 和引理 4 得

$$\begin{cases} \rho_1=a+b+c+d=3 \\ \rho_2=ab+ac+ad+bc+bd+cd=0 \\ \rho_3=abc+abd+acd+bcd=-3 \\ \rho_4=abcd=1 \end{cases} \tag{144}$$

(i) 由题设知关于 t 的五次方程

$$x+t^2y+t^3z+t^4u+t^5=0$$

即

$$t^5+t^4u+t^3z+t^2y+x=0 \tag{145}$$

有 5 个根 a,b,c,d,w，其中 w 待定. 由引理 1 和引理 4 得

$$\sigma_1(a,b,c,d,w)=\rho_1+w=3+w=-u\Rightarrow u=-\frac{10}{3}$$

$$\sigma_2(a,b,c,d,w)=\rho_2+\rho_1w=3w=z\Rightarrow z=1$$

$$\sigma_3(a,b,c,d,w)=\rho_3+\rho_2w=-3=-y\Rightarrow y=3$$

$$\sigma_4(a,b,c,d,w)=\rho_4+\rho_3w=1-3w=0\Rightarrow w=\frac{1}{3}$$

$$\sigma_5(a,b,c,d,w)=\rho_4w=w=-x\Rightarrow x=-\frac{1}{3}$$

故

$$(x,y,z,u)=\left(-\frac{1}{3},3,1,-\frac{10}{3}\right) \tag{146}$$

(ii)由题设知关于 t 的六次方程

$$x+t^2y+t^4z+t^5u+t^6=0$$

即

$$t^6+ut^5+zt^4+yt^2+x=0 \tag{147}$$

有 6 个根 a,b,c,d,φ,w，其中 φ,w 待定. 设 $\varphi+w=\delta_1$，$\varphi w=\delta_2$，由引理 1 和引理 4 得

$$\sigma_1(a,b,c,d,\varphi,w)=\rho_1+\delta_1=-u\Rightarrow u=-6$$

$$\sigma_2(a,b,c,d,\varphi,w)=\rho_2+\rho_1\delta_1+\delta_2=3\delta_1+\delta_2=z\Rightarrow z=10$$

$$\sigma_3(a,b,c,d,\varphi,w)=\rho_3+\rho_2\delta_1+\rho_1\delta_2=-3+3\delta_2=0\Rightarrow\delta_2=1$$

$$\sigma_4(a,b,c,d,\varphi,w)=\rho_4+\rho_3\delta_1+\rho_2\delta_2=1-3\delta_1=y\Rightarrow y=-8$$

$$\sigma_5(a,b,c,d,\varphi,w)=\rho_4\delta_1+\rho_3\delta_2=\delta_1-3\delta_2=0\Rightarrow\delta_1=3$$

$$\sigma_6(a,b,c,d,\varphi,w)=\rho_4\delta_2=\delta_2=x\Rightarrow x=1$$

故

$$(x,y,z,u)=(1,-8,10,-6) \tag{148}$$

(iii)由题设知关于 t 的七次方程

$$x+ty+t^4z+t^6u+t^7=0$$

即

$$t^7+ut^6+zt^4+yt+x=0 \tag{149}$$

有7个根 a,b,c,d,ψ,φ,w，其中 ψ,φ,w 待定. 设 $\psi+\varphi+w=\lambda_1,\psi\varphi+\psi w+\varphi w=\lambda_2,\psi\varphi w=\lambda_3$，由引理1和引理4得

$$\sigma_1(a,b,c,d,\psi,\varphi,w)=\rho_1+\lambda_1=3+\lambda_1=-u$$

$$\sigma_2(a,b,c,d,\psi,\varphi,w)=\rho_2+\rho_1\lambda_1+\lambda_2=3\lambda_1+\lambda_2=0$$

$$\begin{aligned}\sigma_3(a,b,c,d,\psi,\varphi,w)&=\rho_3+\rho_2\lambda_1+\rho_1\lambda_2+\lambda_3\\&=-3+3\lambda_2+\lambda_3=-z\end{aligned}$$

$$\begin{aligned}\sigma_4(a,b,c,d,\psi,\varphi,w)&=\rho_4+\rho_3\lambda_1+\rho_2\lambda_2+\rho_1\lambda_3\\&=1-3\lambda_1+3\lambda_3=0\end{aligned}$$

$$\sigma_5(a,b,c,d,\psi,\varphi,w)=\rho_4\lambda_1+\rho_3\lambda_2+\rho_2\lambda_3=\lambda_1-3\lambda_2=0$$

$$\sigma_6(a,b,c,d,\psi,\varphi,w)=\rho_4\lambda_2+\rho_3\lambda_3=\lambda_2-3\lambda_3=y$$

$$\sigma_7(a,b,c,d,\psi,\varphi,w)=\rho_4\lambda_3=\lambda_3=-x$$

从第2,4,5个式子易解得

$$\lambda_1=0,\lambda_2=0,\lambda_3=-\frac{1}{3},x=\frac{1}{3},y=1,z=\frac{10}{3},u=-3$$

故

$$(x,y,z,u)=\left(\frac{1}{3},1,\frac{10}{3},-3\right) \tag{150}$$

Vandermonde 方程组有多种推广，限于篇幅不再赘述.

参考文献

[1]北京大学数学力学系几何与代数教研室代数小组.高等代数[M].北京:人民教育出版社,1978.

[2]张禾瑞,郝钢新.高等代数[M].北京:高等教育出版社,1981.

[3]王东明,牟晨琪,李晓亮,等.多项式代数[M].北京:高等教育出版社,2011.

[4]普罗斯库烈柯夫.线性代数习题集[M].周晓钟,译.北京:人民教育出版社,1981.

[5]法杰耶夫,索明斯基.高等代数习题集[M].丁寿田,译.北京:高等教育出版社,1987.

[6]曹汝成.组合数学[M].广州:华南理工大学出版社,2000.

[7]王天明.近代组合学[M].大连:大连理工大学出版社,2008.

[8]吴康,刘木伙,黄凤英,等.关于有序分拆积分求和的一些研究[J].华南师范大学学报(自然科学版),2005(4):43-47.

[9]瓦罗别耶夫.斐波那契数列[M].周春荔,译.哈尔滨:哈尔滨工业大学出版社,2010.

[10]佩捷.历届美国数学邀请赛试题集[M].哈尔滨:哈尔滨工业大学出版社,2013.

[11]吴康,龙开奋.关于切比雪夫多项式的一些研究[J].中学数学研究(广州),2006(3):27-30.

[12]吴康.增次范德蒙行列式[J].高师数学教学(广州),1988(10).

Vandermonde 行列式的快速并行算法①

第7章

n 阶 Vandermonde 行列式的求值通常需要 $O(n^2)$ 次算术运算. 西安交通大学数学系的李磊、胡洁两位教授 1996 年从计算复杂性的角度出发, 给出一种求 Vandermonde 行列式、合流型 Vandermonde 行列式、广义 Vandermonde 行列式的快速算法. 该算法仅需 $O(n\log_2^2 n)$ 次算术运算. 若在 n 台处理机上并行计算, 该算法需并行步数 $O(n\log_2^2 n)$. 速度倍数为 $S_p=O(n)$, 并行效率为 $O(1)$.

§1 Vandermonde 行列式

关于 Vandermonde 型线性方程组及

① 摘编自《数学的实践与认识》,1996,26(3):223-228.

Vandermonde 矩阵的逆等问题已有很多讨论[1-4]，本章我们来考虑 Vandermonde 行列式问题.

行列式

$$D(x_1,x_2,\cdots,x_n)=\begin{vmatrix} 1 & 1 & 1 & \cdots & 1 \\ x_1 & x_2 & x_3 & \cdots & x_n \\ x_1^2 & x_2^2 & x_3^2 & \cdots & x_n^2 \\ \vdots & \vdots & \vdots & & \vdots \\ x_1^{n-1} & x_2^{n-1} & x_3^{n-1} & \cdots & x_n^{n-1} \end{vmatrix}$$

称为 n 阶 Vandermonde 行列式（以下简称为 V-行列式，记为 D）. 熟知

$$D=\prod_{1\leqslant j<i\leqslant n}(x_i-x_j) \tag{1}$$

通常计算一个 n 阶矩阵的行列式需 $O(n^3)$ 次算术运算，由于 V-行列式具有简捷的计算公式(1)，易得：

定理 1 (i) 按公式(1)直接计算 n 阶 V-行列式，约需 n^2-n 次算术运算；

(ii) 若有 p 台处理机并行计算，则需并行步数为

$$T_p=\frac{(n-1)n}{p}+\log_2 p+O(1)$$

证明 (i) 显然，式(1)中连乘积共有 $\frac{(n-1)n}{2}$ 项，故加法次数为 $\frac{(n-1)n}{2}$，乘法次数为 $\frac{(n-1)n}{2}-1$，总运算次数为 n^2-n-1.

(ii) 若有 p 台处理机，加法步需 $\left\lceil\frac{(n-1)n}{2p}\right\rceil$ 次，乘法步需 $\left\lceil\frac{(n-1)n}{2p}\right\rceil-1+\lceil\log_2 p\rceil$ 次（用分段倍增法），故

总并行步数为

$$T_p = \left\lceil \frac{(n-1)n}{2p} \right\rceil + \left\lceil \frac{(n-1)n}{2p} \right\rceil - 1 + \lceil \log_2 p \rceil$$

$$= \frac{(n-1)n}{p} + \log_2 p + O(1)$$

证毕.

由定理 1，令 $p=n^2$，则 $T_p = O(\log_2 n)$，令 $p=n$，则 $T_p = O(n)$.

下面我们着眼于复杂性结果，给出一种求 V-行列式绝对值的 $O(n\log_2^2 n)$ 快速算法.

定理 2　(i)求 n 阶 V-行列式绝对值的计算时间复杂性不超过 $O(n\log_2^2 n)$.

(ii)若在 n 台处理机上并行计算，则求 V-行列式绝对值的并行计算步数不超过 $O(\log_2^2 n)$，速度倍数为 $O(n)$，并行效率为 $O(1)$.

证明　(i)构造

$$\begin{aligned} D^* &= \prod_{j=1}^{n} \prod_{\substack{i=1 \\ i\neq j}}^{n} (x_i - x_j) \\ &= \underline{(x_2 - x_1)}(x_3 - x_1)\cdots(x_n - x_1)\cdot \\ &\quad (x_1 - x_2)\underline{(x_3 - x_2)}\cdots(x_n - x_2)\cdot \\ &\quad (x_1 - x_3)(x_2 - x_3)\cdots(x_n - x_3)\cdot\cdots\cdot \\ &\quad (x_1 - x_{n-1})(x_2 - x_{n-1})\cdots\underline{(x_n - x_{n-1})}\cdot \\ &\quad (x_1 - x_n)(x_2 - x_n)\cdots(x_{n-1} - x_n) \end{aligned}$$

由于线段上方的三角形部分恰好构成 D，而线段下部分与 D 仅相差符号 $(-1)^{\frac{(n-1)n}{2}}$，故

$$D^* = (-1)^{\frac{(n-1)n}{2}} \cdot D^2$$

$$|D|=\sqrt{|D^*|}$$

下面考虑求 D^* 的方法. 记

$$b_j=\prod_{\substack{i=1\\i\neq j}}^{n}(x_i-x_j)\quad(j=1,2,\cdots,n)$$

则 $D^*=\prod_{j=1}^{n}b_j$,但

$$b_j=\lim_{x\to x_j}\prod_{i=1}^{n}\frac{x_i-x}{x_j-x}=-\lim_{x\to x_j}\frac{\mathrm{d}}{\mathrm{d}x}\prod_{i=1}^{n}(x_i-x)$$

$$=-\left[\frac{\mathrm{d}}{\mathrm{d}x}\prod_{i=1}^{n}(x_i-x)\right]_{x=x_j}\quad(j=1,2,\cdots,n)$$

因而,$b_j(j=1,2,\cdots,n)$的计算归结为 $n-1$ 次多项式在 n 个点处求值的问题. 据 H. T. Hung 的快速算法[5],展开 $f(x)=\prod_{i=1}^{n}(x_i-x)$ 及求值的运算次数不超过 $O(n\log_2^2 n)$次,得到 b_j 后再用 $n-1$ 次乘法即得 D^*. 综上分析,计算$|D|$总共需 $O(n\log_2^2 n)$次算术运算及 1 次平方根运算.

(ii)若有 n 台处理机并行计算,由文[6]的结论,计算 $b_j(j=1,2,\cdots,n)$需 $O(\log_2^2 n)$步,做乘积 $\prod_{j=1}^{n}b_j$ 需 $O(\log_2 n)$步乘法,故总并行步数不超过 $O(\log_2^2 n)$. 速度倍数

$$S_p=\frac{T_1}{T_p}=\frac{O(n\log_2^2 n)}{O(\log_2^2 n)}=O(n)$$

并行效率

$$\varepsilon_p=\frac{S_p}{p}=O(1)$$

证毕.

§2　合流型 Vandermonde 行列式

我们先对 V-行列式的某一列被微分以后的行列式求值. 不失一般性,假定

$$D_1 = \begin{vmatrix} 0 & 1 & 1 & \cdots & 1 \\ 1 & x_1 & x_2 & \cdots & x_{n-1} \\ 2x_1 & x_1^2 & x_2^2 & \cdots & x_{n-1}^2 \\ \vdots & \vdots & \vdots & & \vdots \\ (n-1)x_1^{n-2} & x_1^{n-1} & x_2^{n-1} & \cdots & x_{n-1}^{n-1} \end{vmatrix} \tag{2}$$

可以证明[7]

$$D_1 = -\prod_{i=2}^{n-1}(x_i - x_1)^2 \prod_{2 \leqslant i < j \leqslant n-1}(x_j - x_i) \tag{3}$$

若直接用式(3)计算,则求 D_1 的算术运算次数仍为$O(n^2)$.

定理 3　(i)求被微分过的 n 阶 V-行列式的绝对值$|D_1|$至多需 $O(n\log_2^2 n)$次算术运算.

(ii)若在 n 台处理机上并行计算,则至多需并行步数 $O(\log_2^2 n)$.

证明　(i)注意到

$$\prod_{2 \leqslant i < j \leqslant n-1}(x_j - x_i) = D(x_2, x_3, \cdots, x_{n-1})$$

及用 $O(n)$ 次运算可得$\prod_{i=2}^{n-1}(x_i - x_1)^2$,即知结论成立.

(ii) 若有 n 台处理机，据定理 2 的结论及用 $O(\log_2 n)$ 步可得 $\prod_{i=2}^{n-1}(x_i-x_1)^2$，即知结论成立.

形如下式的 $2n$ 阶行列式称为合流型(confluent) Vandermonde 行列式(以下简称为 CV-行列式)

$$U_{2n}=\begin{vmatrix} 1 & 1 & \cdots & 1 & 0 & 0 & \cdots & 0 \\ x_1 & x_2 & \cdots & x_n & 1 & 1 & \cdots & 1 \\ x_1^2 & x_2^2 & \cdots & x_n^2 & 2x_1 & 2x_2 & \cdots & 2x_n \\ \vdots & \vdots & & \vdots & \vdots & \vdots & & \vdots \\ x_1^{2n-1} & x_2^{2n-1} & \cdots & x_n^{2n-1} & (2n-1)x_1^{2n-2} & (2n-1)x_2^{2n-2} & \cdots & (2n-1)x_n^{2n-2} \end{vmatrix}$$

CV-矩阵有着重要的实用背景,关于它的逆的范数估计已有很多文献讨论(如文[8]). 下面我们导出它的行列式的表达式及其 $O(n\log_2^2 n)$ 求值算法.

定理 4 设 D 表示 n 阶 V-行列式 $D(x_1,x_2,\cdots,x_n)$的值,则 $2n$ 阶 CV-行列式

$$U_{2n}=(-1)^{\frac{n(7n-5)}{2}}\cdot D^4 \tag{4}$$

证明 通过列与列的互换,易得

$$U_{2n}=(-1)^{\frac{(n-1)n}{2}}\cdot \begin{vmatrix} 1 & 0 & 1 & 0 & \cdots & 1 & 0 \\ x_1 & 1 & x_2 & 1 & \cdots & x_n & 1 \\ x_1^2 & 2x_1 & x_2^2 & 2x_2 & \cdots & x_n^2 & 2x_n \\ \vdots & \vdots & \vdots & \vdots & & \vdots & \vdots \\ x_1^{2n-1} & (2n-1)x_1^{2n-2} & x_2^{2n-1} & (2n-1)x_2^{2n-2} & \cdots & x_n^{2n-1} & (2n-1)x_n^{2n-2} \end{vmatrix}$$

$$=(-1)^{\frac{(n-1)n}{2}}\cdot(-1)^{\frac{2n(2n-1)}{2}}\cdot\begin{vmatrix} x_1^{2n-1} & \cdots & x_1^2 & x_1 & 1 \\ (2n-1)x_1^{2n-2} & \cdots & 2x_1 & 1 & 0 \\ \vdots & & \vdots & \vdots & \vdots \\ x_n^{2n-1} & \cdots & x_n^2 & x_n & 1 \\ (2n-1)x_n^{2n-2} & \cdots & 2x_n & 1 & 0 \end{vmatrix}$$

利用文[9]的记号及结论,有

$$\begin{aligned} U_{2n} &= (-1)^{\frac{n(5n-3)}{2}}\cdot P(2,2,\cdots,2,x_1,x_2,\cdots,x_n)_{2n} \\ &= (-1)^{\frac{n(5n-3)}{2}}\cdot(-1)^{\frac{2n^2-2n}{2}}\cdot\prod_{1\leqslant i<j\leqslant n}(x_i-x_j)^4 \\ &= (-1)^{\frac{n(7n-5)}{2}}\cdot D^4 \end{aligned}$$

证毕.

例 1　容易验证 4 阶 CV-行列式

$$\begin{vmatrix} 1 & 1 & 0 & 0 \\ x_1 & x_2 & 1 & 1 \\ x_1^2 & x_2^2 & 2x_1 & 2x_2 \\ x_1^3 & x_2^3 & 3x_1^2 & 3x_2^2 \end{vmatrix} = (-1)^{\frac{2(14-5)}{2}}\cdot D(x_1,x_2)^4$$

$$=-(x_2-x_1)^4$$

由定理 2 及定理 4 立即得到:

定理 5　(i)求 $2n$ 阶 CV-行列式值的计算时间复杂性不超过 $O(n\log_2^2 n)$.

(ii)若在 n 台处理机上并行计算,则求 $2n$ 阶 CV-行列式的并行步数不超过 $O(\log_2^2 n)$.

§3 广义 Vandermonde 行列式

所谓广义 Vandermonde 行列式[10]（以下简称为 GV-行列式）就是在 V-行列式中去掉某一行、某一列后得到的行列式

$$D_2(i,j)=\begin{vmatrix} 1 & \cdots & 1 & 1 & \cdots & 1 \\ x_1 & \cdots & x_{i-1} & x_{i+1} & \cdots & x_{n+1} \\ \vdots & & \vdots & \vdots & & \vdots \\ x_1^{j-1} & \cdots & x_{i-1}^{j-1} & x_{i+1}^{j-1} & \cdots & x_{n+1}^{j-1} \\ x_1^{j+1} & \cdots & x_{i-1}^{j+1} & x_{i+1}^{j+1} & \cdots & x_{n+1}^{j+1} \\ \vdots & & \vdots & \vdots & & \vdots \\ x_1^{n} & \cdots & x_{i-1}^{n} & x_{i+1}^{n} & \cdots & x_{n+1}^{n} \end{vmatrix}$$

定理 6 （i）计算 n 阶 GV-行列式绝对值的计算时间复杂性不超过 $O(n\log_2^2 n)$.

（ii）若在 n 台处理机上并行计算，则并行步数不超过 $O(\log_2^2 n)$.

证明 令（在 $D_2(i,j)$ 上扩充第 i 列和第 $j+1$ 行）

$$D(y)=\begin{vmatrix} 1 & \cdots & 1 & 1 & 1 & \cdots & 1 \\ x_1 & \cdots & x_{i-1} & y & x_{i+1} & \cdots & x_{n+1} \\ \vdots & & \vdots & \vdots & \vdots & & \vdots \\ x_1^{j} & \cdots & x_{i-1}^{j} & y^{j} & x_{i+1}^{j} & \cdots & x_{n+1}^{j} \\ \vdots & & \vdots & \vdots & \vdots & & \vdots \\ x_1^{n} & \cdots & x_{i-1}^{n} & y^{n} & x_{i+1}^{n} & \cdots & x_{n+1}^{n} \end{vmatrix}$$

则 $D_2(i,j)$ 就是 $D(y)$ 的展开式中 y^j 项的系数. 由于

$$\begin{aligned} D(y)=&(x_2-x_1)(x_3-x_1)\cdots(y-x_1)\cdots(x_{n+1}-x_1)\cdot\\ &(x_3-x_2)\cdots(y-x_2)\cdots(x_{n+1}-x_2)\cdot\cdots\cdot\\ &(y-x_{i-1})\cdots(x_{n+1}-x_{i-1})\cdot\\ &(x_{i+1}-y)\cdots(x_{n+1}-y)\cdot\cdots\cdot\\ &(x_{n+1}-x_n)\\ =&[(y-x_1)(y-x_2)\cdots(y-x_{i-1})\cdot\\ &(x_{i+1}-y)\cdots(x_{n+1}-y)]\cdot\\ &D(x_1,x_2,\cdots,x_{i-1},x_{i+1},\cdots,x_{n+1}) \end{aligned}$$

类似于 T 表格的展开方法[5],展开上面关于 y 的多项式

$$(y-x_1)(y-x_2)\cdots(y-x_{i-1})(x_{i+1}-y)\cdots(x_{n+1}-y)$$

需 $O(n\log_2^2 n)$ 次算术运算. 又据定理 2,计算 $D(x_1,x_2,\cdots,x_{i-1},x_{i+1},\cdots,x_{n+1})$ 的绝对值需 $O(n\log_2^2 n)$ 次算术运算,故整个过程的总运算次数仍为 $O(n\log_2^2 n)$.

(ii)由文[6]及本章定理 2(ii),定理显然成立.

参考文献

[1] BJORCK A, PEREYRA V. Solution of Vandermonde systems of equations[J]. Math. Comp., 1970,24(112):893-903.

[2] LI L, HU J. The complexity of serial and parallel computation for Vandermonde matrix[J]. Chinese J. Num. Math. & Appl., 1988,10(3):92-95.

[3] 张圭. 范德蒙矩阵之逆阵的三角分解及应用[J]. 数值计算与计算机应用,1983,4:247-250.

[4]张晗方. 也谈一类线性方程组的解的公式[J]. 数学的实践与认识, 1981,1:7-15.

[5]游兆永. 线性代数与多项式的快速算法[M]. 上海:上海科技出版社,1980:88-89.

[6]李磊. 多项式快速算法的并行时间界[C]//国防科工委军用共性软件专业组. 并行算法论文集,1988,188-194.

[7]蒋尔雄,高坤敏,吴景琨. 线性代数[M]. 北京:人民教育出版社, 1978:102-103.

[8]GAUTSCHI W. On inverse of Vandermonde and confluent Vandermonde matrices Ⅲ[J]. Num. Math., 1978,29:445-450.

[9]佐佐木宏. "微分されたVandermondeの行列式の"计算[J]. 电子通信学会论文志,1969,52(A):225-226.

[10]VAN DE VEL H. Numerical treatment of a generalized Vandermonde system of equations[J]. Lin. Alg. & Its Applic., 1977,17:149-174.

第8章 广义 Vandermonde 行列式①

郑州信息工程学院应用数学系的钱福林教授1991年应用差分学中的结果并运用迭代法和矩阵的初等行变换方法给出了广义 Vandermonde 行列式的值.

对于常系数线性齐次递归关系

$$H(n)=a_1H(n-1)+a_2H(n-2)+\cdots+a_kH(n-k)\quad(a_k\neq 0,n=k,k+1,\cdots)\qquad(1)$$

当其特征方程

$$x^k-a_1x^{k-1}-a_2x^{k-2}-\cdots-a_k=0$$

的 k 个根不尽相异时,用全部 t 个彼此相异根 $q_1,q_2,\cdots,q_t$ 表示(1)的通解是

$$H(n)=\sum_{i=1}^{t}(C_{i1}q_i^n+C_{i2}nq_i^n+\cdots+C_{i*_i}n^{e_i-1}q_i^n)\qquad(i=1,2,\cdots,t)$$

这里 $e_i\geqslant 1$ 是 q_i 的重数.

① 摘编自《四川大学学报(自然科学版)》,1991,28(1):36-40.

为了唯一地定出 $C_{ij}(i=1,2,\cdots,t;j=1,2,\cdots,e_i)$，需要考虑下面一种类型的行列式的值

$$\det \boldsymbol{D}=\det\ (\boldsymbol{d}_1(q_1)\boldsymbol{d}_2(q_2)\cdots\boldsymbol{d}_t(q_t))$$

其中 $\boldsymbol{d}_i(q_i)=(\boldsymbol{f}_0(q_i)\ \boldsymbol{f}_1(q_i)\ \cdots \boldsymbol{f}_{*_i-1}(q_i))$，而

$$\boldsymbol{f}_i(q_i)=(0^r q_i^0\ 1^r q_i^1\ \ 2^r q_i^2\ \ \cdots\ (k-1)^r q_i^{k-1})^{\mathrm{T}}$$

$i=1,2,\cdots,t;r=0,1,\cdots,e_i-1;e_i\geqslant 1$ 是特征根 q_i 的重数，$\sum\limits_{i=1}^{t} e_i = k$，在此定义 $0^0=1$.

鉴于著名的 Vandermonde 行列式是该型行列式（当 $e_i=1,i=1,2,\cdots,t$ 时）的特殊情形，所以称这里给出的行列式 $\det \boldsymbol{D}$ 是广义 Vandermonde 行列式.

目前所刊行的各类书籍都未给出广义 Vandermonde 行列式的准确值，本章我们就来解决这一问题.

定理 1 k 阶广义 Vandermonde 行列式

$$\det \boldsymbol{D} = \left(\prod_{i=1}^{t}\prod_{r=2}^{e_i-1} r!\ \right)\cdot\left(\prod_{i=1}^{t} q_i^{\binom{e_i}{2}}\right)\cdot \left(\prod_{1\leqslant i<j\leqslant t}(q_j-q_i)^{e_je_i}\right)$$

证明 定理的证明需要应用差分学中一个简单而又基本的事实[1]，这就是如下引理.

引理 1 对非负整数 r，若 $f(x)=x$ 是定义在集合 $N^0=\{0,1,2,\cdots\}$ 上的实值函数，则

$$\Delta^k f(n) = \sum_{i=0}^{k}(-1)^i\binom{k}{i}f(n+k-i) = \begin{cases}\text{非零},0\leqslant k<r\\ r!,k=r\\ 0,k>r\end{cases}$$

众所周知，把行列式中某一行（列）的若干倍加到另一

行(列)上,行列式的值不变. 今对 det $\boldsymbol{D}$ 的矩阵 $\boldsymbol{D}$ 依次施行下列初等行变换:

$$T_{10},T_{11},\cdots,T_{1*_1-1},T_{20},T_{21},\cdots,T_{2*_2-1},\cdots,T_{t0},T_{t1},\cdots,T_{t*_t-1}$$

其中 T_{10} 定义为自矩阵 $\boldsymbol{D}$ 的末行起每行减去上一行的 q_1 倍,直至第 2 行;而当 $1\leqslant j\leqslant e_1-1,1\leqslant i\leqslant t$ 时,T_{ij} 定义为由 T_{j*_j-1} 变换后所得之矩阵自其末行起每行减去上一行的 q_i 倍直至第 $e_0+e_1+e_2+\cdots+e_{i-1}+j+2$ 行(这里形式地定义 $e_0=0$),当 $j=0,2\leqslant i\leqslant t$ 时,T_{i0} 定义为由 $T_{i-1*_{i-1}-1}$ 变换后所得之矩阵自其末行起,每行减去上一行的 q_i 倍直至第 $e_1+e_2+\cdots+e_{i-1}+2$ 行.

为叙述方便起见,称 $T_{i0},T_{i1},\cdots,T_{i*_i-1}$ 为第 $i(i=1,2,\cdots,t)$ 类初等行变换并将 $\boldsymbol{D}$ 经前 i 类初等行变换后所得之矩阵的第 L 行与第 S 列交叉处的元素记作 $d_{LS}^{(i)}$,$i=1,2,\cdots,t$,同时将原矩阵 $\boldsymbol{D}$ 中第 L 行与第 S 列交叉处的元素视为 $d_{LS}^{(0)}$.

由上述初等行变换之定义易知,矩阵 $\boldsymbol{D}$ 经前 i $(i=1,2,\cdots,t)$ 类初等行变换后,对于 $n=0,1,\cdots;j\geqslant i;$ $0\leqslant r\leqslant e_{j+1}-1$,都有

$$\begin{aligned}&d^{(i)}_{(e_1+e_2+\cdots+e_i+1+n)(e_1+e_2+\cdots+e_i+\cdots+e_j+1+r)}\\&=\sum_{k_i=0}^{e_i}(-1)^{k_i}\binom{e_i}{k_i}d^{(i-1)}_{(e_1+e_2+\cdots+e_i+1+n-k_i)(e_1+e_2+\cdots+e_i+\cdots+e_j+1+r)}q_i^{k_i}\quad(2)\\&\qquad(i=1,2,\cdots,t;i\leqslant j\leqslant t)\end{aligned}$$

现对式(2)反复施行迭代,得

$$\begin{aligned}&d^{(i)}_{(e_1+e_2+\cdots+e_i+1+n)(e_1+e_2+\cdots+e_i+\cdots+e_j+1+r)}\\&=\sum_{k_i=0}^{e_i}(-1)^{k_i}\binom{e_i}{k_i}\sum_{k_{i-1}=0}^{e_{i-1}}(-1)^{k_{i-1}}\binom{e_{i-1}}{k_{i-1}}\cdots\sum_{k_1=0}^{e_1}(-1)^{k_1}\binom{e_1}{k_1}\cdot\end{aligned}$$

$$d^{(0)}_{(e_1+e_2+\cdots+e_i+1+n-k_i-k_{i-1}-\cdots-k_1)(e_1+e_2+\cdots+e_i+\cdots+e_j+1+r)}\cdot q_i^{k_i}q_{i-1}^{k_{i-1}}\cdots q_1^{k_1} \quad (3)$$

$$(i=1,2,\cdots,t;i\leqslant j\leqslant t;0\leqslant r\leqslant e_{j+1}-1)$$

在式(3)中令 $j=i$ 并以

$$d^{(0)}_{(e_1+e_2+\cdots+e_i+1+n-k_i-k_{i-1}-\cdots-k_1)(e_1+e_2+\cdots+e_i+1+r)}$$

$$=(e_1+e_2+\cdots+e_i+n-k_i-\cdots-k_1)^r q_{i+1}^{e_1+e_2+\cdots+e_i+n-k_i-\cdots-k_1}$$

代入得

$$d^{(i)}_{(e_1+e_2+\cdots+e_i+1+n)(e_1+e_2+\cdots+e_i+1+r)}$$

$$=\sum_{k_i=0}^{e_i}\sum_{k_{i-1}=0}^{e_{i-1}}\cdots\sum_{k_1=0}^{e_1}(-1)^{k_i+\cdots+k_1}\binom{e_i}{k_i}\binom{e_{i-1}}{k_{i-1}}\cdots\binom{e_1}{k_1}\cdot$$

$$q_i^{k_i}q_{i-1}^{k_{i-1}}\cdots q_1^{k_1}(e_1+e_2+\cdots+e_i+n-k_i-\cdots-k_1)^r\cdot$$

$$q_{i+1}^{e_1+e_2+\cdots+e_i+n-k_i-\cdots-k_1} \quad (4)$$

$$(i=1,2,\cdots,t;0\leqslant r\leqslant e_{i+1}-1)$$

现在考虑第 $i+1(i=0,1,\cdots,t-1)$ 类初等行变换 $T_{i+1,0},T_{i+1,1},\cdots,T_{i+1*_{i+1}-1}$，当施行了此类变换的前 $m(m=0,1,\cdots,e_{i+1})$ 个初等行变换后，结合式(4)便有

$$d^{(i+1)}_{(e_1+e_2+\cdots+e_i+1+n)(e_1+e_2+\cdots+e_i+1+r)}$$

$$=\sum_{j=0}^{m}(-1)^j\binom{m}{j}d^{(i)}_{(e_1+e_2+\cdots+e_i+1+n-j)(e_1+e_2+\cdots+e_i+1+r)}q_{i+1}^j$$

$$=\sum_{j=0}^{m}(-1)^j\binom{m}{j}\sum_{k_i=0}^{e_i}\sum_{k_{i-1}=0}^{e_{i-1}}\cdots\sum_{k_1=0}^{e_1}(-1)^{k_1+\cdots+k_{i-1}+k_i}\cdot$$

$$\binom{e_i}{k_i}\binom{e_{i-1}}{k_{i-1}}\cdots\binom{e_1}{k_1}\cdot q_i^{k_i}q_{i-1}^{k_{i-1}}\cdots q_1^{k_1}\cdot$$

$$(e_1+\cdots+e_{i-1}+e_i+n-k_i-k_{i-1}-j)^r\cdot$$

$$q_{i+1}^{e_1+\cdots+e_{i-1}+e_i+n-k_i-k_{i-1}-\cdots-k_1-j}q_{i+1}^j\cdot$$

$$=\sum_{k_i=0}^{e_i}\sum_{k_{i-1}=0}^{e_{i-1}}\cdots\sum_{k_1=0}^{e_1}\Bigg(\sum_{j=0}^{m}(-1)^j\binom{m}{j}(e_1-k_1+\cdots+$$

$$e_{i-1}-k_{i-1}+e_i-k_i+n-j)^r\Big)\cdot$$

$$(-1)^{k_1+\cdots+k_{i-1}+k_i}\binom{e_i}{k_i}\binom{e_{i-1}}{k_{i-1}}\cdots\binom{e_1}{k_1}q_i^{k_i}q_{i-1}^{k_{i-1}}\cdots q_1^{k_1}\cdot$$

$$q_{i+1}^{e_1-k_1+\cdots+e_{i-1}-k_{i-1}+e_i-k_i+n} \tag{5}$$

因为 $0\leqslant k_i\leqslant e_i(i=1,2,\cdots,t)$，所以有

$$(e_1-k_1+\cdots+e_{i-1}-k_{i-1}+e_i-k_i)\geqslant 0$$

于是由引理 1 知，当 $m\geqslant r$ 时（注意，这里暗含 $n\geqslant m$），有

$$\sum_{j=0}^{m}(-1)^j\binom{m}{j}(e_1-k_1+\cdots+e_{i-1}-k_{i-1}+e_i-k_i+n-j)^r$$

的值与 $k_1,\cdots,k_{i-1},k_i$ 的取值无关，从而将引理 1 应用于式(5) 便得：

(i) 当 $n=m=r$ 时，有

$$d^{(i+1)}_{(e_1+e_2+\cdots+e_i+1+r)(e_1+e_2+\cdots+e_i+1+r)}$$

$$=r!\ q_{i+1}^r\sum_{k_i=0}^{e_i}\sum_{k_{i-1}=0}^{e_{i-1}}\cdots\sum_{k_1=0}^{e_1}(-1)^{k_1+\cdots+k_{i-1}+k_i}\cdot$$

$$\binom{e_i}{k_i}\binom{e_{i-1}}{k_{i-1}}\cdots\binom{e_1}{k_1}q_i^{k_i}q_{i-1}^{k_{i-1}}\cdots q_1^{k_1}q_{i+1}^{e_1-k_1+\cdots+e_{i-1}-k_{i-1}+e_i-k_i}$$

$$=r!\ q_{i+1}^r(q_{i+1}-q_i)^{e_i}(q_{i+1}-q_{i-1})^{e_{i-1}}\cdots(q_{i+1}-q_1)^{e_1}$$

$$=r!\ q_{i+1}^r\prod_{s=1}^{i}(q_{i+1}-q_s)^{e_s} \tag{6}$$

$$(1\leqslant i\leqslant t-1;0\leqslant r\leqslant e_{i+1}-1)$$

(ii) 当 $n\geqslant m>r$ 时，有

$$d^{(i+1)}_{(e_1+e_2+\cdots+e_i+1+n)(e_1+e_2+\cdots+e_i+1+r)}$$

$$=0\cdot q_{i+1}^n(q_{i+1}-q_i)^{e_i}\cdots(q_{i+1}-q_1)^{e_1}=0 \tag{7}$$

$$(1\leqslant i\leqslant t-1;0\leqslant r\leqslant e_{i+1}-1)$$

剩下的部分是考虑元素

$$d_{(1+n)(1+r)}^{(1)} \quad (n \geqslant 0, 0 \leqslant r \leqslant e_1 - 1)$$

这是极其容易的事，因为施行了第一类变换 T_{10}，$T_{11},\cdots,T_{1*_1-1}$ 的前 $m(m=0,1,\cdots,e_1)$ 个初等行变换后，有

$$\begin{aligned} d_{(1+n)(1+r)}^{(1)} &= \sum_{j=0}^{m}(-1)^j\binom{m}{j}d_{(1+n-j)(1+r)}^{(0)}q_1^j \\ &= \sum_{j=0}^{m}(-1)^j\binom{m}{j}(n-j)^r q_1^{n-j}q_1^j \\ &= \sum_{j=0}^{m}(-1)^j\binom{m}{j}(n-j)^r q_1^n \end{aligned}$$

同样地，由引理 1 立得：

(i) 当 $n=m=r$ 时，有

$$d_{(1+r)(1+r)}^{(1)} = r!\ q_1^r \quad (0 \leqslant r \leqslant e_1 - 1) \tag{8}$$

(ii) 当 $n \geqslant m > r$ 时，有

$$d_{(1+n)(1+r)}^{(1)} = 0 \cdot q_1^n = 0 \quad (0 \leqslant r \leqslant e_1 - 1) \tag{9}$$

(6)(7)(8)(9) 四式表明：对矩阵 $\boldsymbol{D}$ 依次施行初等行变换

$$T_{10},T_{11},\cdots,T_{1*_1-1},T_{20},T_{21},\cdots,T_{2*_2-1},\cdots,T_{t0},T_{t1},\cdots,T_{t*_t-1}$$

后，$\boldsymbol{D}$ 被化为上三角形矩阵，其主对角线上的元素由式(6) 和式(8) 给出，从而

$$\begin{aligned} \det \boldsymbol{D} &= \prod_{r=0}^{e_1-1} r!\ q_1^r \prod_{i=1}^{t-1}\prod_{r=0}^{e_{i+1}-1}\left(r!\ q_{i+1}^r \prod_{s=1}^{i}(q_{i+1}-q_s)^{e_s}\right) \\ &= \left(\prod_{i=1}^{t}\prod_{r=0}^{e_1-1} r!\right)\cdot \prod_{i=1}^{t} q_i^{\binom{e_i}{2}} \prod_{i=1}^{t-1}\prod_{s=1}^{i}(q_{i+1}-q_s)^{e_s e_{i+1}} \\ &= \left(\prod_{i=1}^{t}\prod_{r=2}^{e_i-1} r!\right)\cdot\left(\prod_{i=1}^{t} q_i^{\binom{e_i}{2}}\right)\cdot\left[\prod_{1\leqslant i<j\leqslant t}(q_j-q_i)^{e_j e_i}\right] \end{aligned}$$

定理得证.

当 $e_i = 1, i = 1, 2, \cdots, t$ 时,定理 1 给出

$$\det \boldsymbol{D} = \prod_{1 \leqslant i < j \leqslant t} (q_j - q_i)$$

这正是著名的 Vandermonde 行列式.

一般广义 Vandermonde 行列式的直接计算公式①

第 9 章

Vandermonde 行列式构造独特,是高等代数中一个典型的行列式,在数值计算、数值逼近等领域有着广泛的应用. 呼伦贝尔学院数学科学学院的宋旭霞教授 2012 年通过对已得到的几类广义 Vandermonde 行列式的结果进行变形分析,推广得到了最一般的广义 Vandermonde 行列式的直接计算公式.

设

$$V=\begin{vmatrix}1 & x_1 & x_1^2 & \cdots & x_1^{n-1}\\ 1 & x_2 & x_2^2 & \cdots & x_2^{n-1}\\ \vdots & \vdots & \vdots & & \vdots\\ 1 & x_n & x_n^2 & \cdots & x_n^{n-1}\end{vmatrix}$$

① 摘编自《数学的实践与认识》,2012,42(21):266-271.

$$V_{j_1}^{(1)}=\begin{vmatrix}1 & x_1 & x_1^2 & \cdots & x_1^{j_1-1} & x_1^{j_1+1} & \cdots & x_1^n\\ 1 & x_2 & x_2^2 & \cdots & x_2^{j_1-1} & x_2^{j_1+1} & \cdots & x_2^n\\ \vdots & \vdots & \vdots & & \vdots & \vdots & & \vdots\\ 1 & x_n & x_n^2 & \cdots & x_n^{j_1-1} & x_n^{j_1+1} & \cdots & x_n^n\end{vmatrix}\quad (1\leqslant j_1\leqslant n-1)$$

当 $j_1=n$ 时，$V_n^{(1)}=V$；

$$V_{j_1,j_2}^{(2)}=\begin{vmatrix}1 & x_1 & x_1^2 & \cdots & x_1^{j_1-1} & x_1^{j_1+1} & \cdots & x_1^{j_2-1} & x_1^{j_2+1} & \cdots & x_1^{n+1}\\ 1 & x_2 & x_2^2 & \cdots & x_2^{j_1-1} & x_2^{j_1+1} & \cdots & x_2^{j_2-1} & x_2^{j_2+1} & \cdots & x_2^{n+1}\\ \vdots & \vdots & \vdots & & \vdots & \vdots & & \vdots & \vdots & & \vdots\\ 1 & x_n & x_n^2 & \cdots & x_n^{j_1-1} & x_n^{j_1+1} & \cdots & x_n^{j_2-1} & x_n^{j_2+1} & \cdots & x_n^{n+1}\end{vmatrix}$$

$$(1\leqslant j_1<j_2\leqslant n)$$

当 $j_2=n+1$ 时，$V_{j_1,n+1}^{(2)}=V_{j_1}^{(1)}$；

$$V_{j_1,j_2,\cdots,j_k}^{(k)}$$

$$=\begin{vmatrix}1 & x_1 & x_1^2 & \cdots & x_1^{j_1-1} & x_1^{j_1+1} & \cdots & x_1^{j_2-1} & x_1^{j_2+1} & \cdots & x_1^{j_{k-1}-1} & x_1^{j_{k-1}+1} & \cdots & x_1^{j_k-1} & x_1^{j_k+1} & \cdots & x_1^{n+k-1}\\ 1 & x_2 & x_2^2 & \cdots & x_2^{j_1-1} & x_2^{j_1+1} & \cdots & x_2^{j_2-1} & x_2^{j_2+1} & \cdots & x_2^{j_{k-1}-1} & x_2^{j_{k-1}+1} & \cdots & x_2^{j_k-1} & x_2^{j_k+1} & \cdots & x_2^{n+k-1}\\ \vdots & \vdots & \vdots & & \vdots & \vdots & & \vdots & \vdots & & \vdots & \vdots & & \vdots & \vdots & & \vdots\\ 1 & x_n & x_n^2 & \cdots & x_n^{j_1-1} & x_n^{j_1+1} & \cdots & x_n^{j_2-1} & x_n^{j_2+1} & \cdots & x_n^{j_{k-1}-1} & x_n^{j_{k-1}+1} & \cdots & x_n^{j_k-1} & x_n^{j_k+1} & \cdots & x_n^{n+k-1}\end{vmatrix}$$

$$(1\leqslant j_1<j_2<\cdots<j_{k-1}<j_k\leqslant n+k-1)$$

当 $j_k=n+k-1$ 时

$$V_{j_1,j_2,\cdots,j_k}^{(k)}=V_{j_1,j_2,\cdots,j_{k-1}}^{(k-1)}$$

这里称 V 为 n 阶 Vandermonde 行列式，$V_{j_1}^{(1)}$ 为 n 阶第一类广义 Vandermonde 行列式，$V_{j_1,j_2}^{(2)}$ 为 n 阶第二类广义 Vandermonde 行列式，$V_{j_1,j_2,\cdots,j_k}^{(k)}$ 为 n 阶第 k 类广义 Vandermonde 行列式.

引入符号

$$D_k=\begin{vmatrix} \delta_{n-j_k+k-1} & \delta_{n-j_k+k-2} & \cdots & \delta_{n-j_k+1} & \delta_{n-j_k} \\ \delta_{n-j_{k-1}+k-1} & \delta_{n-j_{k-1}+k-2} & \cdots & \delta_{n-j_{k-1}+1} & \delta_{n-j_{k-1}} \\ \vdots & \vdots & & \vdots & \vdots \\ \delta_{n-j_2+k-1} & \delta_{n-j_2+k-2} & \cdots & \delta_{n-j_2+1} & \delta_{n-j_2} \\ \delta_{n-j_1+k-1} & \delta_{n-j_1+k-2} & \cdots & \delta_{n-j_1+1} & \delta_{n-j_1} \end{vmatrix}$$

引理 1 对 n 阶 Vandermonde 行列式 V 有结果

$$V=\begin{vmatrix} 1 & x_1 & x_1^2 & \cdots & x_1^{n-1} \\ 1 & x_2 & x_2^2 & \cdots & x_2^{n-1} \\ \vdots & \vdots & \vdots & & \vdots \\ 1 & x_n & x_n^2 & \cdots & x_n^{n-1} \end{vmatrix}=\prod_{1\leqslant j<i\leqslant n}(x_i-x_j)$$

引理 2[1] 若 δ_h 表示 $x_1,x_2,\cdots,x_n$ 这 n 个数中所有不同的 h 个数的乘积之和,即

$$\delta_h=\prod_{1\leqslant i_1<i_2<\cdots<i_h\leqslant n} x_{i_1}x_{i_2}\cdots x_{i_h}$$

δ_h^* 表示 $x_0,x_1,x_2,\cdots,x_n$ 这 $n+1$ 个数中所有不同的 h 个数的乘积之和,则有 $\delta_h^*=\delta_h+x_0\delta_{h-1}$.

引理 3[1] 第一类 Vandermonde 行列式:

(1)当 $j_1=n$ 时,$V_n^{(1)}=V$;

(2)当 $1\leqslant j_1\leqslant n-1$ 时

$$V_{j_1}^{(1)}=\begin{vmatrix} 1 & x_1 & x_1^2 & \cdots & x_1^{j_1-1} & x_1^{j_1+1} & \cdots & x_1^n \\ 1 & x_2 & x_2^2 & \cdots & x_2^{j_1-1} & x_2^{j_1+1} & \cdots & x_2^n \\ \vdots & \vdots & \vdots & & \vdots & \vdots & & \vdots \\ 1 & x_n & x_n^2 & \cdots & x_n^{j_1-1} & x_n^{j_1+1} & \cdots & x_n^n \end{vmatrix}$$

$$= \left[\prod_{1 \leqslant j < i \leqslant n} (x_i - x_j) \right] \cdot \delta_{n-j_1}$$

$$= \left[\prod_{1 \leqslant j < i \leqslant n} (x_i - x_j) \right] \cdot D_1$$

引理 4[1]　第二类 Vandermonde 行列式：

(1) 当 $1 \leqslant j_1 \leqslant n-1$，$j_2 = n+1$ 时，$V_{j_1,j_2}^{(2)} = V_{j_1}^{(1)}$；

(2) 当 $1 \leqslant j_1 < j_2 - 1 \leqslant n-1$ 时

$$V_{j_1,j_2}^{(2)} = \begin{vmatrix} 1 & x_1 & x_1^2 & \cdots & x_1^{j_1-1} & x_1^{j_1+1} & \cdots & x_1^{j_2-1} & x_1^{j_2+1} & \cdots & x_1^{n+1} \\ 1 & x_2 & x_2^2 & \cdots & x_2^{j_1-1} & x_2^{j_1+1} & \cdots & x_2^{j_2-1} & x_2^{j_2+1} & \cdots & x_2^{n+1} \\ \vdots & \vdots & \vdots & & \vdots & \vdots & & \vdots & \vdots & & \vdots \\ 1 & x_n & x_n^2 & \cdots & x_n^{j_1-1} & x_n^{j_1+1} & \cdots & x_n^{j_2-1} & x_n^{j_2+1} & \cdots & x_n^{n+1} \end{vmatrix}$$

$$= \left[\prod_{1 \leqslant j < i \leqslant n} (x_i - x_j) \right] \cdot \left[\delta_{n-j_1} \cdot \delta_{n+1-j_2} - \delta_{n-j_2} \cdot \delta_{n+1-j_1} \right]$$

$$= \left[\prod_{1 \leqslant j < i \leqslant n} (x_i - x_j) \right] \cdot D_2$$

引理 5[2]　第三类 Vandermonde 行列式：

(1) 当 $1 \leqslant j_1 < j_2 \leqslant n$，$j_3 = n+2$ 时，$V_{j_1,j_2,j_3}^{(3)} = V_{j_1,j_2}^{(2)}$；

(2) 当 $1 \leqslant j_1 < j_2 < j_3 - 1 \leqslant n$ 时

$$V_{j_1,j_2,j_3}^{(3)} = \begin{vmatrix} 1 & x_1 & x_1^2 & \cdots & x_1^{j_1-1} & x_1^{j_1+1} & \cdots & x_1^{j_2-1} & x_1^{j_2+1} & \cdots & x_1^{j_3-1} & x_1^{j_3+1} & \cdots & x_1^{n+2} \\ 1 & x_2 & x_2^2 & \cdots & x_2^{j_1-1} & x_2^{j_1+1} & \cdots & x_2^{j_2-1} & x_2^{j_2+1} & \cdots & x_2^{j_3-1} & x_2^{j_3+1} & \cdots & x_2^{n+2} \\ \vdots & \vdots & \vdots & & \vdots & \vdots & & \vdots & \vdots & & \vdots & \vdots & & \vdots \\ 1 & x_n & x_n^2 & \cdots & x_n^{j_1-1} & x_n^{j_1+1} & \cdots & x_n^{j_2-1} & x_n^{j_2+1} & \cdots & x_n^{j_3-1} & x_n^{j_3+1} & \cdots & x_n^{n+2} \end{vmatrix}$$

$$= \left[\prod_{1 \leqslant j < i \leqslant n} (x_i - x_j) \right] \cdot \left[\delta_{n-j_3} \cdot (\delta_{n+2-j_2} \cdot \delta_{n+1-j_1} - \right.$$

$$\delta_{n+2-j_1}\cdot\delta_{n+1-j_2})-\delta_{n-j_3+1}\cdot$$
$$(\delta_{n+2-j_2}\cdot\delta_{n-j_1}-\delta_{n+2-j_1}\cdot\delta_{n-j_2})+$$
$$\delta_{n-j_3+2}\cdot(\delta_{n+1-j_2}\cdot\delta_{n-j_1}-\delta_{n-j_2}\cdot\delta_{n+1-j_1})]$$
$$=\Big[\prod_{1\leqslant j<i\leqslant n}(x_i-x_j)\Big]\cdot D_3$$

定理 1 第 k 类 Vandermonde 行列式:

(1) 当 $1\leqslant j_1<j_2<\cdots<j_{k-1}\leqslant n+k-3, j_k=n+k-1$ 时

$$V_{j_1,j_2,\cdots,j_k}^{(k)}=V_{j_1,j_2,\cdots,j_{k-1}}^{(k-1)}$$

(2) 当 $1\leqslant j_1<j_2<\cdots<j_{k-1}<j_k-1\leqslant n+k-3$ 时

$$V_{j_1,j_2,\cdots,j_k}^{(k)}$$
$$=\begin{vmatrix} 1 & x_1 & x_1^2\cdots x_1^{j_1-1} & x_1^{j_1+1}\cdots x_1^{j_2-1} & x_1^{j_2+1}\cdots x_1^{j_{k-1}-1} & x_1^{j_{k-1}+1}\cdots x_1^{j_k-1} & x_1^{j_k+1}\cdots x_1^{n+k-1} \\ 1 & x_2 & x_2^2\cdots x_2^{j_1-1} & x_2^{j_1+1}\cdots x_2^{j_2-1} & x_2^{j_2+1}\cdots x_2^{j_{k-1}-1} & x_2^{j_{k-1}+1}\cdots x_2^{j_k-1} & x_2^{j_k+1}\cdots x_2^{n+k-1} \\ \vdots & \vdots & \vdots\quad\vdots & \vdots\quad\vdots & \vdots\quad\vdots & \vdots\quad\vdots & \vdots\quad\vdots \\ 1 & x_n & x_n^2\cdots x_n^{j_1-1} & x_n^{j_1+1}\cdots x_n^{j_2-1} & x_n^{j_2+1}\cdots x_n^{j_{k-1}-1} & x_n^{j_{k-1}+1}\cdots x_n^{j_k-1} & x_n^{j_k+1}\cdots x_n^{n+k-1} \end{vmatrix}$$
$$=\Big[\prod_{1\leqslant j<i\leqslant n}(x_i-x_j)\Big]\cdot D_k$$

证明 (1) 显然成立.

(2) 我们利用数学归纳法进行证明.

当 $k=1$ 时,由引理 3 可知定理成立.

假设对于第 $k-1$ 类 Vandermonde 行列式,定理成立. 下面考虑第 k 类,为此我们有:

(i) 构造以 $a_0,a_1,\cdots,a_{j_1-1},a_{j_1+1},\cdots,a_{j_2-1},a_{j_2+1},\cdots,a_{j_{k-1}-1},a_{j_{k-1}+1},\cdots,a_{n+k-2}$ 为 n 个未知数的非齐次线性方程组

$$\begin{cases}a_0+a_1x_1+\cdots+a_{j_1-1}x_1^{j_1-1}+a_{j_1+1}x_1^{j_1+1}+\cdots+\\a_{j_2-1}x_1^{j_2-1}+a_{j_2+1}x_1^{j_2+1}+\cdots+a_{j_{k-1}-1}x_1^{j_{k-1}-1}+\\a_{j_{k-1}+1}x_1^{j_{k-1}+1}+\cdots+a_{n+k-2}x_1^{n+k-2}=x_1^{n+k-1}\\a_0+a_1x_2+\cdots+a_{j_1-1}x_2^{j_1-1}+a_{j_1+1}x_2^{j_1+1}+\cdots+\\a_{j_2-1}x_2^{j_2-1}+a_{j_2+1}x_2^{j_2+1}+\cdots+a_{j_{k-1}-1}x_2^{j_{k-1}-1}+\\a_{j_{k-1}+1}x_2^{j_{k-1}+1}+\cdots+a_{n+k-2}x_2^{n+k-2}=x_2^{n+k-1}\\\quad\vdots\\a_0+a_1x_n+\cdots+a_{j_1-1}x_n^{j_1-1}+a_{j_1+1}x_n^{j_1+1}+\cdots+\\a_{j_2-1}x_n^{j_2-1}+a_{j_2+1}x_n^{j_2+1}+\cdots+a_{j_{k-1}-1}x_n^{j_{k-1}-1}+\\a_{j_{k-1}+1}x_n^{j_{k-1}+1}+\cdots+a_{n+k-2}x_n^{n+k-2}=x_n^{n+k-1}\end{cases}$$

该方程组的系数行列式是

$$V_{j_1,j_2,\cdots,j_{k-1}}^{(k-1)}=\begin{vmatrix}1 & x_1 & x_1^2 & \cdots & x_1^{j_1-1} & x_1^{j_1+1} & \cdots & x_1^{j_2-1} & x_1^{j_2+1} & \cdots & x_1^{j_{k-1}-1} & x_1^{j_{k-1}+1} & \cdots & x_1^{n+k-2}\\1 & x_2 & x_2^2 & \cdots & x_2^{j_1-1} & x_2^{j_1+1} & \cdots & x_2^{j_2-1} & x_2^{j_2+1} & \cdots & x_2^{j_{k-1}-1} & x_2^{j_{k-1}+1} & \cdots & x_2^{n+k-2}\\\vdots & \vdots & \vdots & & \vdots & \vdots & & \vdots & \vdots & & \vdots & \vdots & & \vdots\\1 & x_n & x_n^2 & \cdots & x_n^{j_1-1} & x_n^{j_1+1} & \cdots & x_n^{j_2-1} & x_n^{j_2+1} & \cdots & x_n^{j_{k-1}-1} & x_n^{j_{k-1}+1} & \cdots & x_n^{n+k-2}\end{vmatrix}$$

不妨假设

$$V_{j_1,j_2,\cdots,j_{k-1}}^{(k-1)}\neq 0$$

则方程组有唯一解，并且

$$a_{j_k}=\begin{vmatrix}1 & x_1 & x_1^2 & \cdots & x_1^{j_1-1} & x_1^{j_1+1} & \cdots & x_1^{j_2-1} & x_1^{j_2+1} & \cdots & x_1^{j_{k-1}-1}\\1 & x_2 & x_2^2 & \cdots & x_2^{j_1-1} & x_2^{j_1+1} & \cdots & x_2^{j_2-1} & x_2^{j_2+1} & \cdots & x_2^{j_{k-1}-1}\\\vdots & \vdots & \vdots & & \vdots & \vdots & & \vdots & \vdots & & \vdots\\1 & x_n & x_n^2 & \cdots & x_n^{j_1-1} & x_n^{j_1+1} & \cdots & x_n^{j_2-1} & x_n^{j_2+1} & \cdots & x_n^{j_{k-1}-1}\end{vmatrix}$$

$$\left.\begin{matrix} x_1^{j_{k-1}+1} & \cdots & x_1^{j_k-1} & x_1^{n+k-1} & x_1^{j_k+1} & \cdots & x_1^{n+k-2} \\ x_2^{j_{k-1}+1} & \cdots & x_2^{j_k-1} & x_2^{n+k-1} & yx_2^{j_k+1} & \cdots & x_2^{n+k-2} \\ \vdots & & \vdots & \vdots & \vdots & & \vdots \\ x_n^{j_{k-1}+1} & \cdots & x_n^{j_k-1} & x_n^{n+k-1} & x_n^{j_k+1} & \cdots & x_n^{n+k-2} \end{matrix}\right| ① \cdot (V_{j_1,j_2,\cdots,j_{k-1}}^{(k-1)})^{-1}$$

$$=\frac{(-1)^{n-j_k+k-2}V_{j_1,j_2,\cdots,j_{k-1},j_k}^{(k)}}{V_{j_1,j_2,\cdots,j_{k-1}}^{(k-1)}}$$

因此

$$V_{j_1,j_2,\cdots,j_{k-1},j_k}^{(k)}=(-1)^{n-j_k+k}a_{j_k}V_{j_1,j_2,\cdots,j_{k-1}}^{(k-1)}$$

(ii)求 a_{j_k}:为了求出 a_{j_k},我们构造一元 $n+k-1$ 次方程

$$\begin{aligned} &l^{n+k-1}-a_{n+k-2}l^{n+k-2}-\cdots-a_{j_{k-1}+1}l^{j_{k-1}+1}- \\ &a_{j_{k-1}-1}l^{j_{k-1}-1}-\cdots-a_{j_2+1}l^{j_2+1}-a_{j_2-1}l^{j_2-1}-\cdots- \\ &a_{j_1+1}l^{j_1+1}-a_{j_1-1}l^{j_1-1}-\cdots-a_1l-a_0=0 \end{aligned}$$

注意到此方程缺少 $l^{j_1},l^{j_2},\cdots,l^{j_{k-1}}$ 项,由上面的方程组可知 $x_1,x_2,\cdots,x_n$ 是这个一元 $n+k-1$ 次方程的 n 个根,设另外的 $k-1$ 个根是 $x_0,x_{n+1},x_{n+2},\cdots,x_{n+k-2}$,即有

$$\begin{aligned} &l^{n+k-1}-a_{n+k-2}l^{n+k-2}-\cdots-a_{j_{k-1}+1}l^{j_{k-1}+1}-a_{j_{k-1}-1}l^{j_{k-1}-1}-\cdots- \\ &a_{j_2+1}l^{j_2+1}-a_{j_2-1}l^{j_2-1}-\cdots-a_{j_1+1}l^{j_1+1}-a_{j_1-1}l^{j_1-1}-\cdots-a_1l-a_0 \\ =&(l-x_0)(l-x_1)\cdots(l-x_n)(l-x_{n+1})\cdot \\ &(l-x_{n+2})\cdots(l-x_{n+k-2}) \end{aligned}$$

由等式的左右两边 $l^{j_{k-1}},l^{j_{k-2}},\cdots,l^{j_2},l^{j_1}$ 的系数是相等的,可知

$$(-1)^{n-j_{k-1}+k-1}[\delta_{n-j_{k-1}+k-1}+(x_0+x_{n+1}+\cdots+x_{n+k-2})\cdot$$

---

① 为防止行列式超出版心,故分割为两部分排版.

$$\delta_{n-j_{k-1}+k-2}+(x_0x_{n+1}+x_0x_{n+2}+\cdots+x_{n+k-3}x_{n+k-2})\cdot$$
$$\delta_{n-j_{k-1}+k-3}+\cdots+x_0x_{n+1}x_{n+2}\cdots x_{n+k-2}\delta_{n-j_{k-1}}]=0$$
$$(-1)^{n-j_{k-2}+k-1}[\delta_{n-j_{k-2}+k-1}+(x_0+x_{n+1}+\cdots+x_{n+k-2})\cdot$$
$$\delta_{n-j_{k-2}+k-2}+(x_0x_{n+1}+x_0x_{n+2}+\cdots+x_{n+k-3}x_{n+k-2})\cdot$$
$$\delta_{n-j_{k-2}+k-3}+\cdots+x_0x_{n+1}x_{n+2}\cdots x_{n+k-2}\delta_{n-j_{k-2}}]=0$$
$$(-1)^{n-j_2+k-1}[\delta_{n-j_2+k-1}+(x_0+x_{n+1}+\cdots+x_{n+k-2})\cdot$$
$$\delta_{n-j_2+k-2}+(x_0x_{n+1}+x_0x_{n+2}+\cdots+x_{n+k-3}x_{n+k-2})\cdot$$
$$\delta_{n-j_2+k-3}+\cdots+x_0x_{n+1}x_{n+2}\cdots x_{n+k-2}\delta_{n-j_2}]=0$$
$$(-1)^{n-j_1+k-1}[\delta_{n-j_1+k-1}+(x_0+x_{n+1}+\cdots+x_{n+k-2})\cdot$$
$$\delta_{n-j_1+k-2}+(x_0x_{n+1}+x_0x_{n+2}+\cdots+x_{n+k-3}x_{n+k-2})\cdot$$
$$\delta_{n-j_1+k-3}+\cdots+x_0x_{n+1}x_{n+2}\cdots x_{n+k-2}\delta_{n-j_1}]=0$$

求解,有下式成立

$$x_0+x_{n+1}+\cdots+x_{n+k-2}$$
$$=-\frac{\begin{vmatrix}\delta_{n-j_{k-1}+k-1} & \delta_{n-j_{k-1}+k-3} & \delta_{n-j_{k-1}+k-4} & \cdots & \delta_{n-j_{k-1}+1} & \delta_{n-j_{k-1}}\\ \delta_{n-j_{k-2}+k-1} & \delta_{n-j_{k-2}+k-3} & \delta_{n-j_{k-2}+k-4} & \cdots & \delta_{n-j_{k-2}+1} & \delta_{n-j_{k-2}}\\ \vdots & \vdots & \vdots & & \vdots & \vdots\\ \delta_{n-j_2+k-1} & \delta_{n-j_2+k-3} & \delta_{n-j_2+k-4} & \cdots & \delta_{n-j_2+1} & \delta_{n-j_2}\\ \delta_{n-j_1+k-1} & \delta_{n-j_1+k-3} & \delta_{n-j_1+k-4} & \cdots & \delta_{n-j_1+1} & \delta_{n-j_1}\end{vmatrix}}{D_{k-1}}$$

$$x_0x_{n+1}+x_0x_{n+2}+\cdots+x_{n+k-3}x_{n+k-2}$$
$$=-\frac{\begin{vmatrix}\delta_{n-j_{k-1}+k-2} & \delta_{n-j_{k-1}+k-1} & \delta_{n-j_{k-1}+k-4} & \cdots & \delta_{n-j_{k-1}+1} & \delta_{n-j_{k-1}}\\ \delta_{n-j_{k-2}+k-2} & \delta_{n-j_{k-2}+k-1} & y\delta_{n-j_{k-2}+k-4} & \cdots & \delta_{n-j_{k-2}+1} & \delta_{n-j_{k-2}}\\ \vdots & \vdots & \vdots & & \vdots & \vdots\\ \delta_{n-j_2+k-2} & \delta_{n-j_2+k-1} & \delta_{n-j_2+k-4} & \cdots & y\delta_{n-j_2+1} & \delta_{n-j_2}\\ \delta_{n-j_1+k-2} & \delta_{n-j_1+k-1} & \delta_{n-j_1+k-4} & \cdots & \delta_{n-j_1+1} & \delta_{n-j_1}\end{vmatrix}}{D_{k-1}}$$

$$
= -\frac{x_0 x_{n+1} x_{n+2} + x_0 x_{n+1} x_{n+3} + \cdots + x_{n+k-4} x_{n+k-3} x_{n+k-2} \begin{vmatrix} \delta_{n-j_{k-1}+k-2} & \delta_{n-j_{k-1}+k-3} & \delta_{n-j_{k-1}+k-1} & \cdots & \delta_{n-j_{k-1}+1} & \delta_{n-j_{k-1}} \\ \delta_{n-j_{k-2}+k-2} & \delta_{n-j_{k-2}+k-3} & \delta_{n-j_{k-2}+k-1} & \cdots & \delta_{n-j_{k-2}+1} & \delta_{n-j_{k-2}} \\ \vdots & \vdots & \vdots & & \vdots & \vdots \\ \delta_{n-j_2+k-2} & \delta_{n-j_2+k-3} & \delta_{n-j_2+k-1} & \cdots & \delta_{n-j_2+1} & \delta_{n-j_2} \\ \delta_{n-j_1+k-2} & \delta_{n-j_1+k-3} & \delta_{n-j_1+k-1} & \cdots & \delta_{n-j_1+1} & \delta_{n-j_1} \end{vmatrix}}{D_{k-1}}
$$

$$
= -\frac{x_0 x_{n+1} x_{n+2} \cdots x_{n+k-2} \begin{vmatrix} \delta_{n-j_{k-1}+k-2} & \delta_{n-j_{k-1}+k-3} & \delta_{n-j_{k-1}+k-4} & \cdots & y\delta_{n-j_{k-1}+1} & \delta_{n-j_{k-1}+k-1} \\ \delta_{n-j_{k-2}+k-2} & \delta_{n-j_{k-2}+k-3} & \delta_{n-j_{k-2}+k-4} & \cdots & \delta_{n-j_{k-2}+1} & \delta_{n-j_{k-2}+k-1} \\ \vdots & \vdots & \vdots & & \vdots & \vdots \\ \delta_{n-j_2+k-2} & \delta_{n-j_2+k-3} & \delta_{n-j_2+k-4} & \cdots & \delta_{n-j_2+1} & \delta_{n-j_2+k-1} \\ \delta_{n-j_1+k-2} & \delta_{n-j_1+k-3} & \delta_{n-j_1+k-4} & \cdots & \delta_{n-j_1+1} & \delta_{n-j_1+k-1} \end{vmatrix}}{D_{k-1}}
$$

注意到 l^{j_k} 的系数是

$$
\begin{aligned}
&(-1)^{n-j_k+k-1}[\delta_{n-j_k+k-1} + (x_0 + x_{n+1} + \cdots + x_{n+k-2})\delta_{n-j_k+k-2} + \\
&(x_0 x_{n+1} + x_0 x_{n+2} + \cdots + x_{n+k-3} x_{n+k-2})\delta_{n-j_k+k-3} + \cdots + \\
&x_0 x_{n+1} x_{n+2} \cdots x_{n+k-2} \delta_{n-j_k}]
\end{aligned}
$$

所以有

$$
\begin{aligned}
-a_{j_k} = {} & (-1)^{n-j_k+k-1}[\delta_{n-j_k+k-1} + (x_0 + x_{n+1} + \cdots + x_{n+k-2})\delta_{n-j_k+k-2} + \\
& (x_0 x_{n+1} + x_0 x_{n+2} + \cdots + x_{n+k-3} x_{n+k-2})\delta_{n-j_k+k-3} + \cdots + \\
& x_0 x_{n+1} x_{n+2} \cdots x_{n+k-2} \delta_{n-j_k}]
\end{aligned}
$$

整理后,得到

$$
\begin{aligned}
a_{j_k} = {} & (-1)^{n-j_k+k}[\delta_{n-j_k+k-1} + (x_0 + x_{n+1} + \cdots + x_{n+k-2})\delta_{n-j_k+k-2} + \\
& (x_0 x_{n+1} + x_0 x_{n+2} + \cdots + x_{n+k-3} x_{n+k-2})\delta_{n-j_k+k-3} + \cdots + \\
& x_0 x_{n+1} x_{n+2} \cdots x_{n+k-2} \delta_{n-j_k}]
\end{aligned}
$$

另外,根据假设有

$$V_{j_1,j_2,\cdots,j_{k-1}}^{(k-1)} = \Big[\prod_{1\leqslant j<i\leqslant n}(x_i - x_j)\Big]\cdot D_{k-1}$$

成立.

因此

$$V_{j_1,j_2,\cdots,j_{k-1},j_k}^{(k)} = (-1)^{n-j_k+k} a_{j_k} V_{j_1,j_2,\cdots,j_{k-1}}^{(k-1)} = \Big[\delta_{n-j_k+k-1} -$$

$$\frac{\begin{vmatrix} \delta_{n-j_{k-1}+k-1} & \delta_{n-j_{k-1}+k-3} & \delta_{n-j_{k-1}+k-4} & \cdots & \delta_{n-j_{k-1}+1} & \delta_{n-j_{k-1}} \\ \delta_{n-j_{k-2}+k-1} & \delta_{n-j_{k-2}+k-3} & \delta_{n-j_{k-2}+k-4} & \cdots & \delta_{n-j_{k-2}+1} & \delta_{n-j_{k-2}} \\ \vdots & \vdots & \vdots & & \vdots & \vdots \\ \delta_{n-j_2+k-1} & \delta_{n-j_2+k-3} & \delta_{n-j_2+k-4} & \cdots & \delta_{n-j_2+1} & \delta_{n-j_2} \\ \delta_{n-j_1+k-1} & \delta_{n-j_1+k-3} & \delta_{n-j_1+k-4} & \cdots & \delta_{n-j_1+1} & \delta_{n-j_1} \end{vmatrix}}{D_{k-1}} \cdot$$

$$\delta_{n-j_k+k-2} -$$

$$\frac{\begin{vmatrix} \delta_{n-j_{k-1}+k-2} & \delta_{n-j_{k-1}+k-1} & \delta_{n-j_{k-1}+k-4} & \cdots & \delta_{n-j_{k-1}+1} & \delta_{n-j_{k-1}} \\ \delta_{n-j_{k-2}+k-2} & \delta_{n-j_{k-2}+k-1} & \delta_{n-j_{k-2}+k-4} & \cdots & \delta_{n-j_{k-2}+1} & \delta_{n-j_{k-2}} \\ \vdots & \vdots & \vdots & & \vdots & \vdots \\ \delta_{n-j_2+k-2} & \delta_{n-j_2+k-1} & \delta_{n-j_2+k-4} & \cdots & \delta_{n-j_2+1} & \delta_{n-j_2} \\ \delta_{n-j_1+k-2} & \delta_{n-j_1+k-1} & \delta_{n-j_1+k-4} & \cdots & \delta_{n-j_1+1} & \delta_{n-j_1} \end{vmatrix}}{D_{k-1}} \cdot$$

$$\delta_{n-j_k+k-3} - \cdots -$$

$$\frac{\begin{vmatrix} \delta_{n-j_{k-1}+k-2} & \delta_{n-j_{k-1}+k-3} & \delta_{n-j_{k-1}+k-4} & \cdots & \delta_{n-j_{k-1}+1} & \delta_{n-j_{k-1}+k-1} \\ \delta_{n-j_{k-2}+k-2} & \delta_{n-j_{k-2}+k-3} & \delta_{n-j_{k-2}+k-4} & \cdots & \delta_{n-j_{k-2}+1} & \delta_{n-j_{k-2}+k-1} \\ \vdots & \vdots & \vdots & & \vdots & \vdots \\ \delta_{n-j_2+k-2} & \delta_{n-j_2+k-3} & \delta_{n-j_2+k-4} & \cdots & \delta_{n-j_2+1} & \delta_{n-j_2+k-1} \\ \delta_{n-j_1+k-2} & \delta_{n-j_1+k-3} & \delta_{n-j_1+k-4} & \cdots & \delta_{n-j_1+1} & \delta_{n-j_1+k-1} \end{vmatrix}}{D_{k-1}} \cdot$$

$$\delta_{n-j_k}\Big] \cdot \Big[\prod_{1\leqslant j<i\leqslant n}(x_i - x_j)\Big] \cdot D_{k-1}$$

$$= \Big[\prod_{1\leqslant j<i\leqslant n}(x_i - x_j)\Big] \cdot D_k$$

即取 k 时定理也成立,故由数学归纳法可知定理对于任意的 k 都成立.

参考文献

[1]王军霞. 广义 Vandermonde 行列式的计算公式[J]. 数学的实践与认识,2011,41(3):233-237.

[2]陈祥恩,程辉,文仲奎,等. 第三类广义 Vandermonde 行列式的计算[J]. 大学数学,2012,28(1):162-164.

第10章 广义 Vandermonde 行列式的讨论①

著名的 Vandermonde 行列式

$$V_n=\begin{vmatrix}1&1&\cdots&1\\a_1&a_2&\cdots&a_n\\a_1^2&a_2^2&\cdots&a_n^2\\\vdots&\vdots&&\vdots\\a_1^{n-1}&a_2^{n-1}&\cdots&a_n^{n-1}\end{vmatrix}=\prod_{1\leqslant j<i\leqslant n}(a_i-a_j)$$

不仅形式优美，还有着广泛的应用. 文[1-3]对广义 Vandermonde 行列式进行了研究. 韩山师范学院数学与信息技术系的吴捷云教授2011年在文[1-3]的基础上进一步讨论了广义 Vandermonde 行列式，得到了一类广义 Vandermonde 行列式的计算公式，其结果形式非常简单，便于推广和应用. 为方便起见，用 $\sum a_{p_1}a_{p_2}\cdots a_{p_s}$ 表示对所有满足 $1\leqslant p_1\leqslant p_2\leqslant\cdots\leqslant p_s\leqslant n$ 的乘积

① 摘编自《高师理科学刊》,2011,31(4):8-10.

$a_{p_1}a_{p_2}\cdots a_{p_s}$ 求和，并约定 $\sum a_{p_1}a_{p_2}\cdots a_{p_0}=1$，$\sum a_{p_1}a_{p_2}\cdots a_{p_{-1}}=0$. 本章中出现的广义 Vandermonde 行列式及其记号集中列出如下：

$$V_n^k=\begin{vmatrix}1 & 1 & \cdots & 1\\ a_1 & a_2 & \cdots & a_n\\ \vdots & \vdots & & \vdots\\ a_1^{k-1} & a_2^{k-1} & \cdots & a_n^{k-1}\\ a_1^{k+1} & a_2^{k+1} & \cdots & a_n^{k+1}\\ \vdots & \vdots & & \vdots\\ a_1^{n} & a_2^{n} & \cdots & a_n^{n}\end{vmatrix},V_n^{k,l}=\begin{vmatrix}1 & 1 & \cdots & 1\\ \vdots & \vdots & & \vdots\\ a_1^{k-1} & a_2^{k-1} & \cdots & a_n^{k-1}\\ a_1^{k+1} & a_2^{k+1} & \cdots & a_n^{k+1}\\ \vdots & \vdots & & \vdots\\ a_1^{l-1} & a_2^{l-1} & \cdots & a_n^{l-1}\\ a_1^{l+1} & a_2^{l+1} & \cdots & a_n^{l+1}\\ \vdots & \vdots & & \vdots\\ a_1^{n+1} & a_2^{n+1} & \cdots & a_n^{n+1}\end{vmatrix}$$

$$V_n^{k,l,m}=\begin{vmatrix}1 & 1 & \cdots & 1\\ \vdots & \vdots & & \vdots\\ a_1^{k-1} & a_2^{k-1} & \cdots & a_n^{k-1}\\ a_1^{k+1} & a_2^{k+1} & \cdots & a_n^{k+1}\\ \vdots & \vdots & & \vdots\\ a_1^{l-1} & a_2^{l-1} & \cdots & a_n^{l-1}\\ a_1^{l+1} & a_2^{l+1} & \cdots & a_n^{l+1}\\ \vdots & \vdots & & \vdots\\ a_1^{m-1} & a_2^{m-1} & \cdots & a_n^{m-1}\\ a_1^{m+1} & a_2^{m+1} & \cdots & a_n^{m+1}\\ \vdots & \vdots & & \vdots\\ a_1^{n+2} & a_2^{n+2} & \cdots & a_n^{n+2}\end{vmatrix},V_{n+1}^{k,l}=\begin{vmatrix}1 & \cdots & 1 & 1\\ \vdots & & \vdots & \vdots\\ a_1^{k-1} & \cdots & a_n^{k-1} & x^{k-1}\\ a_1^{k+1} & \cdots & a_n^{k+1} & x^{k+1}\\ \vdots & & \vdots & \vdots\\ a_1^{l-1} & \cdots & a_n^{l-1} & x^{l-1}\\ a_1^{l+1} & \cdots & a_n^{l+1} & x^{l+1}\\ \vdots & & \vdots & \vdots\\ a_1^{m} & \cdots & a_n^{m} & x^{m}\\ \vdots & & \vdots & \vdots\\ a_1^{n+2} & \cdots & a_n^{n+2} & x^{n+2}\end{vmatrix}$$

引理 1[3]74 当 $1\leqslant k<l\leqslant n$ 时，广义 Vandermonde

行列式

$$V_n^{k,l}=V_n\left(\sum a_{p_1}a_{p_2}\cdots a_{p_{n-k}}\sum a_{p_1}a_{p_2}\cdots a_{p_{n-l+1}}-\sum a_{p_1}a_{p_2}\cdots a_{p_{n-k+1}}\sum a_{p_1}a_{p_2}\cdots a_{p_{n-l}}\right)$$

定理1　当 $1\leqslant k<l<m\leqslant n+1$ 时，广义 Vandermonde 行列式

$$V_n^{k,l,m}=V_n\begin{vmatrix}\sum a_{p_1}a_{p_2}\cdots a_{p_{n-k}} & \sum a_{p_1}a_{p_2}\cdots a_{p_{n-k+1}} & \sum a_{p_1}a_{p_2}\cdots a_{p_{n-k+2}}\\ \sum a_{p_1}a_{p_2}\cdots a_{p_{n-l}} & \sum a_{p_1}a_{p_2}\cdots a_{p_{n-l+1}} & \sum a_{p_1}a_{p_2}\cdots a_{p_{n-l+2}}\\ \sum a_{p_1}a_{p_2}\cdots a_{p_{n-m}} & \sum a_{p_1}a_{p_2}\cdots a_{p_{n-m+1}} & \sum a_{p_1}a_{p_2}\cdots a_{p_{n-m+2}}\end{vmatrix}$$

证明　考虑 $n+1$ 阶广义 Vandermonde 行列式 $V_{n+1}^{k,l}$，$V_{n+1}^{k,l}$ 中元 x^m 的余子式恰好是广义 Vandermonde 行列式 $V_n^{k,l,m}$，把 $V_{n+1}^{k,l}$ 按最后一列展开得到 x 的一个 $n+2$ 次多项式 $f(x)$. $f(x)$ 的 m 次项的系数为 $C_m=(-1)^{(m-1)+(n+1)}V_n^{k,l,m}$.

根据引理1可知

$$\begin{aligned}V_{n+1}^{k,l}&=\left[\prod_{1\leqslant j<i\leqslant n}(a_i-a_j)\cdot\prod_{i=1}^{n}(x-a_i)\right]\cdot\\&\quad\left[\left(\sum a_{p_1}\cdots a_{p_{n+1-k}}+\sum a_{p_1}\cdots a_{p_{n+1-k-1}}x\right)\cdot\right.\\&\quad\left(\sum a_{p_1}\cdots a_{p_{n+1-l+1}}+\sum a_{p_1}\cdots a_{p_{n+1-l}}x\right)-\\&\quad\left(\sum a_{p_1}\cdots a_{p_{n+1-k+1}}+\sum a_{p_1}\cdots a_{p_{n+1-k}}x\right)\cdot\\&\quad\left.\left(\sum a_{p_1}\cdots a_{p_{n+1-l}}+\sum a_{p_1}\cdots a_{p_{n+1-l-1}}x\right)\right]\\&=V_n\prod_{i=1}^{n}(x-a_i)\cdot\left[\left(\sum a_{p_1}\cdots a_{p_{n-k+1}}\cdot\right.\right.\end{aligned}$$

$$\sum a_{p_1}\cdots a_{p_{n-l+2}}-\sum a_{p_1}\cdots a_{p_{n-k+2}}\cdot\sum a_{p_1}\cdots a_{p_{n-l+1}})+$$
$$(\sum a_{p_1}\cdots a_{p_{n-k}}\cdot\sum a_{p_1}\cdots a_{p_{n-l+2}}-\sum a_{p_1}\cdots a_{p_{n-k+2}}\cdot$$
$$\sum a_{p_1}\cdots a_{p_{n-l}})x+(\sum a_{p_1}\cdots a_{p_{n-k}}\cdot\sum a_{p_1}\cdots a_{p_{n-l+1}}-$$
$$\sum a_{p_1}\cdots a_{p_{n-k+1}}\cdot\sum a_{p_1}\cdots a_{p_{n-l}})x^2]$$

此式右端展开后也得到多项式$f(x)$. 根据 Vieta 定理, $f(x)$ 的 m 次项的系数为

$$\begin{aligned}C_m=&V_n(-1)^{n-m}\sum a_{p_1}\cdots a_{p_{n-m}}(\sum a_{p_1}\cdots a_{p_{n-k+1}}\cdot\\&\sum a_{p_1}\cdots a_{p_{n-l+2}}-\sum a_{p_1}\cdots a_{p_{n-k+2}}\cdot\sum a_{p_1}\cdots a_{p_{n-l+1}})+\\&V_n(-1)^{n-(m-1)}\sum a_{p_1}\cdots a_{p_{n-(m-1)}}(\sum a_{p_1}\cdots a_{p_{n-k}}\cdot\\&\sum a_{p_1}\cdots a_{p_{n-l+2}}-\sum a_{p_1}\cdots a_{p_{n-k+2}}\cdot\sum a_{p_1}\cdots a_{p_{n-l}})+\\&V_n(-1)^{n-(m-2)}\sum a_{p_1}\cdots a_{p_{n-(m-2)}}(\sum a_{p_1}\cdots a_{p_{n-k}}\cdot\\&\sum a_{p_1}\cdots a_{p_{n-l+1}}-\sum a_{p_1}\cdots a_{p_{n-k+1}}\cdot\sum a_{p_1}\cdots a_{p_{n-l}})\end{aligned}$$

从而有

$$\begin{aligned}V_n^{k,l,m}=(-1)^{m+n}C_m=&V_n\cdot\sum a_{p_1}\cdots a_{p_{n-m}}\cdot\\&\sum a_{p_1}\cdots a_{p_{n-k+1}}\cdot\sum a_{p_1}\cdots a_{p_{n-l+2}}-\\&V_n\sum a_{p_1}\cdots a_{p_{n-m}}\cdot\sum a_{p_1}\cdots a_{p_{n-k+2}}\cdot\sum a_{p_1}\cdots a_{p_{n-l+1}}-\\&V_n\sum a_{p_1}\cdots a_{p_{n-(m-1)}}\cdot\sum a_{p_1}\cdots a_{p_{n-k}}\cdot\sum a_{p_1}\cdots a_{p_{n-l+2}}-\\&V_n\sum a_{p_1}\cdots a_{p_{n-(m-1)}}\cdot\sum a_{p_1}\cdots a_{p_{n-k+2}}\cdot\sum a_{p_1}\cdots a_{p_{n-l}}+\\&V_n\sum a_{p_1}\cdots a_{p_{n-(m-2)}}\cdot\sum a_{p_1}\cdots a_{p_{n-k}}\cdot\sum a_{p_1}\cdots a_{p_{n-l+1}}-\\&V_n\sum a_{p_1}\cdots a_{p_{n-(m-2)}}\cdot\sum a_{p_1}\cdots a_{p_{n-k+1}}\cdot\sum a_{p_1}\cdots a_{p_{n-l}}\end{aligned}$$

即

$$V_n^{k,l,m}=V_n\begin{vmatrix}\sum a_{p_1}a_{p_2}\cdots a_{p_{n-k}} & \sum a_{p_1}a_{p_2}\cdots a_{p_{n-k+1}} & \sum a_{p_1}a_{p_2}\cdots a_{p_{n-k+2}}\\ \sum a_{p_1}a_{p_2}\cdots a_{p_{n-l}} & \sum a_{p_1}a_{p_2}\cdots a_{p_{n-l+1}} & \sum a_{p_1}a_{p_2}\cdots a_{p_{n-l+2}}\\ \sum a_{p_1}a_{p_2}\cdots a_{p_{n-m}} & \sum a_{p_1}a_{p_2}\cdots a_{p_{n-m+1}} & \sum a_{p_1}a_{p_2}\cdots a_{p_{n-m+2}}\end{vmatrix}$$

利用定理 1 可得到推论 1 ~ 3.

推论 1　当 $1\leqslant k<l<n$ 时，广义 Vandermonde 行列式为

$$V_n^{k,l,n}=V_n\begin{vmatrix}\sum a_{p_1}a_{p_2}\cdots a_{p_{n-k}} & \sum a_{p_1}a_{p_2}\cdots a_{p_{n-k+1}} & \sum a_{p_1}a_{p_2}\cdots a_{p_{n-k+2}}\\ \sum a_{p_1}a_{p_2}\cdots a_{p_{n-l}} & \sum a_{p_1}a_{p_2}\cdots a_{p_{n-l+1}} & \sum a_{p_1}a_{p_2}\cdots a_{p_{n-l+2}}\\ 1 & \sum a_i & \sum a_ia_j\end{vmatrix}$$

推论 2　当 $1\leqslant k<l\leqslant n$ 时，广义 Vandermonde 行列式为

$$\begin{aligned}V_n^{k,l,n+1}&=V_n\begin{vmatrix}\sum a_{p_1}a_{p_2}\cdots a_{p_{n-k}} & \sum a_{p_1}a_{p_2}\cdots a_{p_{n-k+1}} & \sum a_{p_1}a_{p_2}\cdots a_{p_{n-k+2}}\\ \sum a_{p_1}a_{p_2}\cdots a_{p_{n-l}} & \sum a_{p_1}a_{p_2}\cdots a_{p_{n-l+1}} & \sum a_{p_1}a_{p_2}\cdots a_{p_{n-l+2}}\\ 0 & 1 & \sum a_i\end{vmatrix}\\
&=V_n\sum a_i\cdot\Big(\sum a_{p_1}a_{p_2}\cdots a_{p_{n-k}}\cdot\sum a_{p_1}a_{p_2}\cdots a_{p_{n-l+1}}-\\
&\quad\sum a_{p_1}a_{p_2}\cdots a_{p_{n-k+1}}\cdot\sum a_{p_1}a_{p_2}\cdots a_{p_{n-l}}\Big)-\\
&\quad V_n\Big(\sum a_{p_1}a_{p_2}\cdots a_{p_{n-k}}\cdot\sum a_{p_1}a_{p_2}\cdots a_{p_{n-l+2}}-\\
&\quad\sum a_{p_1}a_{p_2}\cdots a_{p_{n-k+2}}\cdot\sum a_{p_1}a_{p_2}\cdots a_{p_{n-l}}\Big)\end{aligned}$$

推论 3

$$V_n^{n-1,n,n+1}=\begin{vmatrix}1 & 1 & \cdots & 1\\ a_1 & a_2 & \cdots & a_n\\ \vdots & \vdots & & \vdots\\ a_1^{n-2} & a_2^{n-2} & \cdots & a_n^{n-2}\\ a_1^{n+2} & a_2^{n+2} & \cdots & a_n^{n+2}\end{vmatrix}$$

$$=V_n\left[\left(\sum a_i\right)^3-2\sum a_i\cdot\sum a_ia_j+\sum a_ia_ja_k\right]$$

利用本章的结果可以非常简便地计算广义 Vandermonde 行列式.

参考文献

[1] 黄朝霞. 范德蒙德行列式的推广[J]. 集美大学学报:自然科学版, 2008,13(1):88-91.

[2] 韩建民. 广义 Vandermonde 行列式的计算[J]. 宝鸡文理学院学报, 2005,25(1):26-28.

[3] 吴捷云. 关于广义 Vandermonde 行列式的讨论[J]. 安庆师范学院学报,2008,14(4):73-75.

[4] 张禾瑞,郝钖新. 高等代数[M]. 5 版. 北京:高等教育出版社,2007.

Vandermonde 行列式的一个推广与一类多重积分的计算①

第11章

岳阳师范学院②的萧振纲、资兴市教育局的张志华两位教授2003年定义了与函数相关的Vandermonde行列式，从而得到了多重积分$\int_E \varphi^{(n)}(\sum_{i=0}^{n} a_i x_i)\mathrm{d}x_1\mathrm{d}x_2\cdots\mathrm{d}x_n$的一般计算公式，其中$E=\{(x_1,x_2,\cdots,x_n)\mid \sum_{i=1}^{n} a_i x_i \leqslant 1, x_i \geqslant 0, i=1,2,\cdots,n\}$，$x_0=1-\sum_{i=1}^{n} x_i$，并给出了若干特例.

众所周知，Vandermonde行列式是指[1]

$$V(a)=\begin{vmatrix} 1 & a_0 & a_0^2 & \cdots & a_0^n \\ 1 & a_1 & a_1^2 & \cdots & a_1^n \\ \vdots & \vdots & \vdots & & \vdots \\ 1 & a_n & a_n^2 & \cdots & a_n^n \end{vmatrix} \tag{1}$$

① 摘编自《岳阳师范学院学报(自然科学版)》,2003,16(1):39-42.

② 今湖南理工学院.

这里 $a=(a_0,a_1,a_2,\cdots,a_n)$ 是一个 $n+1$ 元实数组,并且有

$$V(a)=\prod_{0\leqslant i<j\leqslant n}(a_j-a_i)=\sum_{i=0}^{n}(-1)^{n+i}a_i^nV_i(a) \tag{2}$$

其中,对 $i=0,1,2,\cdots,n$,有

$$V_i(a)=\begin{vmatrix}1 & a_0 & a_0^2 & \cdots & a_0^{n-1}\\ \vdots & \vdots & \vdots & & \vdots\\ 1 & a_{i-1} & a_{i-1}^2 & \cdots & a_{i-1}^{n-1}\\ 1 & a_{i+1} & a_{i+1}^2 & \cdots & a_{i+1}^{n-1}\\ \vdots & \vdots & \vdots & & \vdots\\ 1 & a_n & a_n^2 & \cdots & a_n^{n-1}\end{vmatrix} \tag{3}$$

本章先推广 Vandermonde 行列式,定义函数的 Vandermonde 行列式 $V(a,\varphi)$,并给出 $V(a,\varphi)$ 的计算公式,由此得到了一大类多重积分的计算公式,包含文[2]的所有结果.

1. 主要结果

定义1 设函数 φ 定义在区间 I 上,$a_i\in I,i=0,1,2,\cdots,n,a=(a_0,a_1,\cdots,a_n)$,且

$$V(a,\varphi)=\begin{vmatrix}1 & a_0 & a_0^2 & \cdots & a_0^{n-1} & \varphi(a_0)\\ 1 & a_1 & a_1^2 & \cdots & a_1^{n-1} & \varphi(a_1)\\ \vdots & \vdots & \vdots & & \vdots & \vdots\\ 1 & a_n & a_n^2 & \cdots & a_n^{n-1} & \varphi(a_n)\end{vmatrix} \tag{4}$$

则 $V(a,\varphi)$ 称为函数 φ 关于数组 a 的 Vandermonde 行列式.

显然，当 $\varphi(x)=x^n$ 时，$V(a,\varphi)=V(a)$. 所以，$V(a,\varphi)$ 是 Vandermonde 行列式的一个推广.

定理 1　设 $n\in\mathbf{N}$，区间 I 上的函数 φ 有 n 阶连续导数 $\varphi^{(n)}$，$a_i\in I(0\leqslant i\leqslant n)$，$x_0=1-\sum\limits_{i=1}^{n}x_i$，$E=\left\{(x_1,x_2,\cdots,x_n)\,\middle|\,\sum\limits_{i=1}^{n}x_i\leqslant 1,\ x_i\geqslant 0,\ i=1,2,\cdots,n\right\}$，则有

$$V(a,\varphi)=V(a)\int_E\varphi^{(n)}\Big(\sum_{i=0}^{n}a_ix_i\Big)\mathrm{d}x_1\mathrm{d}x_2\cdots\mathrm{d}x_n \tag{5}$$

证明　记 $\bar{a}=(a_n,a_1,\cdots,a_{n-1})$，$\tilde{a}=(a_0,a_1,\cdots,a_{n-1})$，则根据式(2)，有

$$\begin{aligned}V(a)&=(-1)^{n-1}V(\bar{a})\prod_{j=1}^{n}(a_j-a_0)\\&=(a_n-a_0)V(\tilde{a})\prod_{j=1}^{n-1}(a_n-a_j)\end{aligned} \tag{6}$$

$$V_n(a)=V_0(\bar{a})\prod_{j=1}^{n-1}(a_j-a_0) \tag{7}$$

$$\begin{aligned}V_i(a)=(-1)^nV_0(\bar{a})\prod_{j=1}^{n-1}(a_j-a_0)+\\V_i(\tilde{a})\prod_{j=1}^{n-1}(a_n-a_j)\\(0\leqslant i\leqslant n-1)\end{aligned} \tag{8}$$

将行列式(4)按最后一列展开，有

$$V(a,\varphi)=\sum_{i=0}^{n}(-1)^{n+1}\varphi(a_i)V_i(a) \tag{9}$$

将多重积分化为累次积分，得

$$\int_E \varphi^{(n)}\left(\sum_{i=0}^{n} a_i x_i\right) \mathrm{d}x_1 \mathrm{d}x_2 \cdots \mathrm{d}x_n$$

$$= \int_0^1 \int_0^{1-x_1} \cdots \int_0^{1-\sum_{i=1}^{n-1} x_i} \varphi^{(n)}\Big(a_0 + \sum_{i=1}^{n} (a_i - a_0) x_i\Big) \mathrm{d}x_1 \mathrm{d}x_2 \cdots \mathrm{d}x_n \tag{10}$$

下面用数学归纳法证明式(5)：

当 $n=1$ 时，由于

$$(a_1 - a_0)\int_0^1 \varphi'(a_0 + (a_1 - a_0)x_1)\mathrm{d}x_1 = \varphi(a_1) - \varphi(a_0) = V(a, \varphi)$$

因而式(5) 成立.

设式(5) 对自然数 $n-1(n \geqslant 2)$ 成立，以下考虑自然数 n 的情形. 由归纳假设及式(9)，有

$$V(\bar{a}, \varphi) = (-1)^{n-1}\varphi(a_n) V_0(\bar{a}) + \sum_{i=1}^{n-1} (-1)^{n-1+i} \varphi(a_i) V_i(\bar{a})$$

$$= V(\bar{a}) \int_0^1 \int_0^{1-x_1} \cdots \int_0^{1-\sum_{i=1}^{n-2} x_i} \varphi^{(n-1)}\Big(a_n + \sum_{i=1}^{n-1} (a_i - a_n) x_i\Big) \mathrm{d}x_1 \mathrm{d}x_2 \cdots \mathrm{d}x_{n-1} \tag{11}$$

$$V(\tilde{a}, \varphi) = \sum_{i=1}^{n} (-1)^{n-1+i} \varphi(a_i) V_i(\tilde{a})$$

$$= V(\tilde{a}) \int_0^1 \int_0^{1-x_1} \cdots \int_0^{1-\sum_{i=1}^{n-2} x_i} \varphi^{(n-1)}\Big(a_n + \sum_{i=1}^{n-1} (a_i - a_0) x_i\Big) \mathrm{d}x_1 \mathrm{d}x_2 \cdots \mathrm{d}x_{n-1} \tag{12}$$

于是由式(6) ~ (12),有

$$
\begin{aligned}
& V(a)\int_E \varphi^{(n)}\Big(\sum_{i=0}^{n} a_i x_i\Big)\mathrm{d}x_1\mathrm{d}x_2\cdots\mathrm{d}x_n \\
&= V(a)\int_0^1\int_0^{1-x_1}\cdots\int_0^{1-\sum_{i=1}^{n-1}x_i}\varphi^{(n)}\Big(a_0+ \\
&\quad \sum_{i=1}^{n}(a_i-a_0)x_i\Big)\mathrm{d}x_1\mathrm{d}x_2\cdots\mathrm{d}x_n \\
&= \frac{V(a)}{a_n-a_0}\int_0^1\int_0^{1-x_1}\cdots\int_0^{1-\sum_{i=1}^{n-2}x_i}\Big[\varphi^{(n-1)}\Big(a_n+ \\
&\quad \sum_{i=1}^{n-1}(a_i-a_n)x_i\Big)-\varphi^{(n-1)}\Big(a_0+ \\
&\quad \sum_{i=1}^{n-1}(a_i-a_0)x_i\Big)\Big]\mathrm{d}x_1\mathrm{d}x_2\cdots\mathrm{d}x_{n-1} \\
&= (-1)^{n-1}V(\bar{a})\prod_{j=1}^{n-1}(a_j-a_0)\cdot \\
&\quad \int_0^1\int_0^{1-x_1}\cdots\int_0^{1-\sum_{i=1}^{n-2}x_i}\varphi^{(n-1)}\Big(a_n+ \\
&\quad \sum_{i=1}^{n-1}(a_i-a_n)x_i\Big)\mathrm{d}x_1\mathrm{d}x_2\cdots\mathrm{d}x_{n-1}- \\
&\quad V(\tilde{a})\prod_{j=1}^{n-1}(a_n-a_j)\cdot \\
&\quad \int_0^1\int_0^{1-x_1}\cdots\int_0^{1-\sum_{i=1}^{n-2}x_i}\varphi^{(n-1)}\Big(a_0+ \\
&\quad \sum_{i=1}^{n-1}(a_i-a_0)x_i\Big)\mathrm{d}x_1\mathrm{d}x_2\cdots\mathrm{d}x_{n-1} \\
&= (-1)^{n-1}\prod_{j=1}^{n-1}(a_j-a_0)\Big[(-1)^{n-1}\varphi(a_n)V_0(\bar{a})+ \\
&\quad \sum_{i=1}^{n-1}(-1)^{n-1+i}\varphi(a_i)V_i(\tilde{a})\Big]-
\end{aligned}
$$

$$\prod_{j=1}^{n-1}(a_n-a_j)\sum_{i=1}^{n}(-1)^{n-1+i}\varphi(a_i)V_i(\widetilde{a})$$

$$=\varphi(a_n)V_0(\overline{a})\prod_{j=1}^{n-1}(a_j-a_0)-(-1)^{n-1}\varphi(a_0)V(\widetilde{a})\cdot$$

$$\prod_{j=1}^{n-1}(a_n-a_j)+\sum_{i=1}^{n-1}(-1)^{n-1+i}\varphi(a_i)[(-1)^{n-1}V(\overline{a})\cdot$$

$$\prod_{j=1}^{n-1}(a_j-a_0)-V(\widetilde{a})\prod_{j=1}^{n-1}(a_n-a_j)]$$

$$=\varphi(a_n)V_n(a)+\sum_{i=1}^{n-1}(-1)^{n+i}\varphi(a_i)V_i(a)+$$

$$(-1)^n\varphi(a_0)V_0(a)=V(a,\varphi)$$

由此可知,式(5) 对自然数 n 也成立,故对任意自然数 n,式(5) 成立.

2. **若干推论**

适当选取函数 φ,由定理 1 便可得到一系列深刻而有趣的结论.

Ⅰ. 取 $\varphi(x)=x^{n+r}(n\in\mathbf{N},r\in\mathbf{R})$,则有 $V(a,\varphi)=V(a,r)$,这里

$$V(a,r)=\begin{vmatrix}1 & a_0 & a_0^2 & \cdots & a_0^{n-1} & a_0^{n+r}\\ 1 & a_1 & a_1^2 & \cdots & a_1^{n-1} & a_1^{n+r}\\ \vdots & \vdots & \vdots & & \vdots & \vdots\\ 1 & a_n & a_n^2 & \cdots & a_n^{n-1} & a_n^{n+r}\end{vmatrix}$$

因为 $\varphi^{(n)}(x)=\left(\prod_{k=1}^{n}(k+r)\right)x^r$,所以由定理 1 即得:

推论 1[2] 设 $a=(a_0,a_1,\cdots,a_n)$ 是一个正实数组,$x_0=1-\sum_{i=1}^{n}x_i$,$E=\{(x_1,x_2,\cdots,x_n)\mid\sum_{i=1}^{n}x_i\leqslant 1,$

$x_i \geqslant 0, i=1,2,\cdots,n\}$，若 $r \in \mathbf{R}$，且 $r \neq -1, -2, \cdots, -n$，则有

$$V(a,r) = V(a)\prod_{k=1}^{n}(k+r)\int_E \left(\sum_{i=0}^{n} a_i x_i\right)^r \mathrm{d}x_1\mathrm{d}x_2\cdots\mathrm{d}x_n$$

Ⅱ. 当 $r=-1, -2, \cdots, -n$ 时，取

$$\varphi(x) = [(-1)^{r+1}(-r-1)! \cdot (n+r)!]^{-1} x^{n+r} \ln x$$

则有 $\varphi^{(n)}(x) = x^r$，且

$$V(a,\varphi) = [(-1)^{r+1}(-r-1)! \cdot (n+r)!]^{-1} \cdot V(a, \ln a, r)$$

其中

$$V(a,\ln a,r) = \begin{vmatrix} 1 & a_0 & a_0^2 & \cdots & a_0^{n-1} & a_0^{n+r} & \ln a_0 \\ 1 & a_1 & a_1^2 & \cdots & a_1^{n-1} & a_1^{n+r} & \ln a_1 \\ \vdots & \vdots & \vdots & & \vdots & \vdots & \vdots \\ 1 & a_n & a_n^2 & \cdots & a_n^{n-1} & a_n^{n+r} & \ln a_n \end{vmatrix}$$

于是由定理 1 即得：

推论 2[2]　在推论 1 的其他条件下，若 $r=-1, -2, \cdots, -n$，则有

$$V(a,\ln a,r) = V(a)(-1)^{r+1}(-r-1)! \cdot (n+r)! \cdot \int_E \left(\sum_{i=0}^{n} a_i x_i\right)^r \mathrm{d}x_1\mathrm{d}x_2\cdots\mathrm{d}x_n$$

Ⅲ. 取 $\varphi(x) = \mathrm{e}^x$，则有 $\varphi^{(n)}(x) = \mathrm{e}^x$，因此，$V(a,\varphi) = V_\mathrm{e}(a)$，其中

$$V_\mathrm{e}(a) = \begin{vmatrix} 1 & a_0 & a_0^2 & \cdots & a_0^{n-1} & \mathrm{e}^{a_0} \\ 1 & a_1 & a_1^2 & \cdots & a_1^{n-1} & \mathrm{e}^{a_1} \\ \vdots & \vdots & \vdots & & \vdots & \vdots \\ 1 & a_n & a_n^2 & \cdots & a_n^{n-1} & \mathrm{e}^{a_n} \end{vmatrix}$$

于是由定理 1 即得:

推论 3 设 $a=(a_0,a_1,\cdots,a_n)$ 是一个实数组, $x_0=1-\sum_{i=1}^{n}x_i, E=\{(x_1,x_2,\cdots,x_n)\mid\sum_{i=1}^{n}x_i\leqslant 1,x_i\geqslant 0, i=1,2,\cdots,n\}$,则有

$$V_e(a)=V(a)\int_E e^{\sum_{i=0}^{n}a_ix_i}dx_1dx_2\cdots dx_n$$

Ⅳ. 在推论 3 中,以 $\ln a_i$ 代替 $a_i(i=0,1,2,\cdots,n)$,并定义

$$V_{\ln}(a)=\begin{vmatrix}1 & \ln a_0 & \ln^2 a_0 & \cdots & \ln^{n-1}a_0 & a_0\\ 1 & \ln a_1 & \ln^2 a_1 & \cdots & \ln^{n-1}a_1 & a_1\\ \vdots & \vdots & \vdots & & \vdots & \vdots\\ 1 & \ln a_n & \ln^2 a_n & \cdots & \ln^{n-1}a_n & a_n\end{vmatrix}$$

由此即得:

推论 4 设 $a=(a_0,a_1,\cdots,a_n)$ 是一个正实数组, $x_0=1-\sum_{i=1}^{n}x_i$, 且 $E=\{(x_1,x_2,\cdots,x_n)\mid\sum_{i=1}^{n}x_i\leqslant 1, x_i\geqslant 0, i=1,2,\cdots,n\}$,则有

$$V_{\ln}(a)=V(a)\int_E\prod_{i=0}^{n}a_i^{x_i}dx_1dx_2\cdots dx_n$$

Ⅴ. 当 $r\neq -1,-2,\cdots,-n$ 时,取

$$\varphi(x)=\Big[\prod_{k=1}^{n}(k+r)\Big]^{-1}x^{n+r}\Big(\ln x-\sum_{k=1}^{n}\frac{1}{k+r}\Big)$$

则有

$$\varphi^{(n)}(x)=x^r\ln x$$

且

$$V(a,\varphi)=\left[\prod_{k=1}^{n}(k+r)\right]^{-1}\left[V(a,\ln a,r)-\left(\sum_{k=1}^{n}\frac{1}{k+r}\right)V(a,r)\right]$$

于是得:

推论 5　在推论 1 的条件下,有

$$V(a,\ln a,r)-\left(\sum_{k=1}^{n}\frac{1}{k+r}\right)V(a,r)$$
$$=V(a)\prod_{k=1}^{n}(k+r)\int_E\left(\sum_{i=0}^{n}a_ix_i\right)^r\cdot \ln\left(\sum_{i=0}^{n}a_ix_i\right)\mathrm{d}x_1\mathrm{d}x_2\cdots\mathrm{d}x_n$$

特别地,当 $r=0$ 时,推论 5 也是文[2]所得的一个结论.

Ⅵ. 当 $r=-1,-2,\cdots,-n$ 时,取

$$\varphi(x)=[(-1)^{r+1}(-r-1)!\,(n+r)!\,]^{-1}\cdot x^{n+r}\ln x\left(\frac{\ln x}{2}-\sum_{k=1,k\neq -r}^{n}\frac{1}{k+r}\right)$$

则有

$$\varphi^{(n)}(x)=x^r\ln x$$

$$V(a,\varphi)=[(-1)^{r+1}(-r-1)!\,(n+r)!\,]^{-1}\cdot\left[\frac{1}{2}V(a,\ln^2a,r)-\left(\sum_{k=1,k\neq -r}^{n}\frac{1}{k+r}\right)V(a,\ln a,r)\right]$$

其中

$$V(a,\ln^2a,r)=\begin{vmatrix}1 & a_0 & a_0^2 & \cdots & a_0^{n-1} & a_0^{n+r}\ln^2a_0\\ 1 & a_1 & a_1^2 & \cdots & a_1^{n-1} & a_1^{n+r}\ln^2a_1\\ \vdots & \vdots & \vdots & & \vdots & \vdots\\ 1 & a_n & a_n^2 & \cdots & a_n^{n-1} & a_n^{n+r}\ln^2a_n\end{vmatrix}$$

故由定理 1 即得:

推论 6 在推论 1 的其他条件下,若 $r=-1,-2,\cdots,-n$,则有

$$\frac{1}{2}V(a,\ln^2 a,r)-\left(\sum_{k=1,k\neq -r}^{n}\frac{1}{k+r}\right)V(a,\ln a,r)$$
$$=[(-1)^{r+1}(-r-1)!\ (n+r)!\ ]V(a)\cdot$$
$$\int_E\left(\sum_{i=0}^{n}a_ix_i\right)^r\ln\left(\sum_{i=0}^{n}a_ix_i\right)\mathrm{d}x_1\mathrm{d}x_2\cdots\mathrm{d}x_n$$

Ⅶ. 取 $\varphi(x)=\sin x$,有

$$\varphi^{(n)}(x)=\sin\left(x+\frac{n\pi}{2}\right)\quad(n\in\mathbf{N})$$

因此令

$$V_{\sin}(a)=\begin{vmatrix}1 & a_0 & a_0^2 & \cdots & a_0^{n-1} & \sin a_0\\ 1 & a_1 & a_1^2 & \cdots & a_1^{n-1} & \sin a_1\\ \vdots & \vdots & \vdots & & \vdots & \vdots\\ 1 & a_n & a_n^2 & \cdots & a_n^{n-1} & \sin a_n\end{vmatrix}$$

则由定理 1 即得:

推论 7 设 $a=(a_0,a_1,\cdots,a_n)$ 是一个 $n+1$ 元实数组,令 $x_0=1-\sum_{i=1}^{n}x_i$ 且

$$E=\left\{(x_1,x_2,\cdots,x_n)\,\middle|\,\sum_{i=1}^{n}x_i\leqslant 1,x_i\geqslant 0,i=1,2,\cdots,n\right\}$$

则有

$$V_{\sin}(a)=V(a)\int_E\sin\left(\frac{n\pi}{2}+\sum_{i=0}^{n}a_ix_i\right)\mathrm{d}x_1\mathrm{d}x_2\cdots\mathrm{d}x_n$$

继续选取不同的函数 φ,只要我们能计算出 $\varphi^{(n)}$,则我们还可以得到更多的多重积分公式,这里不多赘述了.

参考文献

[1] 张禾瑞,郝钢新. 高等代数[M].4 版. 北京:高等教育出版社,1997:132-134.

[2] 萧振纲,张志华. 一类多重积分的计算[J]. 岳阳师范学院学报,2000(4):1-5.

第12章 二类广义 Vandermonde 行列式的计算[①]

1. 引言及定理

设

$$V=\begin{vmatrix}1 & x_1 & x_1^2 & \cdots & x_1^{n-1}\\ 1 & x_2 & x_2^2 & \cdots & x_2^{n-1}\\ \vdots & \vdots & \vdots & & \vdots\\ 1 & x_n & x_n^2 & \cdots & x_n^{n-1}\end{vmatrix}$$

$$D_k=\begin{vmatrix}1 & x_1 & x_1^2 & \cdots & x_1^{k-1} & x_1^{k+1} & \cdots & x_1^n\\ 1 & x_2 & x_2^2 & \cdots & x_2^{k-1} & x_2^{k+1} & \cdots & x_2^n\\ 1 & x_3 & x_3^2 & \cdots & x_3^{k-1} & x_3^{k+1} & \cdots & x_3^n\\ \vdots & \vdots & \vdots & & \vdots & \vdots & & \vdots\\ 1 & x_n & x_n^2 & \cdots & x_n^{k-1} & x_n^{k+1} & \cdots & x_n^n\end{vmatrix}$$

$$(1\leqslant k\leqslant n)$$

$$E_{k,s}=\begin{vmatrix}1 & x_1 & x_1^2 & \cdots & x_1^{k-1} & x_1^{k+1} & \cdots & x_1^{s-1} & x_1^{s+1} & \cdots & x_1^{n+1}\\ 1 & x_2 & x_2^2 & \cdots & x_2^{k-1} & x_2^{k+1} & \cdots & x_2^{s-1} & x_2^{s+1} & \cdots & x_2^{n+1}\\ 1 & x_3 & x_3^2 & \cdots & x_3^{k-1} & x_3^{k+1} & \cdots & x_3^{s-1} & x_3^{s+1} & \cdots & x_3^{n+1}\\ \vdots & \vdots & \vdots & & \vdots & \vdots & & \vdots & \vdots & & \vdots\\ 1 & x_n & x_n^2 & \cdots & x_n^{k-1} & x_n^{k+1} & \cdots & x_n^{s-1} & x_n^{s+1} & \cdots & x_n^{n+1}\end{vmatrix}$$

$$(1\leqslant k<s\leqslant n)$$

---

① 摘编自《大学数学》,2008,24(1):135-137.

称 V 为 Vandermonde 行列式，D_k 为第一类广义 Vandermonde 行列式，$E_{k,s}$ 为第二类广义 Vandermonde 行列式（当 $s = n + 1$ 时，$E_{k,s} = D_k$，所以第二类广义 Vandermonde 行列式 $E_{k,s}$ 是第一类广义 Vandermonde 行列式的推广）. Vandermonde 行列式与广义 Vandermonde 行列式在数值分析（如多项式插值等）、线性泛函逼近、数字信号系统（如信号重构、系统辨识等）等自然科学及工程技术领域的许多问题中有广泛应用. 重庆工学院数理学院的苏翃、邱利琼、田坚三位教授 2008 年给出了计算这两类广义 Vandermonde 行列式 D_k 及 $E_{k,s}$ 的显式表示式. 主要结论有：

定理 1　第一类广义 Vandermonde 行列式

$$D_k = \left[\prod_{1\leqslant j<i\leqslant n}(x_i - x_j)\right]\cdot\left[\sum_{1\leqslant i_1<i_2<\cdots<i_{n-k}\leqslant n} x_{i_1}\cdot x_{i_2}\cdot\cdots\cdot x_{i_{n-k}}\right]$$

$$= \left[\prod_{1\leqslant j<i\leqslant n}(x_i - x_j)\right]\cdot\delta_{n-k} \tag{1}$$

其中 δ_{n-k} 表示 $x_1, x_2, \cdots, x_n$ 这 n 个数中所有不同的 $n-k$ 个数的乘积之和，即

$$\delta_{n-k} = \sum_{1\leqslant i_1<i_2<\cdots<i_{n-k}\leqslant n} x_{i_1}\cdot x_{i_2}\cdot\cdots\cdot x_{i_{n-k}}$$

定理 2　第二类广义 Vandermonde 行列式

$$E_{k,s} = \prod_{1\leqslant j<i\leqslant n}(x_i - x_j)\left[\delta_{n-k}\cdot\delta_{n+1-s} - \delta_{n-s}\cdot\delta_{n+1-k}\right] \tag{2}$$

其中 $1\leqslant k<s\leqslant n$，$\delta_h$ 表示 $x_1, x_2, \cdots, x_n$ 这 n 个数中所有不同的 h 个数的乘积之和，即

$$\delta_h = \sum_{1\leqslant i_1<i_2<\cdots<i_h\leqslant n} x_{i_1}\cdot x_{i_2}\cdot\cdots\cdot x_{i_h}$$

2. **定理的证明**

引理 1 对 Vandermonde 行列式 V,有

$$V=\begin{vmatrix}1 & x_1 & x_1^2 & \cdots & x_1^{n-1}\\ 1 & x_2 & x_2^2 & \cdots & x_2^{n-1}\\ \vdots & \vdots & \vdots & & \vdots\\ 1 & x_n & x_n^2 & \cdots & x_n^{n-1}\end{vmatrix}=\prod_{1\leqslant j<i\leqslant n}(x_i-x_j)$$

引理 2 若 δ_h 表示 $x_1,x_2,\cdots,x_n$ 这 n 个数中所有不同的 h 个数的乘积之和,δ_h^* 表示 $x_1,x_2,\cdots,x_n,y$ 这 $n+1$ 个数中所有不同的 h 个数的乘积之和,则有 $\delta_h^*=\delta_h+\delta_{h-1}\cdot y$.

定理 1 的证明 设

$$D_k^*=\begin{vmatrix}1 & x_1 & x_1^2 & \cdots & x_1^{k-1} & x_1^k & x_1^{k+1} & \cdots & x_1^n\\ 1 & x_2 & x_2^2 & \cdots & x_2^{k-1} & x_2^k & x_2^{k+1} & \cdots & x_2^n\\ 1 & x_3 & x_3^2 & \cdots & x_3^{k-1} & x_3^k & x_3^{k+1} & \cdots & x_3^n\\ \vdots & \vdots & \vdots & & \vdots & \vdots & \vdots & & \vdots\\ 1 & x_n & x_n^2 & \cdots & x_n^{k-1} & x_n^k & x_n^{k+1} & \cdots & x_n^n\\ 1 & y & y^2 & \cdots & y^{k-1} & y^k & y^{k+1} & \cdots & y^n\end{vmatrix}$$

则 D_k^* 为 $n+1$ 阶 Vandermonde 行列式. 由引理 1 知

$$\begin{aligned}D_k^*&=\prod_{1\leqslant j<i\leqslant n}(x_i-x_j)\cdot(y-x_1)\cdot(y-x_2)\cdot\cdots\cdot(y-x_n)\\ &=\prod_{1\leqslant j<i\leqslant n}(x_i-x_j)\cdot[y^n+(-1)\cdot\delta_1\cdot y^{n-1}+(-1)^2\cdot\\ &\quad\delta_2\cdot y^{n-2}+(-1)^3\cdot\delta_3\cdot y^{n-3}+\cdots+(-1)^{n-2}\cdot\\ &\quad\delta_{n-2}\cdot y^2+(-1)^{n-1}\cdot\delta_{n-1}\cdot y^1+(-1)^n\cdot\delta_n]\end{aligned}\quad(3)$$

其中 δ_h 表示 $x_1,x_2,\cdots,x_n$ 这 n 个数中所有不同的 h 个数的乘积之和,即

$$\delta_h = \sum_{1 \leqslant i_1 < i_2 < \cdots < i_h \leqslant n} x_{i_1} \cdot x_{i_2} \cdot \cdots \cdot x_{i_h} \quad (h = 1,2,3,\cdots,n)$$

在式(3)中,y^k 的系数为

$$(-1)^{n-k} \cdot \delta_{n-k} \cdot \prod_{1 \leqslant j < i \leqslant n} (x_i - x_j) \tag{4}$$

又由 Laplace 定理,将行列式 D_k^* 按最后一行展开,可得 y^k 的系数为

$$(-1)^{(n+1)+(k+1)} \cdot D_k \tag{5}$$

比较(4)(5)两式,得

$$(-1)^{n-k} \cdot \delta_{n-k} \cdot \prod_{1 \leqslant j < i \leqslant n} (x_i - x_j) = (-1)^{(n+1)+(k+1)} \cdot D_k$$

所以

$$\begin{aligned} D_k &= \delta_{n-k} \cdot \prod_{1 \leqslant j < i \leqslant n} (x_i - x_j) \\ &= \Big[\prod_{1 \leqslant j < i \leqslant n} (x_i - x_j)\Big] \cdot \Big[\sum_{1 \leqslant i_1 < i_2 < \cdots < i_{n-k} \leqslant n} x_{i_1} \cdot x_{i_2} \cdot \cdots \cdot x_{i_{n-k}}\Big] \end{aligned}$$

定理 2 的证明　构造 $n+1$ 阶辅助行列式

$$D_{k,s}^* = \begin{vmatrix} 1 & x_1 & x_1^2 & \cdots & x_1^{k-1} & x_1^k & x_1^{k+1} & \cdots & x_1^{s-1} & x_1^{s+1} & \cdots & x_1^{n+1} \\ 1 & x_2 & x_2^2 & \cdots & x_2^{k-1} & x_2^k & x_2^{k+1} & \cdots & x_2^{s-1} & x_2^{s+1} & \cdots & x_2^{n+1} \\ \vdots & \vdots & \vdots & & \vdots & \vdots & \vdots & & \vdots & \vdots & & \vdots \\ 1 & x_n & x_n^2 & \cdots & x_n^{k-1} & x_n^k & x_n^{k+1} & \cdots & x_n^{s-1} & x_n^{s+1} & \cdots & x_n^{n+1} \\ 1 & y & y^2 & \cdots & y^{k-1} & y^k & y^{k+1} & \cdots & y^{s-1} & y^{s+1} & \cdots & y^{n+1} \end{vmatrix}$$

则由定理 1 知

$$\begin{aligned} D_{k,s}^* &= \Big[\prod_{1 \leqslant j < i \leqslant n} (x_i - x_j)\Big] \cdot \Big[\prod_{i=1}^{n} (y - x_i)\Big] \cdot \delta_{n+1-s}^* \\ &= \Big[\prod_{1 \leqslant j < i \leqslant n} (x_i - x_j)\Big] \big[y^n + (-1) \cdot \delta_1 \cdot y^{n-1} + \\ &\quad (-1)^2 \cdot \delta_2 \cdot y^{n-2} + \cdots + (-1)^{n-k} \cdot \delta_{n-k} \cdot y^k + \\ &\quad (-1)^{n-k+1} \cdot \delta_{n-k+1} \cdot y^{k-1} + \cdots + (-1)^{n-2} \cdot \delta_{n-2} \cdot \end{aligned}$$

$$y^2+(-1)^{n-1}\cdot\delta_{n-1}\cdot y^1+(-1)^n\cdot\delta_n]\delta_{n+1-s}^* \quad (6)$$

其中 δ_{n+1-s}^* 表示 $x_1,x_2,\cdots,x_n,y$ 这 $n+1$ 个数中所有不同的 $n+1-s$ 个数的乘积之和. 由引理 2 知

$$\delta_{n+1-s}^*=\delta_{n+1-s}+\delta_{n+1-s-1}\cdot y=\delta_{n+1-s}+\delta_{n-s}\cdot y \quad (7)$$

由式(6)(7) 可知,$D_{k,s}^*$ 中 y^k 的系数为

$$\begin{aligned}&\prod_{1\leqslant j<i\leqslant n}(x_i-x_j)[(-1)^{n-k}\cdot\delta_{n-k}\cdot\delta_{n+1-s}+\\&\quad(-1)^{n-k+1}\cdot\delta_{n-s}\cdot\delta_{n+1-k}]\\=&\prod_{1\leqslant j<i\leqslant n}(x_i-x_j)[(-1)^{n-k}\cdot(\delta_{n-k}\cdot\delta_{n+1-s}-\\&\quad\delta_{n-s}\cdot\delta_{n+1-k})]\end{aligned} \quad (8)$$

又由 Laplace 定理,将行列式 $D_{k,s}^*$ 按最后一行展开,可得 y^k 的系数为

$$(-1)^{(n+1)+(k+1)}\cdot E_{k,s}=(-1)^{n+k}\cdot E_{k,s} \quad (9)$$

由式(8)(9) 得

$$\prod_{1\leqslant j<i\leqslant n}(x_i-x_j)[(-1)^{n-k}\cdot(\delta_{n-k}\cdot\delta_{n+1-s}-\delta_{n-s}\cdot\delta_{n+1-k})]$$
$$=(-1)^{n+k}\cdot E_{k,s}$$

所以

$$E_{k,s}=\prod_{1\leqslant j<i\leqslant n}(x_i-x_j)[\delta_{n-k}\cdot\delta_{n+1-s}-\delta_{n-s}\cdot\delta_{n+1-k}]$$

参考文献

[1] 汪小琳. 线性方程组理论的一个应用[J]. 纯粹数学与应用数学, 2003,19(3):281-285.

第13章 几种类 Vandermonde 行列式的计算[①]

延安大学数学与计算机科学学院的袁旭华、井冈山学院数学与应用数学系的杨海文、延安大学教务处的赵耀锋三位教授2006年给出了"类 Vandermonde 行列式"的各种形式，并研究了它们的一些富有技巧的方法.

Vandermonde 行列式是高等代数与线性代数行列式部分的一个重要的知识点，由于 Vandermonde 行列式已给出了现成的计算公式，因而 Vandermonde 行列式的计算只是套用公式而已，但有许多行列式看上去和 Vandermonde 行列式类似，但却不是 Vandermonde 行列式，我们把这样的行

① 摘编自《延安大学学报(自然科学版)》,2006,25(1):12-16.

列式归为一类,称之为“类 Vandermonde 行列式”. 当然,类 Vandermonde 行列式的形式也是多样的,它们的具体解法也大相径庭,但总体思路都是“化归法”——化类 Vandermonde 行列式的计算为 Vandermonde 行列式的计算.

1. **两个引理**

引理 1[1] 行列式

$$V=\begin{vmatrix} 1 & 1 & \cdots & 1 \\ a_1 & a_2 & \cdots & a_n \\ a_1^2 & a_2^2 & \cdots & a_n^2 \\ \vdots & \vdots & & \vdots \\ a_1^{n-1} & a_2^{n-1} & \cdots & a_n^{n-1} \end{vmatrix}$$

称为 n 阶 Vandermonde 行列式,且有

$$\begin{aligned} V &= \begin{vmatrix} 1 & 1 & \cdots & 1 \\ a_1 & a_2 & \cdots & a_n \\ a_1^2 & a_2^2 & \cdots & a_n^2 \\ \vdots & \vdots & & \vdots \\ a_1^{n-1} & a_2^{n-1} & \cdots & a_n^{n-1} \end{vmatrix} \\ &= \prod_{1\leqslant j<i\leqslant n}(a_i-a_j) \\ &= (a_n-a_1)(a_{n-1}-a_1)\cdots(a_2-a_1)\cdot \\ &\quad (a_n-a_2)\cdots(a_3-a_2)\cdot\cdots\cdot(a_n-a_{n-1}) \\ &= (a_2-a_1)(a_3-a_1)(a_3-a_2)\cdot \\ &\quad (a_4-a_1)(a_4-a_2)(a_4-a_3)\cdot\cdots\cdot \end{aligned}$$

$$(a_n-a_1)(a_n-a_2)\cdots(a_n-a_{n-1})$$

则 $V=0\Leftrightarrow a_i(i=1,2,\cdots,n)$ 中至少有两个数相等.

引理 2[2]（Vieta 定理）　以 $e_1,e_2,\cdots,e_n$ 为根的 n 次方程为

$$x^n-e_1x^{n-1}+e_2x^{n-2}-e_3x^{n-3}+\cdots+$$
$$(-1)^{n-1}e_{n-1}x+(-1)^ne_n=0$$

其中 $e_1,e_2,\cdots,e_n$ 是以 $a_1,a_2,\cdots,a_n$ 为根的初等对称多项式.

2. 类 Vandermonde 行列式

（1）跳跃 Vandermonde 行列式 Ⅰ

形如

$$V_1=\begin{vmatrix}1 & 1 & \cdots & 1\\ a_1 & a_2 & \cdots & a_n\\ \vdots & \vdots & & \vdots\\ a_1^{i-1} & a_2^{i-1} & \cdots & a_n^{i-1}\\ a_1^{i+1} & a_2^{i+1} & \cdots & a_n^{i+1}\\ \vdots & \vdots & & \vdots\\ a_1^n & a_2^n & \cdots & a_n^n\end{vmatrix}$$

的行列式称为“跳跃 Vandermonde 行列式 Ⅰ”，其特征是缺少 a_i 的 i 次幂行.

解法 1（Vieta 定理及多项式法）　由引理 1 和引理 2 有

$$a_j^n-e_1a_j^{n-1}+e_2a_j^{n-2}+\cdots+(-1)^{n-i-1}e_{n-i-1}a_j^{i+1}+$$

$$(-1)^{n-i}e_{n-i}a_j^i+(-1)^{n-i+1}e_{n-i+1}a_j^{i-1}+\cdots+$$
$$(-1)^n e_n=0\quad(j=1,2,\cdots,n)$$

从而又可得

$$\begin{aligned}&(-1)^{n-i+1}e_{n-i}a_j^i\\=&a_j^n-e_1a_j^{n-1}+\cdots+(-1)^{n-i-1}e_{n-i-1}a_j^{i+1}+\\&(-1)^{n-i+1}e_{n-i+1}a_j^{i-1}+\cdots+(-1)^n e_n\\&(j=1,2,\cdots,n)\end{aligned}$$

利用上式知,给 V_1 的第1行乘以 $(-1)^n e_n$,……,第 i 行乘以 $(-1)^{n-i+1}e_{n-i+1}$,第 $i+1$ 行乘以 $(-1)^{n-i-1}\cdot e_{n-i-1}$,……,第 $n-1$ 行乘以 $-e_1$ 都加到第 n 行,则

$$V_1=(-1)^{n-i+1}e_{n-i}\begin{vmatrix}1&1&\cdots&1\\a_1&a_2&\cdots&a_n\\\vdots&\vdots&&\vdots\\a_1^{i-1}&a_2^{i-1}&\cdots&a_n^{i-1}\\a_1^{i+1}&a_2^{i+1}&\cdots&a_n^{i+1}\\\vdots&\vdots&&\vdots\\a_1^{n-1}&a_2^{n-1}&\cdots&a_n^{n-1}\\a_1^i&a_2^i&\cdots&a_n^i\end{vmatrix}$$

再将第 n 行与它前面的 $n-i-1$ 行互换得到

$$\begin{aligned}V_1&=(-1)^{n-i-1}\cdot(-1)^{n-i+1}e_{n-i}\prod_{1\leqslant j<i\leqslant n}(a_i-a_j)\\&=e_{n-i}\prod_{1\leqslant j<i\leqslant n}(a_i-a_j)\end{aligned}$$

解法 2(加边法) 将 V_1 加上第 i 行和第 n 列得

$$V_1' = \begin{vmatrix} 1 & 1 & \cdots & 1 & 1 \\ a_1 & a_2 & \cdots & a_n & x \\ \vdots & \vdots & & \vdots & \vdots \\ a_1^{i-1} & a_2^{i-1} & \cdots & a_n^{i-1} & x^{i-1} \\ a_1^{i} & a_2^{i} & \cdots & a_n^{i} & x^{i} \\ a_1^{i+1} & a_2^{i+1} & \cdots & a_n^{i+1} & x^{i+1} \\ \vdots & \vdots & & \vdots & \vdots \\ a_1^{n} & a_2^{n} & \cdots & a_n^{n} & x^{n} \end{vmatrix}$$

这是关于 $a_1,a_2,\cdots,a_n,x$ 的 $n+1$ 阶 Vandermonde 行列式，即已化归为 Vandermonde 行列式，易知 V_1' 是 V_1 按最后一列展开的第 i 个元素 x^i 的系数，即

$$\begin{aligned} V_1' &= \cdots + (-1)^{(i+1)(n+1)} V_1 x^i + \cdots \\ &= \cdots + (-1)^{n-i} V_1 x^i \end{aligned}$$

而由引理 1 易知

$$V_1' = (x-a_1)(x-a_2)\cdots(x-a_n) \cdot \prod_{1 \leqslant j < i \leqslant n} (a_i - a_j)$$

由此即得

$$V_1 = e_{n-i} \prod_{1 \leqslant j < i \leqslant n} (a_i - a_j)$$

注　解法 2 还可继续用于计算跳跃 2 行的类 Vandermonde 行列式，我们只需补加 2 行 2 列，此法不再赘述！

(2) 跳跃 Vandermonde 行列式 Ⅱ

形如

Vandermonde 行列式

$$V_2=\begin{vmatrix} a_1 & \cdots & a_{i-1} & a_{i+1} & \cdots & a_n \\ a_1^2 & \cdots & a_{i-1}^2 & a_{i+1}^2 & \cdots & a_n^2 \\ \vdots & & \vdots & \vdots & & \vdots \\ a_1^{n-1} & \cdots & a_{i-1}^{n-1} & a_{i+1}^{n-1} & \cdots & a_n^{n-1} \end{vmatrix}$$

的行列式称为跳跃 Vandermonde 行列式 Ⅱ 的类 Vandermonde 行列式,特征是缺少第 1 行和第 i 列. 于是由化归的思想可给第 1 行全补上 1,第 i 列第 1 个元素补为 1,其余补为 0.

解

$$V_2'=\begin{vmatrix} 1 & \cdots & 1 & 1 & 1 & \cdots & 1 \\ a_1 & \cdots & a_{i-1} & 0 & a_{i+1} & \cdots & a_n \\ a_1^2 & \cdots & a_{i-1}^2 & 0 & a_{i+1}^2 & \cdots & a_n^2 \\ \vdots & & \vdots & \vdots & \vdots & & \vdots \\ a_1^{n-1} & \cdots & a_{i-1}^{n-1} & 0 & a_{i+1}^{n-1} & \cdots & a_n^{n-1} \end{vmatrix}$$

$$=(-1)^{i-1}a_1a_2\cdots a_{i-1}a_{i+1}\cdots a_n\prod_{\substack{1\leqslant j<k\leqslant n\\ j,k\neq i}}(a_k-a_j)$$

$$=(-1)^{1+i}V_2$$

故

$$V_2=a_1a_2\cdots a_{i-1}a_{i+1}\cdots a_n\prod_{\substack{1\leqslant j<k\leqslant n\\ j,k\neq i}}(a_k-a_j)$$

类似跳跃 Vandermonde 行列式 Ⅱ 的一个应用举例:

例 1 已知 $a_1,a_2,\cdots,a_n$ 为互不相同的数,解线性方程组

$$\begin{cases} x_1 + x_2 + \cdots + x_n = 1 \\ (a_1 - a)x_1 + (a_2 - a)x_2 + \cdots + (a_n - a)x_n = t - a \\ \qquad\vdots \\ (a_1^{n-1} - a^{n-1})x_1 + (a_2^{n-1} - a^{n-1})x_2 + \cdots + \\ (a_n^{n-1} - a^{n-1})x_n = t^{n-1} - a^{n-1} \end{cases}$$

解　此方程组的系数行列式为

$$D = \begin{vmatrix} 1 & 1 & \cdots & 1 \\ a_1 - a & a_2 - a & \cdots & a_n - a \\ \vdots & \vdots & & \vdots \\ a_1^{n-1} - a^{n-1} & a_2^{n-1} - a^{n-1} & \cdots & a_n^{n-1} - a^{n-1} \end{vmatrix}$$

$$\xlongequal[i=1,2,\cdots,n-1]{1\text{行}\times a^i + (i+1)\text{行}} \begin{vmatrix} 1 & 1 & \cdots & 1 \\ a_1 & a_2 & \cdots & a_n \\ \vdots & \vdots & & \vdots \\ a_1^{n-1} & a_2^{n-1} & \cdots & a_n^{n-1} \end{vmatrix}$$

$$= \prod_{1 \leqslant j < i \leqslant n} (a_i - a_j)$$

$$D_i = \begin{vmatrix} 1 & \cdots & 1 & 1 & 1 & \cdots & 1 \\ a_1 - a & \cdots & a_{i-1} - a & t - a & a_{i+1} - a & \cdots & a_n - a \\ \vdots & & \vdots & \vdots & \vdots & & \vdots \\ a_1^{n-1} - a^{n-1} & \cdots & a_{i-1}^{n-1} - a^{n-1} & t - a^{n-1} & a_{i+1}^{n-1} - a^{n-1} & \cdots & a_n^{n-1} - a^{n-1} \end{vmatrix}$$

$$= \begin{vmatrix} 1 & \cdots & 1 & 1 & 1 & \cdots & 1 \\ a_1 & \cdots & a_{i-1} & t & a_{i+1} & \cdots & a_n \\ \vdots & & \vdots & \vdots & \vdots & & \vdots \\ a_1^{n-1} & \cdots & a_{i-1}^{n-1} & t^{n-1} & a_{i+1}^{n-1} & \cdots & a_n^{n-1} \end{vmatrix}$$

$$= (t-a_1)(t-a_2)\cdots(t-a_{i-1})\cdot$$

$$(a_{i+1}-t)\cdots(a_n-t)\prod_{\substack{1\leqslant j<k\leqslant n\\ j,k\neq i}}(a_k-a_j)$$

故由 Cramer 法则有

$$x_i = \frac{D_i}{D}$$

$$= \frac{(t-a_1)(t-a_2)\cdots(t-a_{i-1})(a_{i+1}-t)\cdots(a_n-t)}{(a_i-a_1)(a_i-a_2)\cdots(a_i-a_{i-1})(a_{i+1}-a_i)\cdots(a_n-a_i)}$$

$$(i=1,2,\cdots,n)$$

由此题还可知,此方程组的解与 a 的取值无关(可由第一个方程消去).

(3) 类 Vandermonde 行列式的其他方法举例

例 2 求 $V_n = \begin{vmatrix} 1 & 1 & 1 & \cdots & 1 \\ 1 & 2^2 & 3^2 & \cdots & n^2 \\ 1 & 2^3 & 3^3 & \cdots & n^3 \\ \vdots & \vdots & \vdots & & \vdots \\ 1 & 2^n & 3^n & \cdots & n^n \end{vmatrix}$ 的值.

(注意:V_n 不是 Vandermonde 行列式,因为缺少 1 次幂行).

解(行列式的按行展开法) 按 V_n 的第 1 行展开可得

$$V_n = \begin{vmatrix} 2^2 & 3^2 & \cdots & n^2 \\ 2^3 & 3^3 & \cdots & n^3 \\ \vdots & \vdots & & \vdots \\ 2^n & 3^n & \cdots & n^n \end{vmatrix} - \begin{vmatrix} 1 & 3^2 & \cdots & n^2 \\ 1 & 3^3 & \cdots & n^3 \\ \vdots & \vdots & & \vdots \\ 1 & 3^n & \cdots & n^n \end{vmatrix} + \cdots +$$

$$(-1)^{n+1}\begin{vmatrix} 1 & 2^2 & \cdots & (n-1)^2 \\ 1 & 2^3 & \cdots & (n-1)^3 \\ \vdots & \vdots & & \vdots \\ 1 & 2^n & \cdots & (n-1)^n \end{vmatrix}$$

$$= 2^2 \cdot 3^2 \cdot \cdots \cdot n^2 \cdot \begin{vmatrix} 1 & 1 & \cdots & 1 \\ 2 & 3 & \cdots & n \\ \vdots & \vdots & & \vdots \\ 2^{n-2} & 3^{n-2} & \cdots & n^{n-2} \end{vmatrix} -$$

$$1^2 \cdot 3^2 \cdot \cdots \cdot n^2 \cdot \begin{vmatrix} 1 & 1 & \cdots & 1 \\ 1 & 3 & \cdots & n \\ \vdots & \vdots & & \vdots \\ 1 & 3^{n-2} & \cdots & n^{n-2} \end{vmatrix} + \cdots +$$

$$(-1)^{n+1} \cdot 1^2 \cdot 2^2 \cdot \cdots \cdot (n-1)^2 \cdot$$

$$\begin{vmatrix} 1 & 1 & \cdots & 1 \\ 1 & 2 & \cdots & n-1 \\ \vdots & \vdots & & \vdots \\ 1 & 2^{n-2} & \cdots & (n-1)^{n-2} \end{vmatrix}$$

$$= \sum_{i=1}^{n} (-1)^{i+1} \frac{(n!)^2}{i^2} \cdot \begin{vmatrix} 1 & 1 & \cdots & 1 & 1 & \cdots & 1 \\ 1 & 2 & \cdots & i-1 & i+1 & \cdots & n \\ \vdots & \vdots & & \vdots & \vdots & & \vdots \\ 1 & 2^{n-2} & \cdots & (i-1)^{n-2} & (i+1)^{n-2} & \cdots & n^{n-2} \end{vmatrix}$$

$$= \sum_{i=1}^{n} (-1)^{i+1} \frac{(n!)^2}{i^2} \cdot \frac{(n-1)!\,(n-2)!\cdots 2!\cdot 1}{(i-1)!\,(n-i)!}$$

$$= 1!\,2!\cdots n!\left[\binom{n}{1} - \frac{1}{2}\binom{n}{2} + \frac{1}{3}\binom{n}{3} - \cdots + \right.$$

$$(-1)^{n+1}\frac{1}{n}\binom{n}{n}\Big]$$

例 3 计算

$$V_3=\begin{vmatrix} 1 & 1 & \cdots & 1 \\ x_1 & x_2 & \cdots & x_n \\ \vdots & \vdots & & \vdots \\ x_1^{n-2} & x_2^{n-2} & \cdots & x_n^{n-2} \\ x_2x_3\cdots x_n & x_1x_3\cdots x_n & \cdots & x_1x_2\cdots x_{n-1} \end{vmatrix}$$

$$(x_1x_2\cdots x_n\neq 0)$$

解 $V_3=\frac{1}{x_1}\cdot\frac{1}{x_2}\cdot\cdots\cdot\frac{1}{x_n}\cdot$

$$\begin{vmatrix} x_1 & x_2 & \cdots & x_n \\ x_1^2 & x_2^2 & \cdots & x_n^2 \\ \vdots & \vdots & & \vdots \\ x_1^{n-1} & x_2^{n-1} & \cdots & x_n^{n-1} \\ x_1x_2\cdots x_n & x_1x_2\cdots x_n & \cdots & x_1x_2\cdots x_n \end{vmatrix}$$

$$=\begin{vmatrix} x_1 & x_2 & \cdots & x_n \\ x_1^2 & x_2^2 & \cdots & x_n^2 \\ \vdots & \vdots & & \vdots \\ x_1^{n-1} & x_2^{n-1} & \cdots & x_n^{n-1} \\ 1 & 1 & \cdots & 1 \end{vmatrix}$$

$$=(-1)^{\frac{n(n-1)}{2}}\prod_{1\leqslant j<i\leqslant n}(x_i-x_j)$$

例 4　计算

$$V_4=\begin{vmatrix}\sum\limits_{i=1}^{n}1 & \sum\limits_{i=1}^{n}y_i & \cdots & \sum\limits_{i=1}^{n}y_i^{n-1}\\ \sum\limits_{i=1}^{n}x_i & \sum\limits_{i=1}^{n}x_iy_i & \cdots & \sum\limits_{i=1}^{n}x_iy_i^{n-1}\\ \vdots & \vdots & & \vdots\\ \sum\limits_{i=1}^{n}x_i^{n-1} & \sum\limits_{i=1}^{n}x_i^{n-1}y_i & \cdots & \sum\limits_{i=1}^{n}x_i^{n-1}y_i^{n-1}\end{vmatrix}$$

解　由 $|\boldsymbol{AB}|=|\boldsymbol{A}||\boldsymbol{B}|$ 知

$$V_4=\begin{vmatrix}1 & 1 & \cdots & 1\\ \vdots & \vdots & & \vdots\\ x_1 & x_2 & \cdots & x_n\\ x_1^{n-1} & x_2^{n-1} & \cdots & x_n^{n-1}\end{vmatrix}\cdot\begin{vmatrix}1 & y_1 & \cdots & y_1^{n-1}\\ 1 & y_2 & \cdots & y_2^{n-1}\\ \vdots & \vdots & & \vdots\\ 1 & y_n & \cdots & y_n^{n-1}\end{vmatrix}$$

$$=\prod_{1\leqslant j<i\leqslant n}(x_i-x_j)(y_i-y_j)$$

综上所述，我们在做类 Vandermonde 行列式的计算时主要遵循化归原则，在综合利用以上方法的基础上把类 Vandermonde 行列式化为 Vandermonde 行列式，从而使问题得到解决.

参考文献

[1] 北京大学数学几何与代数教研室代数小组. 高等代数[M]. 2 版. 北京：高等教育出版社，2003.

[2] 张禾瑞，郝钢新. 高等代数[M]. 3 版. 北京：高等教育出版社，1983.

一类广义 Vandermonde 行列式的计算①

第 14 章

行列式在早期主要用于线性方程组的求解，随着行列式应用领域的不断扩大，行列式理论的应用不仅在矩阵论、多重积分中得到发展，而且大量应用于求解天体运动中的微分方程组，同时，Vandermonde 行列式也日益在数值计算、数值逼近等自然科学及工程技术领域的许多问题中有着非常广泛的应用. 商丘师范学院数学系的任磊，内江师范学院物理与电子信息工程学院的马耀庭两位教授 2009 年讨论了一类推广的 Vandermonde 行列式，并给出了它们的计算公式.

---

① 摘编自《内江师范学院学报》，2008，24(2)：15-16.

1. **预备知识**

引理 1[1]　设

$$L_m = \sum_{1 \leqslant j_1 < j_2 < \cdots < j_k \leqslant n} a_{j_1} a_{j_2} \cdots a_{j_k}$$

其中，$a_{j_1}, a_{j_2}, \cdots, a_{j_k}$ 是 $a_1, a_2, \cdots, a_n$ 中所有不同的 k 个数；且

$$L_h = \sum_{1 \leqslant h_1 < h_2 < \cdots < h_k \leqslant n} a_{h_1} a_{h_2} \cdots a_{h_k}$$

其中，$a_{h_1}, a_{h_2}, \cdots, a_{h_k}$ 是 $a_1, a_2, \cdots, a_n, x$ 中所有不同的 k 个数，则有 $L_h = L_m + L_{m-1}x$.

引理 2[2-3]　行列式

$$D = \begin{vmatrix} 1 & 1 & \cdots & 1 \\ a_1 & a_2 & \cdots & a_n \\ a_1^2 & a_2^2 & \cdots & a_n^2 \\ \vdots & \vdots & & \vdots \\ a_1^{n-1} & a_2^{n-1} & \cdots & a_n^{n-1} \end{vmatrix}$$

$$= \begin{vmatrix} 1 & a_1 & a_1^2 & \cdots & a_1^{n-1} \\ 1 & a_2 & a_2^2 & \cdots & a_2^{n-1} \\ \vdots & \vdots & \vdots & & \vdots \\ 1 & a_n & a_n^2 & \cdots & a_n^{n-1} \end{vmatrix}$$

称为 n 阶 Vandermonde 行列式，且有

Vandermonde 行列式

$$D=\begin{vmatrix}1 & 1 & \cdots & 1\\ a_1 & a_2 & \cdots & a_n\\ a_1^2 & a_2^2 & \cdots & a_n^2\\ \vdots & \vdots & & \vdots\\ a_1^{n-1} & a_2^{n-1} & \cdots & a_n^{n-1}\end{vmatrix}$$

$$=\begin{vmatrix}1 & a_1 & a_1^2 & \cdots & a_1^{n-1}\\ 1 & a_2 & a_2^2 & \cdots & a_2^{n-1}\\ \vdots & \vdots & \vdots & & \vdots\\ 1 & a_n & a_n^2 & \cdots & a_n^{n-1}\end{vmatrix}$$

$$=\prod_{1\leqslant j<i\leqslant n}(a_i-a_j)$$

2. **主要结论**

定理1 缺少第1列和第k行的广义 Vandermonde 行列式的计算公式如下

$$D_1=\begin{vmatrix}a_1 & a_1^2 & \cdots & a_1^{n-1}\\ \vdots & \vdots & & \vdots\\ a_{k-1} & a_{k-1}^2 & \cdots & a_{k-1}^{n-1}\\ a_{k+1} & a_{k+1}^2 & \cdots & a_{k+1}^{n-1}\\ \vdots & \vdots & & \vdots\\ a_n & a_n^2 & \cdots & a_n^{n-1}\end{vmatrix}$$

$$=(a_1a_2\cdots a_{k-1}a_{k+1}\cdots a_n)\prod_{\substack{1\leqslant j<i\leqslant n\\ j,i\neq k}}(a_i-a_j)$$

证明 在行列式D_1的第1列、第k行(除了第k行第1列)分别补上元素1和0得

$$D_2=\begin{vmatrix}1 & a_1 & a_1^2 & \cdots & a_1^{n-1}\\ \vdots & \vdots & \vdots & & \vdots\\ 1 & a_{k-1} & a_{k-1}^2 & \cdots & a_{k-1}^{n-1}\\ 1 & 0 & 0 & \cdots & 0\\ 1 & a_{k+1} & a_{k+1}^2 & \cdots & a_{k+1}^{n-1}\\ \vdots & \vdots & \vdots & & \vdots\\ 1 & a_n & a_n^2 & \cdots & a_n^{n-1}\end{vmatrix}$$

故 D_2 是关于 $a_1,a_2,\cdots,a_n,0$ 的 $n+1$ 阶 Vandermonde 行列式. 由 Laplace 定理及 Vieta 定理[4] 可得

$$\begin{aligned}D_2&=(-1)^{k-1}(a_1a_2\cdots a_{k-1}a_{k+1}\cdots a_n)\prod_{\substack{1\leqslant j<i\leqslant n\\ j,i\neq k}}(a_i-a_j)\\ &=(-1)^{k+1}D_1\end{aligned}$$

所以

$$D_1=(a_1a_2\cdots a_{k-1}a_{k+1}\cdots a_n)\prod_{\substack{1\leqslant j<i\leqslant n\\ j,i\neq k}}(a_i-a_j)$$

定理 2　缺少第 k 行的广义 Vandermonde 行列式的计算公式如下

$$D_3=\begin{vmatrix}1 & 1 & 1 & \cdots & 1\\ a_1 & a_2 & a_3 & \cdots & a_n\\ a_1^2 & a_2^2 & a_3^2 & \cdots & a_n^2\\ \vdots & \vdots & \vdots & & \vdots\\ a_1^{k-1} & a_2^{k-1} & a_3^{k-1} & \cdots & a_n^{k-1}\\ a_1^{k+1} & a_2^{k+1} & a_3^{k+1} & \cdots & a_n^{k+1}\\ \vdots & \vdots & \vdots & & \vdots\\ a_1^n & a_2^n & a_3^n & \cdots & a_n^n\end{vmatrix}$$

$$= \sum_{1 \leqslant a_1 < a_2 < \cdots < a_n \leqslant n_1} a_1 a_2 \cdots a_{n-k} \prod_{1 \leqslant j < i \leqslant n} (a_i - a_j)$$

其中，$a_1, a_2, \cdots, a_{n-k}$ 是 $a_1, a_2, \cdots, a_n$ 中所有不同的 $n-k$ 个数.

证明 行列式 D_3 分别加上第 k 行、第 $n+1$ 列可得

$$D_4 = \begin{vmatrix} 1 & 1 & 1 & \cdots & 1 & 1 \\ a_1 & a_2 & a_3 & \cdots & a_n & x \\ a_1^2 & a_2^2 & a_3^2 & \cdots & a_n^2 & x^2 \\ \vdots & \vdots & \vdots & & \vdots & \vdots \\ a_1^{k-1} & a_2^{k-1} & a_3^{k-1} & \cdots & a_n^{k-1} & x^{k-1} \\ a_1^k & a_2^k & a_3^k & \cdots & a_n^k & x^k \\ a_1^{k+1} & a_2^{k+1} & a_3^{k+1} & \cdots & a_n^{k+1} & x^{k+1} \\ \vdots & \vdots & \vdots & & \vdots & \vdots \\ a_1^n & a_2^n & a_3^n & \cdots & a_n^n & x^n \end{vmatrix}$$

D_4 为 $n+1$ 阶 Vandermonde 行列式，所以，由引理 2 可得

$$\begin{aligned} D_4 &= (x - a_1)(x - a_2)\cdots(x - a_n) \prod_{1 \leqslant j < i \leqslant n} (a_i - a_j) \\ &= [x^n + (-1)L_1 x^{n-1} + (-1)^2 L_2 x^{n-2} + \\ &\quad (-1)^3 L_3 x^{n-3} + \cdots + (-1)^{n-2} L_{n-2} x^2 + \\ &\quad (-1)^{n-1} L_{n-1} x + (-1)^n L_n] \prod_{1 \leqslant j < i \leqslant n} (a_i - a_j) \end{aligned}$$

由引理 1，$L_m = \sum_{1 \leqslant j_1 < j_2 < \cdots < j_k \leqslant n} a_{j_1} a_{j_2} \cdots a_{j_k}, k = 1, 2, \cdots, n$. 从上式可得 x^k 的系数为

$$(-1)^{n-k} L_{n-k} \prod_{1 \leqslant j < i \leqslant n} (a_i - a_j)$$

由 Laplace 定理，将行列式 D_4 按最后一列展开，可得 x^k 的系数为 $(-1)^{(n+1)+(k+1)}D_3$. 所以有

$$(-1)^{n-k}L_{n-k}\prod_{1\leqslant j<i\leqslant n}(a_i-a_j)=(-1)^{(n+1)+(k+1)}D_3$$

故

$$\begin{aligned}D_3&=L_{n-k}\prod_{1\leqslant j<i\leqslant n}(a_i-a_j)\\&=\sum_{1\leqslant a_1<a_2<\cdots<a_n\leqslant n_1}a_1a_2\cdots a_{n-k}\prod_{1\leqslant j<i\leqslant n}(a_i-a_j)\end{aligned}$$

其中，$a_1,a_2,\cdots,a_{n-k}$ 是 $a_1,a_2,\cdots,a_n$ 中所有不同的 $n-k$ 个数.

参考文献

[1] 苏翃，邱利琼，田坚. 二类广义 Vandermonde 行列式的计算[J]. 大学数学，2008，24(1)：135-137.

[2] 王萼芳，石生明. 高等代数[M]. 3 版. 北京：高等教育出版社，2003：79-81.

[3] 丘维声. 高等代数：上册[M]. 2 版. 北京：高等教育出版社，2002：41-42.

[4] 袁旭华，杨海文，赵耀锋. 几种类 Vandermonde 行列式的计算[J]. 延安大学学报：自然科学版，2006，25(1)：13-16.

第 4 编

Vandermonde 行列式的应用

从 Lagrange 插值法到 Vandermonde 行列式

第 15 章

据公众号“马同学图解数学”(2017-11-21)介绍:除了著名的 Newton 插值法,还有另外一种插值法,叫作 Lagrange 插值法,我们来看看它是怎么推导的?

§1 Lagrange 插值法

比如说,已知下面这几个点,我们想找到一根穿过它们的曲线(图 1).

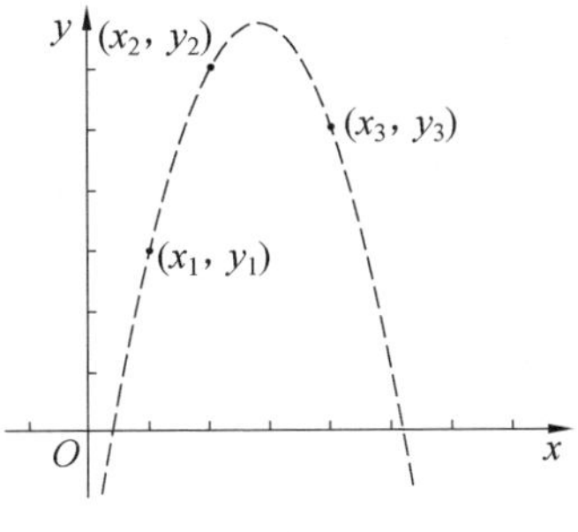

图 1

使用多项式画出这根曲线是完全可行的，关于这一点可以参看“如何理解 Taylor 公式?”一文.

我们可以合理地假设这根曲线是一个二次多项式

$$y=a_0+a_1x+a_2x^2$$

这是因为有三个已知的点，可以通过下列方程组解出这个二次多项式：

$$\begin{cases} y_1=a_0+a_1x_1+a_2x_1^2 \\ y_2=a_0+a_1x_2+a_2x_2^2 \\ y_3=a_0+a_1x_3+a_2x_3^2 \end{cases}$$

不过这里我们不打算通过解方程组来得到这根二次曲线，而是来看看 Lagrange 是怎么解出这根曲线的.

1. Lagrange **的思考**

Lagrange 可能是这么思考的：

首先，肯定得是二次曲线，这个之前我们就已经说明过了.

其次，Lagrange 认为可以通过三根二次曲线相加来达到目标. 那么这是怎样的三根二次曲线呢?

第一根曲线 $f_1(x)$，在点 x_1 处，取值为 1，在其余两点处，取值为 0(图 2).

为什么这么做? 看下去就知道了.

第二根曲线 $f_2(x)$，在点 x_2 处，取值为 1，在其余两点处，取值为 0(图 3).

第三根曲线 $f_3(x)$，在点 x_3 处，取值为 1，在其余两点处，取值为 0(图 4).

这三根曲线就是 Lagrange 需要的，我们来看看为什么.

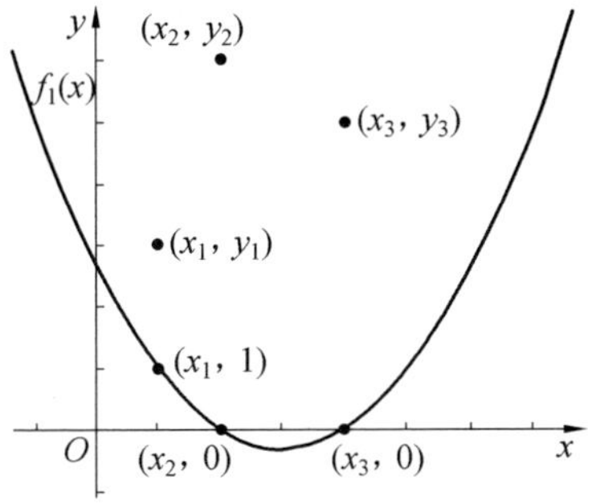

y
(x_2, y_2)
$f_1(x)$
(x_3, y_3)
(x_1, y_1)
$(x_1, 1)$
O
$(x_2, 0)$
$(x_3, 0)$
x

图 2

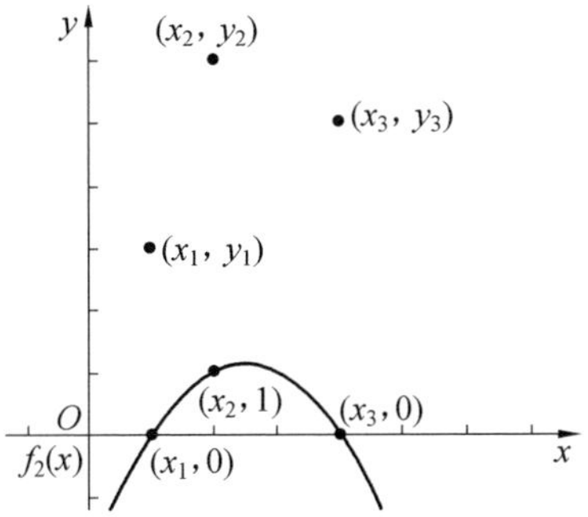

y
(x_2, y_2)
(x_3, y_3)
(x_1, y_1)
$(x_2, 1)$
$(x_3, 0)$
O
$f_2(x)$
$(x_1, 0)$
x

图 3

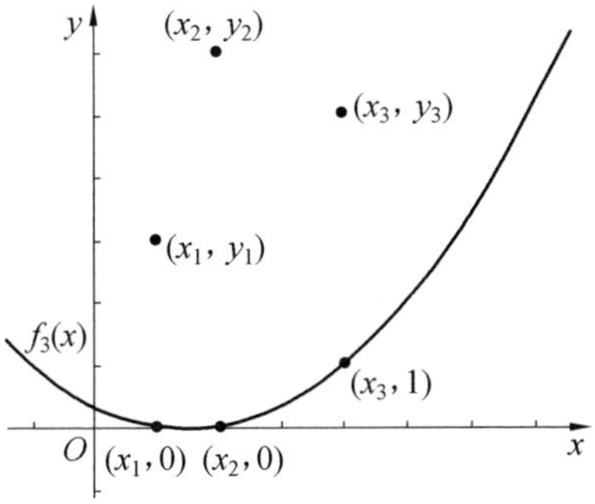

y
(x_2, y_2)
(x_3, y_3)
(x_1, y_1)
$f_3(x)$
$(x_3, 1)$
O
$(x_1, 0)$
$(x_2, 0)$
x

图 4

(1) $y_1 f_1(x)$ 可以保证,在点 x_1 处,取值为 y_1,在其余两点处,取值为 0.

(2) $y_2 f_2(x)$ 可以保证,在点 x_2 处,取值为 y_2,在其余两点处,取值为 0.

(3) $y_3 f_3(x)$ 可以保证,在点 x_3 处,取值为 y_3,在其余两点处,取值为 0.

那么

$$f(x)=y_1 f_1(x)+y_2 f_2(x)+y_3 f_3(x)$$

可以一一穿过这三个点,我们来看看(图 5):

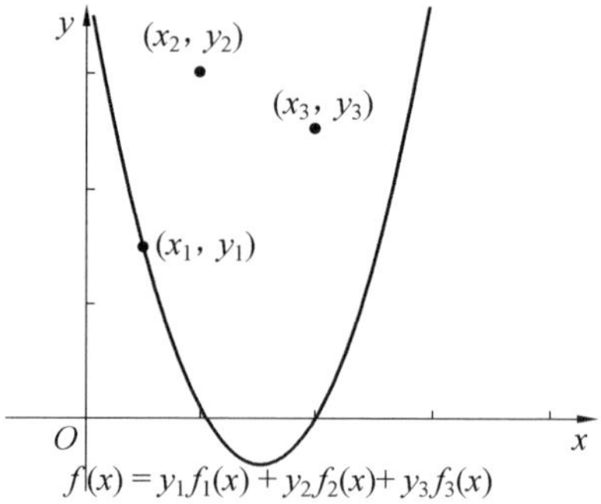

图 5

Lagrange 说:“看,这三根曲线就可以组成我们在寻找的曲线(图 6).”

真的是非常精彩的思考啊!

2. 插值法的推导

到了严格化的时候了,我们用符号来表示 $f_i(x_j)$,$i=1,2,3;j=1,2,3$.

首先,f_i 必须是二次函数.

其次,需要满足条件

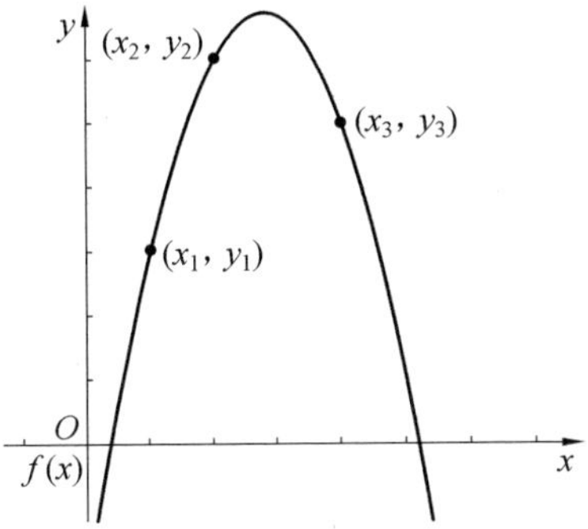

图 6

$$f_i(x_j)=\begin{cases}1, i=j\\0, i\neq j\end{cases}$$

那么,如下构造 $f_1(x)$ 很显然可以满足上述条件(代值进去就可以验算):

$$f_1(x)=\frac{(x-x_2)(x-x_3)}{(x_1-x_2)(x_1-x_3)}$$

更一般的有

$$f_i(x)=\prod_{j\neq i}^{1\leqslant j\leqslant 3}\frac{x-x_j}{x_i-x_j}$$

因此,最终我们得到

$$f(x)=\sum_{i=1}^{3}y_i f_i(x)$$

这就是 Lagrange 插值法. 将上面的思路推广到更多点的插值也非常容易.

Newton 插值法也是多项式插值法,Lagrange 插值法也是多项式插值法,那么,两者得到的多项式是否是同一个多项式?

§2 Lagrange 插值法、Newton 插值法、Vandermonde 行列式

要回答刚才提出的问题，得看看我们最早提出的方程组怎么解.

$$\begin{cases} y_1 = a_0 + a_1 x_1 + a_2 x_1^2 \\ y_2 = a_0 + a_1 x_2 + a_2 x_2^2 \\ y_3 = a_0 + a_1 x_3 + a_2 x_3^2 \end{cases}$$

(x_1, y_1)，(x_2, y_2)，(x_3, y_3)这三个点是已知的，所以上面实际是一个线性方程组

$$\underbrace{\begin{pmatrix} y_1 \\ y_2 \\ y_3 \end{pmatrix}}_{\boldsymbol{y}} = \underbrace{\begin{pmatrix} 1 & x_1 & x_1^2 \\ 1 & x_2 & x_2^2 \\ 1 & x_3 & x_3^2 \end{pmatrix}}_{\boldsymbol{A}} = \underbrace{\begin{pmatrix} a_0 \\ a_1 \\ a_2 \end{pmatrix}}_{\boldsymbol{a}}$$

简写就是

$$\boldsymbol{y} = \boldsymbol{A}\boldsymbol{a}$$

$\boldsymbol{A}$ 就是所谓的 Vandermonde 矩阵，$|\boldsymbol{A}|$ 自然就是 Vandermonde 行列式.

根据矩阵与线性方程组解的关系，如果$|\boldsymbol{A}| \neq 0$，那么此方程组就只有唯一的解，自然 Newton 插值法、Lagrange 插值法得到的就是同一根多项式曲线.

求一下$|\boldsymbol{A}| \neq 0$，先作变换 $r_2 - r_1$，$r_3 - r_1$（r_1 表示第一行，依此类推. 这么做是不会改变行列式的值的），得到

$$|\boldsymbol{A}|=\begin{vmatrix}1 & x_1 & x_1^2\\ 0 & x_2-x_1 & x_2^2-x_1^2\\ 0 & x_3-x_1 & x_3^2-x_1^2\end{vmatrix}$$

$$=\begin{vmatrix}x_2-x_1 & x_2^2-x_1^2\\ x_3-x_1 & x_3^2-x_1^2\end{vmatrix}$$

$$=(x_3-x_1)(x_3-x_2)(x_2-x_1)$$

从给出的三个点来看，x_1,x_2,x_3 都不相等，所以 $|\boldsymbol{A}|\neq 0$.

所以，Newton 插值法、Lagrange 插值法得到的是同一根多项式曲线.

Vandermonde 行列式在表一类线性方程组的解的公式中的应用①

第 16 章

在等距插值以及有关体积的问题中，需要求解一类线性方程组

$$\boldsymbol{V}_m \boldsymbol{x} = \boldsymbol{c} \tag{1}$$

式中

$$\boldsymbol{x} = \begin{pmatrix} x_0 \\ x_1 \\ \vdots \\ x_N \end{pmatrix}, \boldsymbol{c} = \begin{pmatrix} c_0 \\ c_1 \\ \vdots \\ c_N \end{pmatrix}$$

$$\boldsymbol{V}_m = \begin{pmatrix} 1 & 1 & 1 & \cdots & 1 \\ m & m+1 & m+2 & \cdots & m+N \\ m^2 & (m+1)^2 & (m+2)^2 & \cdots & (m+N)^2 \\ \vdots & \vdots & \vdots & & \vdots \\ m^N & (m+1)^N & (m+2)^N & \cdots & (m+N)^N \end{pmatrix} \tag{2}$$

---

① 摘编自《数学的实践与认识》,1979(4):1-8.

当 $m=0$ 时,相应的方程组(1)就是文[1]所讨论的方程组. 而文[2]所讨论的方程组就是(1)的转置方程组

$$\boldsymbol{V}'_m\boldsymbol{y}=\boldsymbol{c} \tag{1'}$$

当 $m=1$ 时的特殊情形. 文[2]提供了把(1′)化为三角形方程组的结果,但没有给出解的公式.

广西大学的张肇濠教授在文[1]的基础上,引进了递差方阵 $\boldsymbol{D}$,给出了 Vandermonde 型阵 $\boldsymbol{V}_m$ 的逆阵的显示式,从而得到了方程组(1)(1′)的可供直接计算的用三角阵表示的解的公式. 此外,还得到了包括文[2]的化(1′)为三角形方程组的结果.

1. 递差方阵

多项式 $f(x)$ 的 N 级差分可用下式计算:

$$\begin{aligned}\Delta^N f(x) &= f(x+N)-\mathrm{C}_N^1 f(x+N-1)+\cdots+\\&\quad(-1)^N\mathrm{C}_N^N f(x)\\&=\sum_{j=0}^{N}(-1)^j\mathrm{C}_N^j f(x+N-j)\end{aligned} \tag{3}$$

特别地

$$\begin{aligned}\Delta^N f(0) &= \sum_{j=0}^{N}(-1)^j\mathrm{C}_N^j f(N-j)\\&=\sum_{j=0}^{N}(-1)^{N-j}\mathrm{C}_N^j f(j)\end{aligned} \tag{4}$$

引入递差方阵 $\boldsymbol{D}$,即

$$\boldsymbol{D}=\begin{pmatrix}\mathrm{C}_0^0 & & & & \\ -\mathrm{C}_1^0 & \mathrm{C}_1^1 & & & \\ \mathrm{C}_2^0 & -\mathrm{C}_2^1 & \mathrm{C}_2^2 & & \\ \vdots & \vdots & \vdots & \ddots & \\ (-1)^N\mathrm{C}_N^0 & (-1)^{N-1}\mathrm{C}_N^1 & (-1)^{N-2}\mathrm{C}_N^2 & \cdots & \mathrm{C}_N^N\end{pmatrix} \tag{5}$$

方阵中空白处表示相应的元素取零值,以后同此. 根据差分式(3)、递差方阵的定义(5),容易验证下面的一些性质.

引理 1(递差性)　设$f(x)$为多项式,则

$$\boldsymbol{D}\begin{pmatrix} f(0) \\ f(1) \\ \vdots \\ f(N) \end{pmatrix} = \begin{pmatrix} f(0) \\ \Delta f(0) \\ \vdots \\ \Delta^N f(0) \end{pmatrix} \tag{6}$$

如果记$f_l^{(m)}(x)=(x+m)^l$,则更有

$$\boldsymbol{D}\boldsymbol{V}'_m = \begin{pmatrix} f_0^{(m)}(0) & f_1^{(m)}(0) & \cdots & f_N^{(m)}(0) \\ & \Delta f_1^{(m)}(0) & \cdots & \Delta f_N^{(m)}(0) \\ & & \ddots & \vdots \\ & & & \Delta^N f_N^{(m)}(0) \end{pmatrix} \tag{7}$$

引理 2　对于正整数$m,n(m\geqslant n)$,有

$$\boldsymbol{D}\boldsymbol{V}_m=\boldsymbol{V}_{m-1},\boldsymbol{D}^n\boldsymbol{V}_m=\boldsymbol{V}_{m-n} \tag{8}$$

根据熟知的关系式

$$\sum_{j=l}^{k}(-1)^{k-j}\mathrm{C}_k^j\mathrm{C}_j^l=\begin{cases}0,l<k\\1,l=k\end{cases} \tag{9}$$

即可导出:

引理 3(递差方阵的逆阵)

$$\boldsymbol{D}^{-1}=\begin{pmatrix} \mathrm{C}_0^0 & & & & \\ \mathrm{C}_1^0 & \mathrm{C}_1^1 & & & \\ \mathrm{C}_2^0 & \mathrm{C}_2^1 & \mathrm{C}_2^2 & & \\ \vdots & \vdots & \vdots & \ddots & \\ \mathrm{C}_N^0 & \mathrm{C}_N^1 & \mathrm{C}_N^2 & \cdots & \mathrm{C}_N^N \end{pmatrix} \tag{10}$$

2. $\boldsymbol{V}_m$ 的逆方阵，解的公式

引入多项式

$$\begin{cases}p^{(0)}(x)=1\\ p^{(k)}(x)=x(x-1)\cdots(x-k+1)\\ \qquad\qquad =a_{k1}x+a_{k2}x^2+\cdots+a_{kk}x^k,k=1,2,\cdots\end{cases}\tag{11}$$

式中系数 a_{kl} 可由下面的递推关系依次算出

$$\begin{cases}a_{k0}=0,a_{kk}=1,k=1,2,\cdots\\ a_{kl}=-(k-1)a_{k-1,l}+a_{k-1,l-1},1\leqslant l<k\leqslant N\end{cases}\tag{12}$$

现在构造 $N+1$ 阶下三角阵

$$\boldsymbol{T}=\left(\begin{array}{c|cccc}1 & & & & \\ \hline & a_{11} & & & \\ & a_{21} & a_{22} & & \\ & \vdots & \vdots & \ddots & \\ & a_{N1} & a_{N2} & \cdots & a_{NN}\end{array}\right)$$

$$=\left[\begin{array}{c|cccccc}1 & & & & & & \\ \hline & 1 & & & & & \\ & -1 & 1 & & & & \\ & 2 & -3 & 1 & & & \\ & -6 & 11 & -6 & 1 & & \\ & \vdots & \vdots & \vdots & \vdots & \ddots & \\ & a_{N1} & a_{N2} & a_{N3} & a_{N4} & \cdots & 1\end{array}\right]\tag{13}$$

方阵 $\boldsymbol{T}$ 中的元素就是多项式 $p^{(k)}(x)$ 的系数.

现将方阵 $\boldsymbol{T}$ 左乘 $\boldsymbol{V}_m$，其积记为 $\boldsymbol{W}_m$，即

$$\boldsymbol{W}_m=(w_{kl}^{(m)})=\boldsymbol{TV}_m\quad(m=0,1,2,\cdots)\tag{14}$$

式中

$$\begin{aligned}w_{kl}^{(m)}&=a_{k1}(m+l)+a_{k2}(m+l)^2+\cdots+a_{kk}(m+l)^k\\&=p^{(k)}(m+l)\quad(k,l=0,1,2,\cdots,N)\end{aligned}\tag{15}$$

由于当 $k>m+l$ 时，$p^{(k)}(m+l)=0$，而当 $k\leqslant m+l$ 时，

$p^{(k)}(m+l)=\mathrm{P}_{m+l}^{k}$，这里，$\mathrm{P}_r^s$ 表示从 r 个不同物件中取 s 个的排列数，所以，当 $m<N$ 时，方阵 $\boldsymbol{W}_m$ 中，位于主对角线下方的，从第 $m+1$ 条对角线开始的所有元素均取零值，其形状为

$$\underset{(m<N)}{\boldsymbol{W}_m}=\begin{pmatrix} 1 & 1 & 1 & \cdots & 1 & 1 \\ \mathrm{P}_m^1 & \mathrm{P}_{m+1}^1 & \mathrm{P}_{m+2}^1 & \cdots & \mathrm{P}_{m+N-1}^1 & \mathrm{P}_{m+N}^1 \\ \mathrm{P}_m^2 & \mathrm{P}_{m+1}^2 & \mathrm{P}_{m+2}^2 & \cdots & \mathrm{P}_{m+N-1}^2 & \mathrm{P}_{m+N}^2 \\ \vdots & \vdots & \vdots & & \vdots & \vdots \\ \mathrm{P}_m^m & \mathrm{P}_{m+1}^m & \mathrm{P}_{m+2}^m & \cdots & \mathrm{P}_{m+N-1}^m & \mathrm{P}_{m+N}^m \\ \vdots & \vdots & \vdots & & \vdots & \vdots \\ 0 & 0 & 0 & \cdots & \mathrm{P}_{m+N-1}^N & \mathrm{P}_{m+N}^N \end{pmatrix} \tag{16}$$

在后面将 $\boldsymbol{W}_m$ 对角化的过程中需要应用如下的引理.

引理 4 当 $0\leqslant r\leqslant \min(k,l)$ 时

$$\sum_{j=0}^{r}(-1)^{k-j}\mathrm{P}_k^{k-j}\mathrm{P}_{l+1}^{j}=(-1)^{k-r}\mathrm{P}_k^{k-r}\mathrm{P}_l^{r} \tag{17}$$

证明 根据

$$\mathrm{P}_{l+1}^{j}=j\mathrm{P}_l^{j-1}+\mathrm{P}_l^{j}\quad (j=0,1,2,\cdots)$$

这里，当 $j=0$ 时，右端的第一项理解为零. 于是

$$\begin{aligned}&(-1)^{k-j}\mathrm{P}_k^{k-j}\mathrm{P}_{l+1}^{j}\\ =&(-1)^{k-j}\mathrm{P}_k^{k-j}(j\mathrm{P}_l^{j-1})+(-1)^{k-j}\mathrm{P}_k^{k-j}\mathrm{P}_l^{j}\\ =&-(-1)^{k-(j-1)}\mathrm{P}_k^{k-(j-1)}\mathrm{P}_l^{j-1}+(-1)^{k-j}\mathrm{P}_k^{k-j}\mathrm{P}_l^{j}\end{aligned}$$

将这个式子从 0 到 r 求和，并注意到右端第一项在 $j=0$ 时理解为零，便得到(17). 证毕.

引进 $N+1$ 阶方阵 $\boldsymbol{R}$ 与对角阵 $\boldsymbol{Q}$ 如下

$$\boldsymbol{R}=\begin{pmatrix} \mathrm{P}_0^0 & & & & \\ -\mathrm{P}_1^1 & \mathrm{P}_1^0 & & & \\ \mathrm{P}_2^2 & -\mathrm{P}_2^1 & \mathrm{P}_2^0 & & \\ \vdots & \vdots & \vdots & \ddots & \\ (-1)^N\mathrm{P}_N^N & (-1)^{N-1}\mathrm{P}_N^{N-1} & (-1)^{N-2}\mathrm{P}_N^{N-2} & \cdots & \mathrm{P}_N^0 \end{pmatrix} \tag{18}$$

$$\boldsymbol{Q}=\begin{pmatrix} 0! & & & & \\ & 1! & & & \\ & & 2! & & \\ & & & \ddots & \\ & & & & N! \end{pmatrix} \tag{19}$$

引理 5　设 m 为正整数,则

$$\boldsymbol{R}^m\boldsymbol{W}_m=\boldsymbol{W}_0 \tag{20}$$

式中的 $\boldsymbol{W}_m,\boldsymbol{W}_0,\boldsymbol{R}$ 分别由(14)(15)(18)表示.

证明　将方阵 $\boldsymbol{R}$ 左乘 $\boldsymbol{W}_m$,$\boldsymbol{R}$ 中位于第 k 行第 j 列的元素 $r_{kj}=(-1)^{k-j}\mathrm{P}_k^{k-j}$,当 $k<j$ 时,P_k^{k-j} 理解为零,由(17),即可推出 $\boldsymbol{R}\boldsymbol{W}_m$ 中位于第 k 行第 l 列的元素为

$$\begin{aligned}\sum_{j=0}^{N} r_{kj}w_{jl}^{(m)} &= \sum_{j=0}^{k}(-1)^{k-j}\mathrm{P}_k^{k-j}\mathrm{P}_{m+l}^{j} \\ &= (-1)^{k-k}\mathrm{P}_k^{k-k}\mathrm{P}_{m+l-1}^{k} \\ &= \mathrm{P}_{m+l-1}^{k} = w_{kl}^{(m-1)}\end{aligned}$$

这表明 $\boldsymbol{R}\boldsymbol{W}_m=\boldsymbol{W}_{m-1}$,从而有 $\boldsymbol{R}^m\boldsymbol{W}_m=\boldsymbol{W}_0$. 证毕.

定理 1　由(2)表示的 Vandermonde 型阵 $\boldsymbol{V}_m$ 的逆阵可表示为

$$\boldsymbol{V}_m^{-1}=(\boldsymbol{D}'\boldsymbol{Q}^{-1})(\boldsymbol{R}^m\boldsymbol{T}) \tag{21}$$

$$=(\boldsymbol{D}'\boldsymbol{Q}^{-1})(\boldsymbol{T}\boldsymbol{D}^{m}) \tag{22}$$

式中 $\boldsymbol{D},\boldsymbol{T},\boldsymbol{R},\boldsymbol{Q}$ 分别由(5)(13)(18)(19)给出.

证明 从(16)(19)(10)立即得到

$$\boldsymbol{Q}^{-1}\boldsymbol{W}_0=(\boldsymbol{D}^{-1})' \tag{23}$$

由(20)及(14),有

$$\boldsymbol{W}_0=\boldsymbol{R}^m\boldsymbol{W}_m=\boldsymbol{R}^m\boldsymbol{T}\boldsymbol{V}_m \tag{24}$$

综合(23)(24)即导出(21).

再由(8),有 $\boldsymbol{D}^m\boldsymbol{V}_m=\boldsymbol{V}_0$,所以,$\boldsymbol{T}(\boldsymbol{D}^m\boldsymbol{V}_m)=\boldsymbol{T}\boldsymbol{V}_0=\boldsymbol{W}_0$. 另外,(20)又给出 $\boldsymbol{R}^m\boldsymbol{W}_m=\boldsymbol{R}^m\boldsymbol{T}\boldsymbol{V}_m=\boldsymbol{W}_0$. 比较这两个关系,即导出 $\boldsymbol{T}\boldsymbol{D}^m=\boldsymbol{R}^m\boldsymbol{T}$,这就证明了(22). 证毕.

定理 2 线性方程组(1)(1′)的解可以分别表示为

$$\boldsymbol{x}=(\boldsymbol{D}'\boldsymbol{Q}^{-1})(\boldsymbol{T}\boldsymbol{D}^{m})\boldsymbol{c} \tag{25}$$

$$\boldsymbol{y}=(\boldsymbol{T}\boldsymbol{D}^{m})'(\boldsymbol{Q}^{-1}\boldsymbol{D})\boldsymbol{c} \tag{26}$$

此定理是定理 1 的直接结果. 需要指出的是,利用(6),转置方程组(1′)的解(26)可写成

$$\boldsymbol{y}=(\boldsymbol{T}\boldsymbol{D}^{m})'\begin{pmatrix} c_0 \\ \dfrac{\Delta c_0}{1!} \\ \vdots \\ \dfrac{\Delta^N c_0}{N!}\end{pmatrix}\quad (m=0,1,2,\cdots) \tag{27}$$

当 $m=0,1$ 时,使用公式(25)(26)(27)计算解是相当方便的. 但当 m 很大时,涉及计算递差方阵 $\boldsymbol{D}$ 的 m 次幂的问题. 对于转置方程组(1′),我们宁愿采用下面的化为三角形方程组的方法.

3. 化转置方程组(1′)为三角形方程组

定理 3　转置方程组(1′)等价于三角形方程组

$$\boldsymbol{\Gamma}_m \boldsymbol{y}=\begin{pmatrix} c_0 \\ \dfrac{\Delta c_0}{1!} \\ \vdots \\ \dfrac{\Delta^N c_0}{N!} \end{pmatrix} \tag{28}$$

式中 $\boldsymbol{\Gamma}_m$ 是一个上三角阵,它的元素 $r_{kl}^{(m)}$ 可用下面的递推公式逐行依次确定

$$\begin{cases} r_{0l}^{(m)}=m^l, l=0,1,\cdots,N \\ r_{kl}^{(m)}=0, k>l\geqslant 0 \\ r_{k,l+1}^{(m)}=(m+k)r_{kl}^{(m)}+r_{k-1,l}^{(m)}, 1\leqslant k,l \end{cases} \tag{29}$$

证明　利用(7),在转置方程组(1′)的两端左乘上方阵$(\boldsymbol{Q}^{-1}\boldsymbol{D})$,并记

$$\boldsymbol{\Gamma}_m=(\boldsymbol{Q}^{-1}\boldsymbol{D})\boldsymbol{V}'_m \tag{30}$$

即可肯定(28)与(1′)等价. 下面证明三角阵 $\boldsymbol{\Gamma}_m$ 的元素满足递推公式(29).

由(7)(19)(30)有

$$r_{kl}^{(m)}=\frac{\Delta^k f_l^{(m)}(0)}{k!}\quad (k,l=0,1,\cdots,N)$$

由于

$$f_l^{(m)}(x)=(x+m)^l$$

递推公式(29)就化为等式

$$\Delta^k f_{l+1}^{(m)}(0)=(m+k)\Delta^k f_l^{(m)}(0)+k\Delta^{k-1}f_l^{(m)}(0) \tag{31}$$

利用关系

$$jC_k^j = kC_{k-1}^{j-1}$$

有

$$\begin{aligned}
&(m+k)\Delta^k f_l^{(m)}(0) - \Delta^k f_{l+1}^{(m)}(0)\\
=&\sum_{j=1}^{k}(-1)^j jC_k^j(m+k-j)^l\\
=&-\sum_{j=1}^{k}(-1)^{j-1}kC_{k-1}^{j-1}(m+k-j)^l\\
=&-\sum_{i=0}^{k-1}(-1)^i kC_{k-1}^i(m+k-1-i)^l\\
=&-k\Delta^{k-1}f_l^{(m)}(0)
\end{aligned}$$

这就肯定了(31)即递推公式(29)的正确性,证毕.

利用递推公式(29)推出 $r_{kk}^{(m)}=1$,因此,只要在 $\boldsymbol{\Gamma}_m$ 的第 0 行依次写上 $1,m,m^2,\cdots,m^N$,再在主对角线上都写上 1 之后,利用公式

$$\left.\begin{array}{c} r_{k-1,l}^{(m)} \\ + \\ (m+k)r_{kl}^{(m)} \end{array}\right\}\longrightarrow r_{k,l+1}^{(m)}$$

便可按行依次写出主对线上方的诸 $r_{kl}^{(m)}$(注意到主对角线上都是 1,利用上述公式反过来推算易知主对角线下方的元素皆为 0).

下面分别写出 $\boldsymbol{\Gamma}_0,\boldsymbol{\Gamma}_1,\boldsymbol{\Gamma}_2$ 的前几行元素

$$\boldsymbol{\Gamma}_0=\left(\begin{array}{c|cccccc}
1 & 0 & 0 & 0 & 0 & 0 & 0\\
\hline
 & 1 & 1 & 1 & 1 & 1 & 1\\
 & & 1 & 3 & 7 & 15 & 31\\
 & & & 1 & 6 & 25 & 90\\
 & & & & 1 & 10 & 65\\
 & & & & & 1 & 15\\
 & & & & & & 1
\end{array}\right)$$

$$
\boldsymbol{\Gamma}_1=\left(\begin{array}{c|cccccc}
1 & 1 & 1 & 1 & 1 & 1 & 1 \\
\hline
 & 1 & 3 & 7 & 15 & 31 & 63 \\
 & & 1 & 6 & 25 & 90 & 301 \\
 & & & 1 & 10 & 65 & 350 \\
 & & & & 1 & 15 & 140 \\
 & & & & & 1 & 21 \\
 & & & & & & 1
\end{array}\right)
$$

$$
\boldsymbol{\Gamma}_2=\left(\begin{array}{c|cccccc}
1 & 2 & 4 & 8 & 16 & 32 & 64 \\
\hline
 & 1 & 5 & 19 & 65 & 211 & 665 \\
 & & 1 & 9 & 55 & 285 & 1\,351 \\
 & & & 1 & 14 & 125 & 910 \\
 & & & & 1 & 20 & 245 \\
 & & & & & 1 & 27 \\
 & & & & & & 1
\end{array}\right)
$$

这里的 $\boldsymbol{\Gamma}'_1$ 就是文[2]的数表 B_1.

4. 例子

水库容积、矿藏储量的估算，常需要利用等高线图进行体积计算. 在图 1 的圆柱坐标中，设台的侧面方程可以表示为

$$\rho^2=\sum_{i=0}^{N} b_i(\theta) z^i \tag{32}$$

（这样的台称为二类 N 次台[1,3]），如果它的高 $H=Nh$，那么，它的体积就等于

$$V(2,N)=\frac{1}{2}\int_0^{2\pi}\mathrm{d}\theta\int_0^{Nh}\rho^2(z,\theta)\,\mathrm{d}z \tag{33}$$

现在记交 z 轴于 $z=h,2h,\cdots,(N-1)h$ 处的等分截面之面积为 $S_1,S_2,\cdots,S_{N-1}$，下底与上底的面积为 S_0,S_N，则有

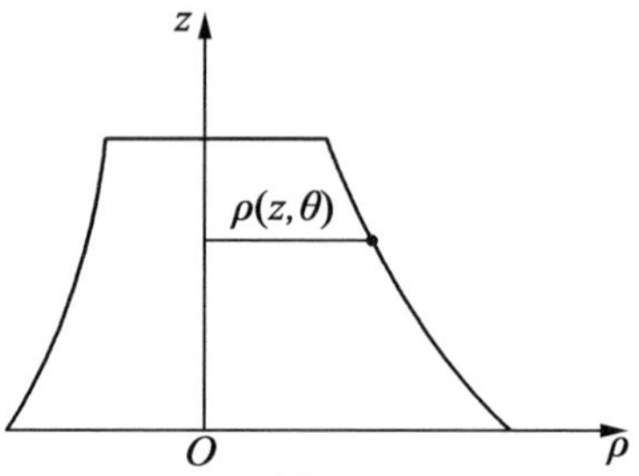

图 1

$$S_k=\frac{1}{2}\int_0^{2\pi}\rho^2(z,\theta)\,\mathrm{d}\theta,z=kh \tag{34}$$

下面来确定 $N+1$ 个常数 $\alpha_0,\alpha_1,\cdots,\alpha_N$，使得

$$V(2,N)=H\sum_{k=0}^{N}\alpha_k S_k \tag{35}$$

比较(33)(35)，并根据(34)，得到关系式

$$\frac{1}{2}\int_0^{2\pi}\mathrm{d}\theta\int_0^{Nh}\rho^2(z,\theta)\,\mathrm{d}z=\frac{H}{2}\int_0^{2\pi}\sum_{k=0}^{N}\alpha_k\rho^2(kh,\theta)\,\mathrm{d}\theta \tag{36}$$

因为考虑的是二类 N 次台，ρ^2 是 z 的 N 次多项式(32)，故把(32)代入(36)后，由于 $b_i(\theta)$ 的任意性，经展开比较便得到确定系数 α_k 的方程组

$$\left(\begin{array}{c|cccc} 1 & 1 & 1 & \cdots & 1 \\ \hline & 1 & 2 & \cdots & N \\ & 1^2 & 2^2 & \cdots & N^2 \\ & \vdots & \vdots & & \vdots \\ & 1^N & 2^N & \cdots & N^N \end{array}\right)\begin{pmatrix}\alpha_0\\ \alpha_1\\ \alpha_2\\ \vdots\\ \alpha_N\end{pmatrix}=\begin{pmatrix}1\\ \frac{N}{2}\\ \frac{N^2}{3}\\ \vdots\\ \frac{N^N}{N+1}\end{pmatrix} \tag{37}$$

或简记为

$$\boldsymbol{V}_0\boldsymbol{\alpha}=\boldsymbol{c}$$

这就是方程组(1)当 $m=0$ 时的情形. 据解的公式(25),知

$$\boldsymbol{\alpha}=\boldsymbol{D}'\boldsymbol{Q}^{-1}\boldsymbol{T}\boldsymbol{c}$$

具体地,对于二类一次台($N=1$),得到

$$\begin{pmatrix}\alpha_0^{(1)}\\ \alpha_1^{(1)}\end{pmatrix}=\begin{pmatrix}1 & -1\\ 0 & 1\end{pmatrix}\begin{pmatrix}1 & 0\\ 0 & \frac{1}{1!}\end{pmatrix}\begin{pmatrix}1 & 0\\ 0 & 1\end{pmatrix}\begin{pmatrix}1\\ \frac{1}{2}\end{pmatrix}=\begin{pmatrix}\frac{1}{2}\\ \frac{1}{2}\end{pmatrix}$$

所以二类一次台的体积公式就是梯形公式

$$V(2,1)=\frac{H}{2}(S_0+S_1)$$

这就是说,梯形公式可以精确计算侧面母线为 z 的 $\frac{1}{2}$ 次抛物线的台的体积.

对于二类二次台($N=2$),有

$$\begin{pmatrix}\alpha_0^{(2)}\\ \alpha_1^{(2)}\\ \alpha_2^{(2)}\end{pmatrix}=\begin{pmatrix}1 & -1 & 1\\ 0 & 1 & -2\\ 0 & 0 & 1\end{pmatrix}\begin{pmatrix}1 & 0 & 0\\ 0 & \frac{1}{1!} & 0\\ 0 & 0 & \frac{1}{2!}\end{pmatrix}\begin{pmatrix}1 & 0 & 0\\ 0 & 1 & 0\\ 0 & -1 & 1\end{pmatrix}\begin{pmatrix}1\\ 1\\ \frac{4}{3}\end{pmatrix}=\begin{pmatrix}\frac{1}{6}\\ \frac{4}{6}\\ \frac{1}{6}\end{pmatrix}$$

所以,二类二次台的体积公式就是熟知的 Simpson 公式

$$V(2,2)=\frac{H}{6}(S_0+4S_1+S_2)$$

由二类台的表示式(32)来看,Simpson 公式可以精确计算侧面方程为

Vandermonde 行列式

$$\rho^2 = a(\theta)z^2 + b(\theta)z + c(\theta)$$

的台，亦即侧面母线为 z 的$\frac{1}{2}$次抛物线以及包括直线在内的标准二次曲线的台的体积. 此外，还可以证明，对于二类三次台以及上下底为任意多边形，侧面由顶点在上下底的三角形组成的拟棱台的体积，均可用 Simpson 公式精确计算.

参考文献

[1]张肇濠. 关于利用等高线图计算体积的一些问题[J]. 广西大学学报(自然科学版)，1977(1)：50-60.

[2]周英. 一张数表的应用[J]. 数学的实践与认识，1977(4)：12-18.

[3]华罗庚，王元. 关于在等高线图上计算矿藏储量与坡地面积的问题[J]. 数学学报，1961，11(1)：29-40.

第17章 也谈一类线性方程组的解的公式[①]

在等距插值及其他方面,为了确定多项式

$$f(x)=\sum_{i=0}^{n}a_i(m+xh)^i \tag{1}$$

中的诸系数 $a_i(i=0,1,2,\cdots,n)$,往往需要求解线性方程组

$$\boldsymbol{VX}=\boldsymbol{C} \tag{2}$$

其中

$$\boldsymbol{V}=\begin{pmatrix}1 & m & m^2 & \cdots & m^n\\ 1 & m+h & (m+h)^2 & \cdots & (m+h)^n\\ 1 & m+2h & (m+2h)^2 & \cdots & (m+2h)^n\\ \vdots & \vdots & \vdots & & \vdots\\ 1 & m+nh & (m+nh)^2 & \cdots & (m+nh)^n\end{pmatrix} \tag{3}$$

$$\boldsymbol{X}=\begin{pmatrix}a_0\\ a_1\\ a_2\\ \vdots\\ a_n\end{pmatrix},\boldsymbol{C}=\begin{pmatrix}c_0\\ c_1\\ c_2\\ \vdots\\ c_n\end{pmatrix}\quad (c_i=f(i),i=0,1,2,\cdots,n)$$

① 摘编自《数学的实践与认识》,1982(1):7-15.

对于线性方程组(2),文[1]只对 $m=0,h=1$ 的情形进行了讨论,没有给出解的公式. 而文[2]即使给出了解的公式,那也只是在 m 为整数,且 $h=1$ 的特殊情况下得出的,且所给出的公式使用时也很麻烦. 面对着这个问题,徐州师范学院的张晗方教授给出了当 m 与 h 为任意实数时方程组(2)的解的公式.

1. **差商方阵与其逆阵**

函数 $f(x)$ 的 p 阶差商为

$$f(x_p,x_{p-1},\cdots,x_1,x_0)$$
$$=\sum_{k=0}^{p}\frac{f(x_k)}{(x_k-x_0)\cdots(x_k-x_{k-1})(x_k-x_{k+1})\cdots(x_k-x_p)}$$

特别是当 $f(x)=x^p(p=0,1,2,\cdots,n)$,取 $x_k=k(k=0,1,2,\cdots,n)$时,对于各阶差商之值,可得矩阵

$$\boldsymbol{A}=\begin{pmatrix}1 & & & & & & \\ 0 & 1 & & & & & \\ 0 & 1 & 1 & & & & \\ 0 & 1 & 3 & 1 & & & \\ 0 & 1 & 7 & 6 & \ddots & & \\ \vdots & \vdots & \vdots & \vdots & \ddots & \ddots & \\ 0 & 1 & 2^{n-1}-1 & \dfrac{3^n-3\cdot 2^n+3}{6} & \cdots & \dfrac{n(n-1)}{2} & 1\end{pmatrix} \quad (4)$$

由于矩阵 $\boldsymbol{A}$ 中的所有元素均是由 $f(x)=x^p$ 的相应的各阶差商所构成的,所以不妨就称矩阵 $\boldsymbol{A}$ 为差商方阵.

若令 α_{ij} 为差商方阵 $\boldsymbol{A}$ 中第 i 行与第 j 列相交处的

元素($i,j=0,1,2,\cdots,n$),则由差商的定义可得

$$\alpha_{ij}=\frac{1}{j!}\sum_{k=0}^{j}(-1)^{j+k}C_j^k k^i \tag{5}$$

其中 $C_j^k=\frac{j(j-1)\cdots(j-k+1)}{k!}$,且行与列(或列与列)之间有递推公式

$$\alpha_{ij}=\alpha_{i-1,j-1}+j\alpha_{i-1,j} \tag{6}$$

由差商方阵可得:

引理 1

$$\sum_{k=0}^{n}k^i=\sum_{j=0}^{i}(-1)^{i+j}\frac{\alpha_{ij}}{j+1}A_{n+j}^{j+1} \tag{7}$$

其中 $A_{n+j}^{j+1}=n(n+1)\cdots(n+j)$.

证明　设 $f(k)=k^i$,且令

$$f(k)=\sum_{j=0}^{i}b_j A_{k+j-1}^{j}$$

分别取 $k=0,-1,-2,\cdots,-i$,则由差分法可得

$$b_j=\frac{(-1)^j\Delta^j f(0)}{j!}\quad(j=0,1,2,\cdots,i) \tag{8}$$

其中 $\Delta^j f(0)$ 表示 $f(k)$ 当 $k=0$ 时的 j 阶差分.

再由关系式

$$\sum_{k=0}^{n}A_{k+j-1}^{j}=\frac{1}{j+1}A_{n+j}^{j+1}$$

便得

$$\begin{aligned}\sum_{k=0}^{n}k^i&=\sum_{k=0}^{n}\sum_{j=0}^{i}b_j A_{k+j-1}^{j}\\&=\sum_{j=0}^{i}\sum_{k=0}^{n}\frac{(-1)^j\Delta^j f(0)}{j!}A_{k+j-1}^{j}\end{aligned}$$

$$=\sum_{j=0}^{i}\frac{(-1)^{j}\Delta^{j}f(0)}{(j+1)!}\mathrm{A}_{n+j}^{j+1}$$

$$=\sum_{j=0}^{i}(-1)^{j}\left[\frac{1}{j!}\sum_{k=0}^{j}(-1)^{j+k}\mathrm{C}_{j}^{k}(-k)^{i}\right]\cdot\frac{1}{j+1}\mathrm{A}_{n+j}^{j+1}$$

$$=\sum_{j=0}^{i}(-1)^{i+j}\frac{\alpha_{ij}}{j+1}\mathrm{A}_{n+j}^{j+1}$$

证毕.

引理 2

$$\sum_{j=0}^{i}\alpha_{ij}\mathrm{A}_{n}^{j}=n^{i} \tag{9}$$

证明 由引理 1 知

$$n^{i}=\sum_{j=0}^{i}(-1)^{i+j}\frac{\alpha_{ij}}{j+1}\mathrm{A}_{n+j}^{j+1}-\sum_{j=0}^{i}(-1)^{i+j}\frac{\alpha_{ij}}{j+1}\mathrm{A}_{n+j-1}^{j+1}$$

$$=\sum_{j=0}^{i}(-1)^{i+j}\frac{\alpha_{ij}}{j+1}(\mathrm{A}_{n+j}^{j+1}-\mathrm{A}_{n+j-1}^{j+1})$$

$$=\sum_{j=0}^{i}(-1)^{i+j}\alpha_{ij}\mathrm{A}_{n+j-1}^{j}$$

在此等式中以$-n$ 代 n,并利用关系式

$$\mathrm{A}_{-n+j-1}^{j}=(-1)^{j}\mathrm{A}_{n}^{j}$$

经整理后便得(9). 证毕.

引理 3 令

$$\boldsymbol{P}=\begin{pmatrix}1 & 1 & 1 & 1 & \cdots & 1\\ & \mathrm{A}_{1}^{1} & \mathrm{A}_{2}^{1} & \mathrm{A}_{3}^{1} & \cdots & \mathrm{A}_{n}^{1}\\ & & \mathrm{A}_{2}^{2} & \mathrm{A}_{3}^{2} & \cdots & \mathrm{A}_{n}^{2}\\ & & & \mathrm{A}_{3}^{3} & \cdots & \mathrm{A}_{n}^{3}\\ & & & & \ddots & \vdots\\ & & & & & \mathrm{A}_{n}^{n}\end{pmatrix} \tag{10}$$

$$N=\begin{pmatrix}1&1&1&1&\cdots&1\\0&1&2&3&\cdots&n\\0&1&2^2&3^2&\cdots&n^2\\\vdots&\vdots&\vdots&\vdots&&\vdots\\0&1&2^n&3^n&\cdots&n^n\end{pmatrix}\tag{11}$$

则有

$$AP=N\tag{12}$$

证明　设 e_{ij} 为 AP 中第 i 行与第 j 列相交处的元素($i,j=0,1,2,\cdots,n$),则依引理 2,显然有

$$e_{ij}=\sum_{s=0}^{i}\alpha_{is}\mathrm{A}_j^s=j^i$$

证毕.

引理 4　令

$$H^*=\begin{pmatrix}1&&&&\\&h&&&\\&&h^2&&\\&&&\ddots&\\&&&&h^n\end{pmatrix}\tag{13}$$

$$W=\begin{pmatrix}1&0&0&\cdots&0\\1&h&h^2&\cdots&h^n\\1&2h&(2h)^2&\cdots&(2h)^n\\\vdots&\vdots&\vdots&&\vdots\\1&nh&(nh)^2&\cdots&(nh)^n\end{pmatrix}\tag{14}$$

则有

$$N'H^*=W\tag{15}$$

其中 N' 表示 N 的转置.

定理 1 令

$$G=\begin{pmatrix} 1 & m & m^2 & \cdots & m^{n-1} & m^n \\ & 1 & C_2^1 m & \cdots & C_{n-1}^1 m^{n-2} & C_n^1 m^{n-1} \\ & & 1 & \cdots & C_{n-1}^2 m^{n-3} & C_n^2 m^{n-2} \\ & & & \ddots & \vdots & \vdots \\ & & & & 1 & C_n^{n-1} m \\ & & & & & 1 \end{pmatrix} \tag{16}$$

则有

$$V=(AP)'H^*G \tag{17}$$

证明 由于

$$(AP)'H^*=W$$

故只需证明

$$V=WG$$

若设 ξ_{ij} 为 WG 中第 i 行与第 j 列相交处的元素($i, j=0,1,2,\cdots,n$),则

$$\begin{aligned} \xi_{ij} &= \sum_{s=0}^{j} (ih)^s \cdot C_j^s m^{j-s} \\ &= \sum_{s=0}^{j} C_j^s m^{j-s} (ih)^s \\ &= (m+ih)^j \end{aligned}$$

证毕.

推论 矩阵 V 的行列式之值与 m 无关,且为

$$\det V = h^{\frac{n(n+1)}{2}} \prod_{i=0}^{n} i! \tag{18}$$

引理 5(差商方阵的逆阵)

$$A^{-1}=\begin{pmatrix} 1 & & & & & & \\ 0 & 1 & & & & & \\ 0 & -1 & 1 & & & & \\ 0 & 2 & -3 & 1 & \ddots & & \\ 0 & -6 & 11 & -6 & & & \\ \vdots & \vdots & \vdots & \vdots & \ddots & \ddots & \\ 0 & (-1)^{n+1}(n-1)! & \beta_{n2} & \beta_{n3} & \cdots & -\dfrac{n(n-1)}{2} & 1 \end{pmatrix} \tag{19}$$

设 β_{ij} 为 A^{-1} 中第 i 行与第 j 列相交处的元素（$i,j=0,1,2,\cdots,n$），则有递推公式

$$\beta_{ij}=\beta_{i-1,j-1}-(i-1)\beta_{i-1,j} \tag{20}$$

并且 A^{-1} 中第 $i(i\neq 0)$ 行中的元素就是多项式

$$\begin{aligned} P_i(p)&=p(p-1)\cdots(p-i+1)\\ &=\beta_{i1}p+\beta_{i2}p^2+\cdots+\beta_{ij}p^j+\cdots+\beta_{ii}p^i \end{aligned} \tag{21}$$

中相应项的系数. 因而对于 A^{-1} 中的第 i 行的元素具有如下性质

$$\sum_{j=0}^{i}(-1)^{i+j}\beta_{ij}=i! \tag{22}$$

$$\sum_{j=0}^{i}\beta_{ij}=0 \quad (i>1) \tag{23}$$

(22)表示在 A^{-1} 中第 i 行的元素的绝对值之和为 $i!$，而(23)则又表示第 $i(i>1)$ 行中元素的和为 0.

2. 矩阵 V 的逆阵及线性方程组(2)的解的公式

引理 6（P'，H^*，G 的逆阵）

$$(\boldsymbol{P}')^{-1}=\begin{pmatrix} C_0^0 & & & & \\ -\frac{C_1^0}{1!} & \frac{C_1^1}{1!} & & & \\ \frac{C_2^0}{2!} & -\frac{C_2^1}{2!} & \frac{C_2^2}{2!} & & \\ \vdots & \vdots & \vdots & \ddots & \\ (-1)^n\frac{C_n^0}{n!} & (-1)^{n-1}\frac{C_n^1}{n!} & (-1)^{n-2}\frac{C_n^2}{n!} & \cdots & \frac{C_n^n}{n!} \end{pmatrix} \tag{24}$$

$$(\boldsymbol{H}^*)^{-1}=\begin{pmatrix} 1 & & & & \\ & \frac{1}{h} & & & \\ & & \frac{1}{h^2} & & \\ & & & \ddots & \\ & & & & \frac{1}{h^n} \end{pmatrix} \tag{25}$$

$$\boldsymbol{G}^{-1}=\begin{pmatrix} 1 & -m & m^2 & \cdots & (-1)^{n-1}m^{n-1} & (-1)^n m^n \\ & 1 & -C_2^1 m & \cdots & (-1)^{n-2}C_{n-1}^1 m^{n-2} & (-1)^{n-1}C_n^1 m^{n-1} \\ & & 1 & \cdots & (-1)^{n-3}C_{n-1}^2 m^{n-3} & (-1)^{n-2}C_n^2 m^{n-2} \\ & & & \ddots & \vdots & \vdots \\ & & & & 1 & -C_n^{n-1}m \\ & & & & & 1 \end{pmatrix} \tag{26}$$

定理 2　线性方程组(2)的解的公式为

$$\boldsymbol{X}=\boldsymbol{C}_m\boldsymbol{HBDC} \tag{27}$$

其中

$$\boldsymbol{C}_m=\boldsymbol{G}^{-1},\boldsymbol{H}=(\boldsymbol{H}^*)^{-1},\boldsymbol{B}=(\boldsymbol{A}^{-1})',\boldsymbol{D}=(\boldsymbol{P}')^{-1}$$

证明　由定理 1 知，$\boldsymbol{V}=(\boldsymbol{AP})'\boldsymbol{H}^*\boldsymbol{G}$. 故有

$$\boldsymbol{V}^{-1}=\boldsymbol{G}^{-1}(\boldsymbol{H}^*)^{-1}(\boldsymbol{A}^{-1})'(\boldsymbol{P}')^{-1}$$

即

$$\boldsymbol{V}^{-1}=\boldsymbol{C}_m\boldsymbol{HBD}$$

又由(2)知，$\boldsymbol{X}=\boldsymbol{V}^{-1}\boldsymbol{C}$. 所以

$$\boldsymbol{X}=\boldsymbol{C}_m\boldsymbol{HBDC}$$

证毕.

由差分法立即可得

$$\boldsymbol{X}=\boldsymbol{C}_m\boldsymbol{HBC}_\Delta \tag{28}$$

其中

$$\boldsymbol{C}_\Delta=\boldsymbol{DC}=\begin{pmatrix} c_0 \\ \dfrac{\Delta c_0}{1!} \\ \dfrac{\Delta^2 c_0}{2!} \\ \vdots \\ \dfrac{\Delta^n c_0}{n!} \end{pmatrix}$$

由定理 2 还可得：

推论　若某一多项式可表示为两种形式

$$f(x)=\sum_{i=0}^{n}a_i^{(1)}(m_1+xh_1)^i$$

$$f(x)=\sum_{i=0}^{n}a_i^{(2)}(m_2+xh_2)^i$$

则它们之间的关系是

$$\boldsymbol{X}_2=\boldsymbol{C}_{m_2}\boldsymbol{H}_2\boldsymbol{H}_1^*\boldsymbol{G}_{m_1}\boldsymbol{X}_1 \tag{29}$$

事实上，由定理 2 得

$$H_1^{-1}C_{m_1}^{-1}X_1=BC_\Delta,H_2^{-1}C_{m_2}^{-1}X_2=BC_\Delta$$

故有

$$H_2^{-1}C_{m_2}^{-1}X_2=H_1^{-1}C_{m_1}^{-1}X_1$$

若令 $C_{m_1}^{-1}=G_{m_1}$，则上式经整理后便得(29).

3. **例子**

在流体力学中，经常需要确定流体在某一位置接触平面的边缘的压力. 图 1 中的曲线 $y=f(x)$ 为流体接触平面的单侧边缘曲线，则单侧的压力

$$P=\int_a^b \omega xy\mathrm{d}x \tag{30}$$

其中 ω 表示液体密度.

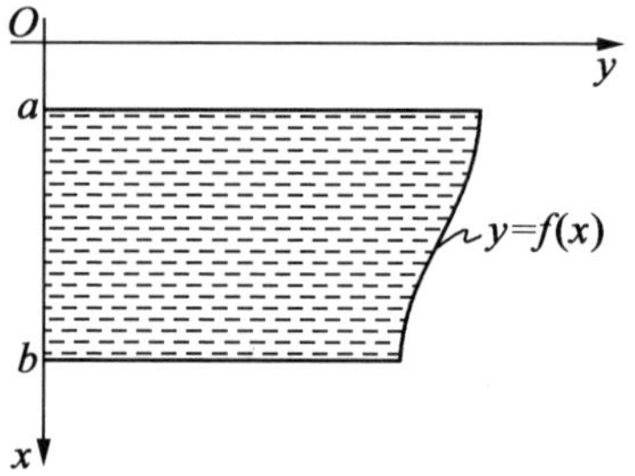

图 1

今设 ω 为常数，并且设

$$y=\sum_{i=0}^{n} d_i x^i \tag{31}$$

则

$$P_n=\omega\sum_{i=0}^{n} d_i\cdot\frac{p_i}{i+2} \tag{32}$$

其中 $p_i=b^{i+2}-a^{i+2}$.

以下来确定 $n+1$ 个常数 $r_0,r_1,r_2,\cdots,r_n$ 使得

$$P_n=\omega\sum_{k=0}^{n} r_k y_k \tag{33}$$

为此将区间$[a,b]n$ 等分

$$x_k = a + \frac{b-a}{n} \cdot k \quad (k = 0, 1, 2, \cdots, n) \tag{34}$$

于是得

$$P_n = \omega \sum_{i=0}^{n} d_i \sum_{k=0}^{n} r_k \left(a + \frac{b-a}{n} \cdot k \right)^i \tag{35}$$

比较(32)与(35)可得

$$\sum_{k=0}^{n} r_k \left(a + \frac{b-a}{n} \cdot k \right)^i = \frac{p_i}{i+2} \tag{36}$$

令 $i = 0, 1, 2, \cdots, n$ 可得线性方程组

$$\boldsymbol{Q\Gamma} = \boldsymbol{M} \tag{37}$$

其中

$$\boldsymbol{Q} = \begin{pmatrix} 1 & 1 & 1 & \cdots & 1 \\ a & \left(a+\frac{b-a}{n}\cdot 1\right) & \left(a+\frac{b-a}{n}\cdot 2\right) & \cdots & \left(a+\frac{b-a}{n}\cdot n\right) \\ a^2 & \left(a+\frac{b-a}{n}\cdot 1\right)^2 & \left(a+\frac{b-a}{n}\cdot 2\right)^2 & \cdots & \left(a+\frac{b-a}{n}\cdot n\right)^2 \\ \vdots & \vdots & \vdots & & \vdots \\ a^n & \left(a+\frac{b-a}{n}\cdot 1\right)^n & \left(a+\frac{b-a}{n}\cdot 2\right)^n & \cdots & \left(a+\frac{b-a}{n}\cdot n\right)^n \end{pmatrix} \tag{38}$$

$$\boldsymbol{\Gamma} = \begin{pmatrix} r_0 \\ r_1 \\ r_2 \\ \vdots \\ r_n \end{pmatrix}, \boldsymbol{M} = \begin{pmatrix} \frac{p_0}{2} \\ \frac{p_1}{3} \\ \frac{p_2}{4} \\ \vdots \\ \frac{p_n}{n+2} \end{pmatrix}$$

显然 $\boldsymbol{Q}$ 是 $\boldsymbol{V}$ 的转置形式，此处 $m=a,h=\frac{b-a}{n}$.

由定理 2 得线性方程组(37)的解为

$$\boldsymbol{\Gamma}=\boldsymbol{D}'\boldsymbol{A}^{-1}\boldsymbol{H}\boldsymbol{C}_n'\boldsymbol{M} \tag{39}$$

若令

$$\boldsymbol{H}\boldsymbol{C}_n'\boldsymbol{M}=\boldsymbol{D}^* \tag{40}$$

则

$$\boldsymbol{\Gamma}=\boldsymbol{D}'\boldsymbol{A}^{-1}\boldsymbol{D}^* \tag{41}$$

并且

$$\boldsymbol{D}^*=\begin{pmatrix} \frac{a+b}{1\cdot 2} \\ \frac{n(a+2b)}{2\cdot 3} \\ \frac{n^2(a+3b)}{3\cdot 4} \\ \vdots \\ \frac{n^n[a+(n+1)b]}{(n+1)\cdot(n+2)} \end{pmatrix}\cdot(b-a) \tag{42}$$

当 $n=1$ 时(即对于梯形河道来说)

$$\begin{pmatrix} r_0 \\ r_1 \end{pmatrix}=\begin{pmatrix} 1 & -1 \\ 0 & 1 \end{pmatrix}\begin{pmatrix} 1 & 0 \\ 0 & 1 \end{pmatrix}\begin{pmatrix} \frac{a+b}{2} \\ \frac{a+2b}{6} \end{pmatrix}\cdot(b-a)$$

$$=\begin{pmatrix} \frac{2a+b}{6} \\ \frac{a+2b}{6} \end{pmatrix}\cdot(b-a)$$

故得(河水对于梯形河道的单侧压力)

$$P_1=\frac{\omega(b-a)}{6}[(2a+b)y_0+(a+2b)y_1] \tag{43}$$

显然利用公式(43)在实地测算河水对于梯形河道的单侧压力时是极为简单的.

当 $n=2$ 时

$$\begin{pmatrix} r_0 \\ r_1 \\ r_2 \end{pmatrix}=\begin{pmatrix} \mathrm{C}_0^0 & -\frac{\mathrm{C}_1^0}{1!} & \frac{\mathrm{C}_2^0}{2!} \\ & \frac{\mathrm{C}_1^1}{1!} & -\frac{\mathrm{C}_2^1}{2!} \\ & & \frac{\mathrm{C}_2^2}{2!} \end{pmatrix}\begin{pmatrix} 1 & & \\ 0 & 1 & \\ 0 & -1 & 1 \end{pmatrix}\begin{pmatrix} \frac{a+b}{2} \\ \frac{a+2b}{3} \\ \frac{a+3b}{3} \end{pmatrix}\cdot(b-a)$$

$$=\begin{pmatrix} \frac{a}{6} \\ \frac{2(a+b)}{6} \\ \frac{b}{6} \end{pmatrix}\cdot(b-a)$$

故得

$$P_2=\frac{\omega(b-a)}{6}[ay_0+2(a+b)y_1+by_2] \tag{44}$$

由(44)可知,当 $a\cdot b\neq 0$ 时,如果令 $xf(x)=F(x)=Y$,则(44)可简化为

$$P_2=\frac{\omega(b-a)}{6}(Y_0+4Y_1+Y_2) \tag{45}$$

在(45)中,当取 $\omega=1$ 时,它就是 Simpson 公式.

Vandermonde 行列式

参考文献

[1]周英. 一张数表的应用[J]. 数学的实践与认识,1977(4):12-18.

[2]张肇濠. 一类线性方程组的解的公式[J]. 数学的实践与认识,1979(4):1-8.

第18章 Vandermonde 行列式在样条函数中的应用

Lagrange 插值多项式及 Bézier 曲线都是对给定的 $n+1$ 个型值点构造一个 n 次多项式. 某个型值点的改动,将影响曲线的整体形状. 换句话说,这两种方法不具备良好的局部性.

为什么强调局部性呢? 人们在做几何设计时,对大量型值点得到拟合曲线之后,经常发现个别地方不令人满意,而其他大部分地方是理想的. 用整体性很强的(如高次多项式)曲线作拟合,一旦修改某一个型值点,会影响已经满意的部分,这自然不是我们希望的.

联想"方砖砌圆井""条石筑拱桥"的工程实践,整体上的"曲",是用分段的"直"实现的. 折线这种分段为直线段的曲线,就是最简单的"样条"曲线. 但是现在得名的样条曲线并不仅指折线而言,而是早年放样工人或绘图员借助样条(一种软木或塑料的长条)和压铁给出的那种曲线. 这种曲线,从材料力学上看,是小挠度弹性梁的形状,数学上表达为分段三次多项式. 推而广之,今天把分段多项式,甚至分段解析函数统称为样条函数(图1).

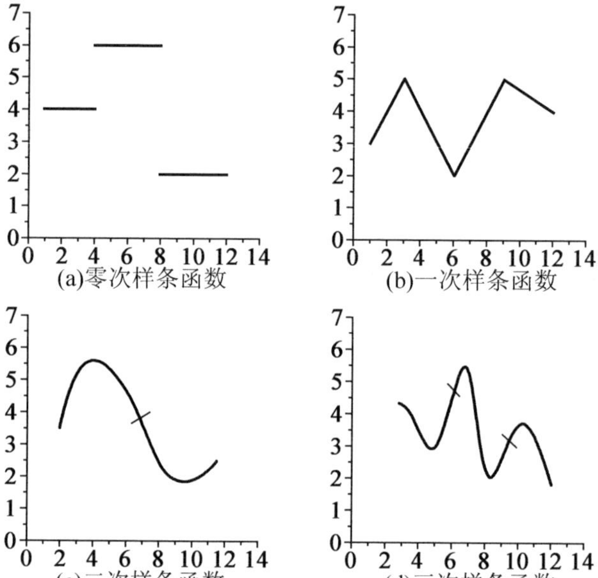

(a)零次样条函数　(b)一次样条函数　(c)二次样条函数　(d)三次样条函数

图1　样条函数示例

样条函数理论基础的建立,首见于1946年Schoenberg的著名论文. 1947年,Curry在他关于样条函数的评论文章中阐述了非等距结点样条基本函数; 1972年,de Boor和Cox分别独立地给出了B-样条函数的实用算法;1974年,Gordon与Riesenfeld注意到参数B-样条曲线在几何设计中的作用,并将它与Bézier曲线联系起来,成为样条函数在计算机辅助几何设计实践中大显身手的开端.

通常人们所说的样条函数,指的是分段 k 次多项式,分段点处有 $k-1$ 阶连续导数. 详言之,对于给定区间 $[a,b]$ 的划分 $a=x_0<x_1<x_2<\cdots<x_{N-1}<x_N=b$,如果函数 $S(x)$ 满足:

(i)在每个子区间 (x_i,x_{i+1}) 上,$i=0,1,2,\cdots,N-1$,$S(x)$ 是 k 次多项式.

(ii)在整个区间 $[a,b]$ 上,$S(x)$ 及其直到 $k-1$ 阶导数连续,

则称 $S(x)$ 为区间 $[a,b]$ 上以 $\{x_i\}$,$i=1,2,3,\cdots,N-1$ 为结点的 k 次样条函数.

首先介绍样条函数的数学表达. 在区间 $[a,b]$ 上,k 次多项式写为

$$S_0(x)=a_0+a_1x+a_2x^2+\cdots+a_kx^k \quad (x\in(x_0,x_1))$$

为了使这种形式的表达能适合更大区间上的分段多项式,引入记号

$$u_+^k=\begin{cases}u^k, u>0\\0, u\leqslant 0\end{cases} \tag{1}$$

称之为截断单项式.

现在考虑区间 $[x_0,x_2]$ 上的分段 k 次多项式 $S_1(x)$,结点只有一个,即在 $x=x_1$ 处有 $k-1$ 阶连续导数. 这时,$S_1(x)$ 在区间 $[x_0,x_2]$ 上的自由度为 $2(k+1)-k=k+2$. 记

$$S_1(x)=a_0+a_1x+a_2x^2+\cdots+a_kx^k+b_1(x-x_1)_+^k$$
$$(x\in[x_0,x_2])$$

由截断单项式的定义,当 $x\in[x_0,x_1]$ 时,$S_1\equiv S_0$. 进而

不难看出在区间$[x_0,x_N]$上,以$x_1,x_2,\cdots,x_{N-1}$为结点的k次样条函数$S_{N-1}(x)$可表示为

$$\begin{aligned}S_{N-1}(x) &= S_{N-2}(x)+b_{N-1}(x-x_{N-1})_+^k\\ &= S_0(x)+\sum_{j=1}^{N-1}b_j(x-x_j)_+^k \quad (x\in[x_0,x_N])\end{aligned} \tag{2}$$

这样看来,区间$[x_0,x_N]$上以$x_1,x_2,\cdots,x_{N-1}$为结点的k次样条函数$S_{N-1}(x)$可以表达为线性无关函数组

$$1,x,x^2,\cdots,x^k,(x-x_1)_+^k,(x-x_2)_+^k,\cdots,(x-x_{N-1})_+^k \tag{3}$$

的线性组合. 如果结点相同,那么不同的样条函数仅是组合系数不同. 假若在区间$[x_0,x_N]$上的$\alpha_1<\alpha_2<\cdots<\alpha_{k+N}$处给定数据$\beta_1,\beta_2,\cdots,\beta_{k+N}$,那么为了得到满足条件

$$S_{N-1}=\beta_j \quad (j=1,2,\cdots,k+N)$$

的样条函数$S_{N-1}(x)$,只需求解如下方程组

$$\begin{pmatrix}1 & \alpha_1 & \cdots & \alpha_1^k & (\alpha_1-x_1)_+^k & \cdots & (\alpha_1-x_{N-1})_+^k\\ 1 & \alpha_2 & \cdots & \alpha_2^k & (\alpha_2-x_1)_+^k & \cdots & (\alpha_2-x_{N-1})_+^k\\ 1 & \alpha_3 & \cdots & \alpha_3^k & (\alpha_3-x_1)_+^k & \cdots & (\alpha_3-x_{N-1})_+^k\\ \vdots & \vdots & & \vdots & \vdots & & \vdots\\ 1 & \alpha_{k+N} & \cdots & \alpha_{k+N}^k & (\alpha_{k+N}-x_1)_+^k & \cdots & (\alpha_{k+N}-x_{N-1})_+^k\end{pmatrix}\cdot$$

$$\begin{pmatrix}a_0\\ a_1\\ \vdots\\ b_1\\ \vdots\\ b_{N-1}\end{pmatrix}=\begin{pmatrix}\beta_1\\ \beta_2\\ \beta_3\\ \vdots\\ \beta_{N-1}\end{pmatrix}$$

观察系数矩阵,可见它的性质与样条函数结点及插值节点有关,一般说来系数矩阵并不保证具有良好的条件数及稀疏性. 因此,用式(3)给出的基函数表达 k 次样条函数,在实用中目前已经少见,但在理论研究上,它有其特别的方便之处.

1. B-**样条基函数**

由于式(3)给出的基函数不方便应用,我们要寻找具有局部性的样条基函数,称之为 B-样条基函数. 令结点序列

$$\cdots<t_{-2}<t_{-1}<t_0<t_1<t_2<\cdots \tag{4}$$

记 0 次 B-样条基函数为

$$B_i^0(x)=\begin{cases}1, x\in[t_i,t_{i+1})\\0,\text{其他}\end{cases}$$

显然,$\{B_i^0(x)\}$ 构成其结点如式(4)所示的所有 0 次样条函数(分段常数)的基. 由此出发,高次 B-样条基函数递推定义为

$$B_i^k(x)=\left(\frac{x-t_i}{t_{i+k}-t_i}\right)B_i^{k-1}(x)+\left(\frac{t_{i+k+1}-x}{t_{i+k+1}-t_{i+1}}\right)B_{i+1}^{k-1}(x)$$

$$(k\geqslant 1)$$

引入符号

$$\xi_i^k(x)=\frac{x-t_i}{t_{i+k}-t_i}$$

则上述递推关系改写为

$$B_i^k(x)=\xi_i^k(x)B_i^{k-1}(x)+(1-\xi_{i+1}^k(x))B_{i+1}^{k-1}(x)\quad(k\geqslant 1)$$

易知 $B_i^k(x)$ 为分段 k 次多项式. 容易证明 $B_i^k(x)$ 有如下性质(证明从略):

当 $k\geqslant 1, x\notin (t_i, t_{i+k+1})$ 时，有 $B_i^k(x)=0$；

当 $k\geqslant 0, x\in (t_i, t_{i+k+1})$ 时，有 $B_i^k(x)>0$.

2. Lagrange **多项式**

设区间 $[a,b]$ 的分划为

$$a=x_0<x_1<x_2<\cdots<x_n=b$$

并有对应数据

$$y_0, y_1, y_2, \cdots, y_n$$

把待定的多项式写成

$$L_n(x)=a_nx^n+a_{n-1}x^{n-1}+\cdots+a_1x+a_0 \tag{5}$$

其中 $a_n, a_{n-1}, \cdots, a_1, a_0$ 为待定系数. 插值问题要求满足条件

$$L_n(x_i)=y_i \quad (i=0,1,2,\cdots,n) \tag{6}$$

于是由式(5)，有

$$a_nx_i^n+a_{n-1}x_i^{n-1}+\cdots+a_1x_i+a_0=y_i \quad (i=0,1,2,\cdots,n) \tag{7}$$

这是关于 $a_n, a_{n-1}, \cdots, a_1, a_0$ 的线性方程组，写成矩阵形式

$$\begin{pmatrix} x_0^n & x_0^{n-1} & x_0^{n-2} & \cdots & x_0 & 1 \\ x_1^n & x_1^{n-1} & x_1^{n-2} & \cdots & x_1 & 1 \\ x_2^n & x_2^{n-1} & x_2^{n-2} & \cdots & x_2 & 1 \\ \vdots & \vdots & \vdots & & \vdots & \vdots \\ x_{n-1}^n & x_{n-1}^{n-1} & x_{n-1}^{n-2} & \cdots & x_{n-1} & 1 \\ x_n^n & x_n^{n-1} & x_n^{n-2} & \cdots & x_n & 1 \end{pmatrix} \begin{pmatrix} a_n \\ a_{n-1} \\ a_{n-2} \\ \vdots \\ a_1 \\ a_0 \end{pmatrix} = \begin{pmatrix} y_0 \\ y_1 \\ y_2 \\ \vdots \\ y_{n-1} \\ y_n \end{pmatrix}$$

由 Vandermonde 行列式的计算及条件 $x_0<x_1<x_2<\cdots<x_n$，立即断定存在唯一的一组数 $a_n, a_{n-1}, \cdots, a_1, a_0$ 满足方

程组. 也就是说,满足条件(6)的 n 次多项式存在且唯一. 这个事实告诉我们,无论把 n 次多项式写成什么样子,只要满足(6),那么一定是同一个多项式.

现在,考虑特殊的插值条件

$$y_i=\begin{cases}1, i=j\\0, i\neq j\end{cases}\quad (j=0,1,2,\cdots,n)$$

容易验证特殊的 n 次多项式

$$l_i(x)=\frac{(x-x_0)(x-x_1)\cdots(x-x_{i-1})(x-x_{i+1})\cdots(x-x_n)}{(x_i-x_0)(x_i-x_1)\cdots(x_i-x_{i-1})(x_i-x_{i+1})\cdots(x_i-x_n)}$$
$$(i=0,1,2,\cdots,n)\tag{8}$$

满足

$$l_i(x_j)=\delta_{ij}=\begin{cases}1, i=j\\0, i\neq j\end{cases}\tag{9}$$

这样一来,由存在唯一性定理,满足条件(9)的 n 次多项式只有这个 $l_i(x)$,如果还有另外不同的,那么也只是同一个多项式写法上的差别而已.

当 $i=0,1,2,\cdots,n$ 时,$\{l_i(x)\}$ 共有 $n+1$ 个. 有了这样的 $n+1$ 个特殊的多项式,就可以直接写出

$$L_n(x)=\sum_{k=0}^{n}y_k l_k(x)\tag{10}$$

显然,$L_n(x)$ 是 n 次多项式,且容易验证它满足条件(6),称为 Lagrange 插值多项式. 图 2 显示了 $l_i(x)$,这里 $n=5$,$x_i=\frac{i}{5}$,$i=0,1,2,3,4,5$.

通常人们说到 n 次多项式,习惯上总把它写成式(5)的形式,也就是说,把 n 次多项式写成 $1,x,x^2,\cdots,x^n$ 这 $n+1$ 个单项式的线性组合,称 $1,x,x^2,\cdots,x^n$ 为 n

次多项式的一组基函数. n 次多项式的基函数并不唯一. 在上述 Lagrange 插值方法中,$n+1$ 个特殊的 n 次多项式 $l_i(x)\ (i=0,1,2,\cdots,n)$ 也是一组基函数,叫作 Lagrange 基函数.

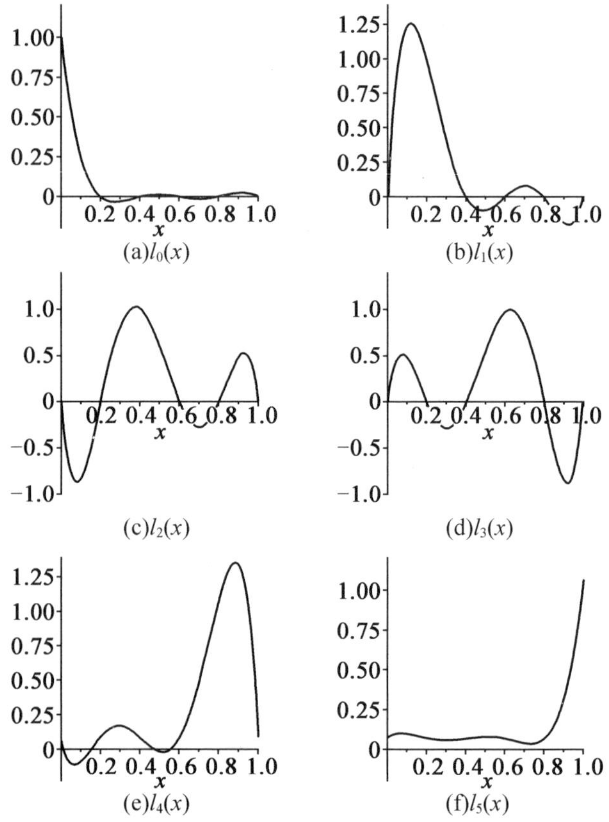

图 2　区间[0,1]上的 $l_i(x)$ 示意图

除了这两种基函数,有必要寻求其他类型的基函数. 这要从实际需要考虑. Lagrange 插值多项式曲线,

其构作简单,且通过给定的数据点$\{x_i, y_i\}$. 但是,在高次的情形可能会出现不令人满意的波动现象,这使得Lagrange 插值多项式的应用受到限制.

Vandermonde 行列式在平方逼近中的应用

第19章

在这一章,我们较系统地介绍了平方逼近的理论和实用调和分析中的一些典型方法.

1. 最小二乘法

利用插值方法构造近似多项式,总是要求这个多项式在预先给定的若干个点上取给定值. 但对于有些情形上述要求并不十分适宜,因为给定值多数是通过观测或实验得到的,它们常常带有误差. 即使给定值是精确的,实际问题对各点的近似程度要求也并不一致,许多时候是要求在确定意义下的整体近似. 当然,在个别数据或实验有严重错误的情况下坚持近似多项式精确符合这些数据或实验是更为不利的.

在一致逼近中,我们是用数量

$$\| P-f \| = \max_{a \leqslant x \leqslant b} |P(x)-f(x)| \quad (1)$$

去度量近似多项式 $P(x)$ 与已知函数 $f(x)$ 的逼近程度的. 若 $\| P_n-f \| \to 0(n\to\infty)$，则就意味着序列 $\{P_n(x)\}$ 在区间 $[a,b]$ 上一致收敛于 $f(x)$. 显然，逼近程度的度量方式并不是唯一的. 通常，称度量(1)为 Чебышев 度量. 这种度量很直观，也有它的长处，但是由于它的非线性特征使得最佳一致逼近多项式的构造问题显得十分困难.

鉴于上述情况，有必要引进新的度量方式. 本章就是讨论在平方度量意义下函数的近似表示问题，亦即近似多项式的构造问题.

下面，先来介绍历史悠久的最小二乘法，它起源于以测量和观测为基础的天文学. Gauss 在 1794 年利用最小二乘法解决了多余观测问题，当时他只有十七岁. 这类问题可以用下面的简单例子加以描述.

假定通过观测(或实验)得到如下一组数据(即列表函数)：

k	1	2	3	4	5	6	7	8
x_k	0	1	2	3	4	5	6	7
y_k	1.4	1.3	1.4	1.1	1.3	1.8	1.6	2.3

我们的任务是用一简单的式子表出这些数据间的关系. 从分析数据看出(可画图)，这些点差不多分布在一条直线上，因此我们自然想到用线性式 $y=a+bx$ 表示它们之间的关系. 这样就必须定出参数 a 和 b 的值来. 这实际上是多余观测问题，用插值法不能确定出 a 和 b 的值. 待定参数的确定归结为矛盾方程组的求解

问题.

假定有某方法可以定出 a 和 b,则按 $y=a+bx$,给出一个 x 便可以算出一个 y. 我们记

$$\bar{y}_k=a+bx_k \quad (k=1,2,\cdots,8)$$

$\bar{y}_k$ 称为 y_k 的估计值,显然它们不会是完全相同的,它们之间的差(通常称为残差)

$$\varepsilon_k=y_k-\bar{y}_k \quad (k=1,2,\cdots,8)$$

无疑是衡量被确定的参数 a 和 b(也就是近似多项式 $y=a+bx$)好坏的重要标志.

可以规定许多原则来确定参数 a,b. 例如:

(i)参数的确定,将使残差绝对值中最大的一个达到最小,即 $T=\max\limits_k|\varepsilon_k|$为最小;

(ii)参数的确定,将使残差绝对值之和达到最小,即 $\sum\limits_k|\varepsilon_k|$ 为最小;

(iii) 参数的确定,将使残差的平方和达到最小,即 $\sum\limits_k\varepsilon_k^2$ 为最小.

(i)和(ii)两个原则是很直观的,也很理想,但很不好用;而原则(iii)既很直观又很好用. 按原则(iii)确定待定参数,从而得到近似多项式的方法,就是通常所说的最小二乘法. 这一方法的理论根据是,概率理论已证明,只有这样的原则才能使得观测(或实验)的偶然误差对于所作的近似多项式有最小的影响.

回到我们所提出的问题上来,我们用最小二乘法确定参数 a,b. 按最小二乘法,应使

$$S(a,b)=\sum_{i=1}^{8}(y_i-(a+bx_i))^2$$

取最小值. 因此,应有

$$\frac{\partial S}{\partial a}=-2\sum_{i=1}^{8}(y_i-(a+bx_i))=0$$

$$\frac{\partial S}{\partial b}=-2\sum_{i=1}^{8}(y_i-(a+bx_i))x_i=0$$

由此,得到如下线性方程组:

$$a\sum_{i=1}^{8}i^0+b\sum_{i=1}^{8}x_i=\sum_{i=1}^{8}y_i$$

$$a\sum_{i=1}^{8}x_i+b\sum_{i=1}^{8}x_i^2=\sum_{i=1}^{8}x_iy_i$$

经简单计算,这个方程组成为

$$\begin{cases}8a+28b=12.2\\28a+140b=47.3\end{cases}$$

解之可得 $a=1.142$, $b=0.110$, 从而得近似多项式$P_1(x)=1.142+0.110x$.

现在,我们转入讨论更为一般的情形. 设已知列表函数 $y_i=f(x_i)(i=0,1,\cdots,m)$,并且我们想用一个通常的 $n(n<m)$次多项式

$$P_n(x)=a_0+a_1x+\cdots+a_nx^n \tag{2}$$

去近似它. 问题是应该如何选择 $a_0,a_1,\cdots,a_n$ 使得 $P_n(x)$能较好地近似列表函数 $f(x)$. 按最小二乘法,我们应该选择这样的 $a_0,a_1,\cdots,a_n$,它们使得

$$S(a_0,a_1,\cdots,a_n)=\sum_{i=0}^{m}(f(x_i)-P_n(x_i))^2 \tag{3}$$

取最小值. 我们注意到 S 是非负的, 且是 $a_0, a_1, \cdots, a_n$ 的二次多项式, 它必有最小值. 现在我们求 S 对 a_0, $a_1, \cdots, a_n$ 的偏导数并令其等于零, 得到

$$\sum_{i=0}^{m}(y_i - a_0 - a_1x_i - \cdots - a_nx_i^n)x_i^k = 0$$
$$(k = 0, 1, \cdots, n)$$

进一步, 可以将它们写成

$$\sum_{i=0}^{m} y_ix_i^k = a_0\sum_{i=0}^{m} x_i^k + a_1\sum_{i=0}^{m} x_i^{k+1} + \cdots + a_n\sum_{i=0}^{m} x_i^{k+n}$$
$$(k = 0, 1, \cdots, n)$$

引进记号

$$s_k = \sum_{i=0}^{m} x_i^k \text{ 和 } u_k = \sum_{i=0}^{m} y_ix_i^k$$

则上述方程组成为

$$\begin{cases} s_0a_0+s_1a_1+\cdots+s_na_n=u_0 \\ s_1a_0+s_2a_1+\cdots+s_{n+1}a_n=u_1 \\ \vdots \\ s_na_0+s_{n+1}a_1+\cdots+s_{2n}a_n=u_n \end{cases} \tag{4}$$

它的系数行列式是

$$X_{n+1} = \begin{vmatrix} s_0 & s_1 & \cdots & s_n \\ s_1 & s_2 & \cdots & s_{n+1} \\ \vdots & \vdots & & \vdots \\ s_n & s_{n+1} & \cdots & s_{2n} \end{vmatrix}$$

由 $s_i(i=0,1,\cdots,2n)$ 的定义及行列式的性质, 可以断言

$$X_{n+1}=\frac{1}{(n+1)!}\sum(W(\xi_0,\xi_1,\cdots,\xi_n))^2 \quad (5)$$

此处符号 W 表示 Vandermonde 行列式,而 $\sum$ 是对所有可能的 $\xi_i(i=0,1,\cdots,n)$ 求和(每个 ξ_i 可以取值 x_0, $x_1,\cdots,x_m$,并且当 $i\neq j$ 时 $\xi_i\neq\xi_j$).

由式(5)及 Vandermonde 行列式的性质(指 $W(x_0,x_1,\cdots,x_n)=\prod\limits_{p<q}^{0,\cdots,n}(x_q-x_p)$)可知,当 $x_0,x_1,\cdots,x_m$ 互异时

$$W(\xi_0,\xi_1,\cdots,\xi_n)=\begin{vmatrix}1 & 1 & \cdots & 1\\ \xi_0 & \xi_1 & \cdots & \xi_n\\ \xi_0^2 & \xi_1^2 & \cdots & \xi_n^2\\ \vdots & \vdots & & \vdots\\ \xi_0^n & \xi_1^n & \cdots & \xi_n^n\end{vmatrix}\neq 0$$

从而,$X_{n+1}\neq 0(>0)$,方程组(4)有唯一解 $a_0,a_1,\cdots$, a_n,它们使得(3)取极小值. 如此,我们应用最小二乘法找到了 $f(x)$ 的近似多项式 $P_n(x)$.

在利用最小二乘法组成和式(3)时,所有的点 x_i 都起着同样的作用,但是有时依据某种理由认为 $\sum$ 中的某些项的作用大些,而另外一些作用小些(例如,一些 y_i 是由精度较高的仪器或操作上比较熟练的人员获得的,自然应该予以较大的信任),这在数学上表现为用和

$$\sum_{i=1}^{m}\rho_i(f(x_i)-P_n(x_i))^2 \quad (6)$$

替代和(3)取最小值. 此处 ρ_i 是任意的正数,通常称之为权①;而称(6)为加权和.

例 1 设已知函数 $f(x)$ 的表列值为

x	0.2	0.5	0.7	0.85	1
y	1.221	1.649	2.014	2.340	2.718

试按最小二乘法构造 $f(x)$ 的二次近似多项式.

解 经简单计算可得关于参数 a_0,a_1 和 a_2 的方程组(参阅下面的表):

$$\begin{cases}5a_0+3.250a_1+2.503a_2=9.942\\3.250a_0+2.503a_1+2.090a_2=7.185\\2.503a_0+2.090a_1+1.826a_2=5.857\end{cases}$$

解之,得 $a_2=0.928$,$a_1=0.751$,$a_0=1.036$. 故

$$P_2(x)=0.928x^2+0.751x+1.036$$

x^0	x^1	x^2	x^3	x^4	y	xy	x^2y
1	0.2	0.04	0.008	0.0016	1.221	0.244	0.049
1	0.5	0.25	0.125	0.0625	1.649	0.824	0.412
1	0.7	0.49	0.343	0.240	2.014	1.410	0.987
1	0.85	0.723	0.614	0.522	2.340	1.989	1.691
1	1	1	1	1	2.718	2.718	2.718
5	3.250	2.503	2.090	1.826	9.942	7.185	5.857

① 常常使权 ρ_i 满足 $\sum_{i=1}^{m}\rho_i=1$,这应该是好理解的.

Vandermonde 行列式的推广及其在控制理论中的应用[①]

第 20 章

1. 前言

众所周知，下列所谓 Vandermonde 行列式

$$|\boldsymbol{V}(\lambda_1,\lambda_2,\cdots,\lambda_n)|$$
$$=\begin{vmatrix} 1 & \lambda_1 & \lambda_1^2 & \cdots & \lambda_1^{n-1} \\ 1 & \lambda_2 & \lambda_2^2 & \cdots & \lambda_2^{n-1} \\ 1 & \lambda_3 & \lambda_3^2 & \cdots & \lambda_3^{n-1} \\ \vdots & \vdots & \vdots & & \vdots \\ 1 & \lambda_n & \lambda_n^2 & \cdots & \lambda_n^{n-1} \end{vmatrix}$$
$$=(\lambda_2-\lambda_1)(\lambda_3-\lambda_1)\cdots(\lambda_n-\lambda_1)\cdot$$
$$(\lambda_3-\lambda_2)\cdots(\lambda_n-\lambda_2)\cdots(\lambda_n-\lambda_{n-1}) \quad (1)$$

式中 $\lambda_1,\lambda_2,\cdots,\lambda_n$ 通常是互不相等的数，在数学、力学和其他应用科学中都有重要的应用. 在自动控制理论基础中，常会遇到这种行列式的一种推广形式. 为便于叙述，引进下列记号：设 m 维行向量 $\boldsymbol{F}(\lambda;m)=$

① 摘编自《数学物理学报》,1684,4(3):329-337.

$(1,\lambda,\lambda^2,\cdots,\lambda^{m-1})$，则它对 λ 的一阶导数是指

$$\boldsymbol{F}'(\lambda;m)=(0,1,2\lambda,\cdots,(m-1)\lambda^{m-2}) \tag{2}$$

它是 $\boldsymbol{F}(\lambda;m)$ 各分量对 λ 求一阶导数所组成的 m 维行向量. 同样可定义 $\boldsymbol{F}(\lambda;m)$ 对 λ 的 k 阶导数 $\boldsymbol{F}^{(k)}(\lambda;m)$. 当向量 $\boldsymbol{F}(\lambda;m)$ 中的 λ 用具体数 λ_i 代替时就记为 $\boldsymbol{F}(\lambda_i;m)$. 同样可定义 $\boldsymbol{F}^{(k)}(\lambda_i;m)$ 为 $\boldsymbol{F}^{(k)}(\lambda;m)$ 中的 λ 用 λ_i 代替后的结果. 显然，当 $k\geqslant m$ 时，$\boldsymbol{F}^{(k)}(\lambda;m)$ 是零向量. 令

$$\boldsymbol{F}(\lambda;d;m)=\begin{pmatrix}\boldsymbol{F}(\lambda;m)\\ \frac{1}{1!}\boldsymbol{F}'(\lambda;m)\\ \vdots\\ \frac{1}{(d-1)!}\boldsymbol{F}^{(d-1)}(\lambda;m)\end{pmatrix} \tag{3}$$

它是一个 $d\times m$ 矩阵. 我们要考虑的是下列 Vandermonde 型的 $(d_1+d_2+\cdots+d_t)\times m$ 矩阵

$$\boldsymbol{V}(\lambda_1,\cdots,\lambda_t;d_1,\cdots,d_t;m)=\begin{pmatrix}\boldsymbol{F}(\lambda_1;d_1;m)\\ \boldsymbol{F}(\lambda_2;d_2;m)\\ \vdots\\ \boldsymbol{F}(\lambda_t;d_t;m)\end{pmatrix} \tag{4}$$

此处 $d_i>0,i=1,2,\cdots,t$.

当 $d_1+d_2+\cdots+d_t=m$ 时，$\boldsymbol{V}(\lambda_1,\cdots,\lambda_t;d_1,\cdots,d_t;m)$ 是 m 阶方阵，此时 m 也可省略不写. 我们又约定：当 λ_i 在式中不出现时，相当于说 $d_i=0$，仍可写为

$$\begin{aligned}&\boldsymbol{V}(\lambda_1,\cdots,\lambda_{i-1},\lambda_{i+1},\cdots,\lambda_t;d_1,\cdots,d_{i-1},d_{i+1},\cdots,d_t;m)\\ \equiv{}&\boldsymbol{V}(\lambda_1,\cdots,\lambda_t;d_1,\cdots,d_{i-1},0,d_{i+1},\cdots,d_t;m)\end{aligned} \tag{5}$$

显然,行列式 $|V(\lambda_1,\cdots,\lambda_t;d_1,\cdots,d_t)|$ 是通常行列式(1)的一种推广,即当 $d_1=d_2=\cdots=d_t=1$ 时

$$|V(\lambda_1,\cdots,\lambda_t;d_1,\cdots,d_t)|=|V(\lambda_1,\cdots,\lambda_t)|$$

南开大学的王厦生和涂苯生两位教授 1983 年计算出行列式 $|V(\lambda_1,\cdots,\lambda_t;d_1,\cdots,d_t)|$ 的值,并指出它在控制理论中的若干应用.

2. **基本事实**

本章的目的是证明下列基本事实.

定理 1　设 $d_1\geqslant 1,d_2\geqslant 1,\cdots,d_t\geqslant 1$,且 $\sum_{i=1}^{t}d_i=m$,则

$$\begin{aligned}&|V(\lambda_1,\cdots,\lambda_t;d_1,\cdots,d_t)|\\=&[(\lambda_2-\lambda_1)^{d_2}(\lambda_3-\lambda_1)^{d_3}\cdots(\lambda_t-\lambda_1)^{d_t}]^{d_1}\cdot\\&[(\lambda_3-\lambda_2)^{d_3}\cdots(\lambda_t-\lambda_2)^{d_t}]^{d_2}\cdots[(\lambda_t-\lambda_{t-1})^{d_t}]^{d_{t-1}}\end{aligned}\tag{6}$$

为此,我们需要下列引理:

引理 1

$$\begin{aligned}&|V(\lambda_1,\cdots,\lambda_t;d_1,\cdots,d_t)|\\=&(\lambda_2-\lambda_1)^{d_2}\cdots(\lambda_t-\lambda_1)^{d_t}\cdot\\&|V(\lambda_1,\cdots,\lambda_t;d_1-1,d_2,\cdots,d_t)|\end{aligned}\tag{7}$$

证明　我们按下列步骤来计算:

第一步,把行列式 $|V(\lambda_1,\cdots,\lambda_t;d_1,\cdots,d_t)|$ 的第 $m-1,m-2,\cdots,2,1$ 列各乘以 $(-\lambda_1)$,分别加到第 $m,m-1,\cdots,2$ 列,并按第 1 行展开,得到一个 $m-1$ 阶的行列式,记为 V_1:

$$|V(\lambda_1,\cdots,\lambda_t;d_1,\cdots,d_t)|$$

$$
=\begin{vmatrix}
1 & \lambda_1 & \lambda_1^2 & \cdots & \lambda_1^{m-1} \\
0 & 1 & C_1^2\lambda_1 & \cdots & C_1^{m-1}\lambda_1^{m-2} \\
\vdots & \vdots & \vdots & & \vdots \\
0 & 0 & 0 & \cdots & C_{d_1-1}^{m-1}\lambda_1^{m-d_1} \\
1 & \lambda_2 & \lambda_2^2 & \cdots & \lambda_2^{m-1} \\
0 & 1 & C_1^2\lambda_2 & \cdots & C_1^{m-1}\lambda_2^{m-2} \\
\vdots & \vdots & \vdots & & \vdots \\
0 & 0 & 0 & \cdots & C_{d_2-1}^{m-1}\lambda_2^{m-d_2} \\
\vdots & \vdots & \vdots & & \vdots
\end{vmatrix}\ (m\ 阶)
$$

$$
=\begin{vmatrix}
1 & (C_1^2-C_1^1)\lambda_1 & (C_1^3-C_1^2)\lambda_1^2 & \cdots & (C_1^{m-1}-C_1^{m-2})\lambda_1^{m-2} \\
\vdots & \vdots & \vdots & & \vdots \\
0 & 0 & 0 & \cdots & (C_{d_1-1}^{m-1}-C_{d_1-1}^{m-2})\lambda_1^{m-d_1} \\
\lambda_2-\lambda_1 & (\lambda_2-\lambda_1)\lambda_2 & (\lambda_2-\lambda_1)\lambda_2^2 & \cdots & (\lambda_2-\lambda_1)\lambda_2^{m-2} \\
0 & C_1^2\lambda_2-C_1^1\lambda_1 & C_1^3\lambda_2^2-C_1^2\lambda_1\lambda_2 & \cdots & C_1^{m-1}\lambda_2^{m-2}-C_1^{m-2}\lambda_1\lambda_2^{m-3} \\
\vdots & \vdots & \vdots & & \vdots \\
0 & 0 & 0 & \cdots & C_{d_2-1}^{m-1}\lambda_2^{m-d_2}-C_{d_2-1}^{m-2}\lambda_1\lambda_2^{m-d_2-1} \\
\vdots & \vdots & \vdots & & \vdots
\end{vmatrix}
$$

$(m-1\ 阶)$

第二步,计算并简化 V_1 的前 d_1-1 行.

显然,V_1 的第 1 行是 $m-1$ 维行向量 $\boldsymbol{F}(\lambda_1;m-1)$;

V_1 的第 2 行是$(0,1,C_1^2\lambda_1,\cdots,C_1^{m-2}\lambda_1^{m-3})$;

V_1 的第 3 行是$(0,0,1,C_2^3\lambda_1,\cdots,C_2^{m-2}\lambda_1^{m-4})$;

……

V_1 的第 d_1-1 行是$(0,\cdots,0,1,C_{d_1-2}^{d_1-1}\lambda_1,\cdots,C_{d_1-2}^{m-2}\cdot$

$\lambda_1^{m-d_1}$),其中

$$C_i^m=\frac{m(m-1)\cdots(m-i+1)}{i!}$$

并且利用了下列性质:

$$C_i^m-C_i^{m-1}=C_{m-i}^{m-1} \tag{8}$$

所以,V_1 的前 d_1-1 行是 $\boldsymbol{F}(\lambda_1;d_1-1;m-1)$.

第三步,计算并简化 V_1 的第 d_1 行到 d_1+d_2-1 行.

显然,V_1 的第 d_1 行各元素有公因式$(\lambda_2-\lambda_1)$,将它提取到行列式外面来相乘. 因此,第 d_1 行可变成

$$(1,\lambda_2,\lambda_2^2,\cdots,\lambda_2^{m-2})=\boldsymbol{F}(\lambda_2;m-1)$$

再把这第 d_1 行乘以-1 加到第 d_1+1 行上去,这样第 d_1+1 行可写为

$$\begin{aligned}&(0,(C_1^2-C_0^1)\lambda_2-C_1^1\lambda_1,(C_1^3-C_0^2)\lambda_2^2-C_1^2\lambda_1\lambda_2,\cdots,\\&(C_1^{m-1}-C_0^{m-2})\lambda_2^{m-2}-C_1^{m-2}\lambda_1\lambda_2^{m-3})\\=&(0,\lambda_2-\lambda_1,C_1^2(\lambda_2-\lambda_1)\lambda_2,\cdots,C_1^{m-2}(\lambda_2-\lambda_1)\lambda_2^{m-3})\end{aligned}$$

它也有公因式$(\lambda_2-\lambda_1)$可以提到行列式外面来相乘,这时,第 d_1+1 行变成

$$(0,1,C_1^2\lambda_2,\cdots,C_1^{m-2}\lambda_2^{m-3})=\boldsymbol{F}'(\lambda_2;m-1)$$

再把这第 d_1+1 行乘以-1 加到第 d_1+2 行,于是第 d_1+2 行能变成

$$\begin{aligned}&(0,0,(C_2^3-C_1^2)\lambda_2-C_2^2\lambda_1,\cdots,\\&(C_2^{m-2}-C_1^{m-3})\lambda_2^{m-3}-C_2^{m-3}\lambda_1\lambda_2^{m-4})\\=&(0,0,C_2^2(\lambda_2-\lambda_1),\cdots,C_2^{m-3}(\lambda_2-\lambda_1)\lambda_2^{m-4})\end{aligned}$$

它也有公因式$(\lambda_2-\lambda_1)$可以提到行列式外面来,这时第 d_1+2 行变成$\frac{1}{2!}\boldsymbol{F}''(\lambda_2;m-1)$,等等,一直进行到$d_1+$

d_2-1 行(共 d_2 次). 总之,我们算出新的第 d_1 行到第 d_1+d_2-1 行分别是

$$\boldsymbol{F}(\lambda_2;m-1),\boldsymbol{F}'(\lambda_2;m-1),\cdots,\frac{1}{(d_2-1)!}\boldsymbol{F}^{(d_2-1)}(\lambda_2;m-1)$$

而提出到行列式外面来相乘的因式是$(\lambda_2-\lambda_1)^{d_2}$.

第四步,同理可计算并简化 V_1 的第 d_1+d_2 行到最后一行,即第 $m-1$ 行,最后可得

$$V_1=\prod_{i=2}^{t}(\lambda_i-\lambda_1)^{d_i}\begin{vmatrix}\boldsymbol{F}(\lambda_1;d_1-1;m-1)\\ \boldsymbol{F}(\lambda_2;d_2;m-1)\\ \vdots\\ \boldsymbol{F}(\lambda_t;d_t;m-1)\end{vmatrix}$$

$$=\prod_{i=2}^{t}(\lambda_i-\lambda_1)^{d_i}\mid\boldsymbol{V}(\lambda_1,\cdots,\lambda_t;d_1-1,d_2,\cdots,d_t)\mid$$

所以,公式(7) 成立,引理证毕.

定理 1 的证明　反复应用引理 1,即得

$$\mid\boldsymbol{V}(\lambda_1,\cdots,\lambda_t;d_1,\cdots,d_t)\mid$$

$$=\prod_{i=2}^{t}(\lambda_i-\lambda_1)^{d_i}\mid\boldsymbol{V}(\lambda_1,\cdots,\lambda_t;d_1-1,d_2,\cdots,d_t)\mid=\cdots$$

$$=\left(\prod_{i=2}^{t}(\lambda_i-\lambda_1)^{d_i}\right)^{d_i}\mid\boldsymbol{V}(\lambda_2,\cdots,\lambda_t;d_2,\cdots,d_t)\mid=\cdots$$

$$=\left(\prod_{i=2}^{t}(\lambda_i-\lambda_1)^{d_i}\right)^{d_1}\cdot$$

$$\left(\prod_{i=3}^{t}(\lambda_i-\lambda_2)^{d_i}\right)^{d_2}\cdots((\lambda_t-\lambda_{t-1})^{d_t})^{d_{t-1}}$$

证毕.

定理 1 有下列推论:

推论 1　当 $\lambda_1,\cdots,\lambda_t$ 互不相等时,广义型

Vandermonde 方阵 $\boldsymbol{V}(\lambda_1,\cdots,\lambda_t;d_1,\cdots,d_t)$ 是可逆方阵,进而言之,下列准对角分块方阵

$$\boldsymbol{V}\equiv\begin{pmatrix}\boldsymbol{V}_1 & & & \\ & \boldsymbol{V}_2 & & \\ & & \ddots & \\ & & & \boldsymbol{V}_s\end{pmatrix}$$

$$\xlongequal{\triangle}\begin{pmatrix}\boldsymbol{V}(\lambda_1,\cdots,\lambda_t;d_{11},\cdots,d_{1t})^{\mathrm{T}} & & & \\ & \boldsymbol{V}(\lambda_1,\cdots,\lambda_t;d_{21},\cdots,d_{2t})^{\mathrm{T}} & & \\ & & \ddots & \\ & & & \boldsymbol{V}(\lambda_1,\cdots,\lambda_t;d_{s1},\cdots,d_{st})^{\mathrm{T}}\end{pmatrix}$$

也是可逆方阵.

3. **若干应用**

(1)化能控标准形为 Jordan 标准形

考虑单输入系统的能控标准形

$$\dot{\boldsymbol{X}}=\boldsymbol{A}\boldsymbol{X}+\boldsymbol{b}u \tag{9}$$

其中

$$\boldsymbol{A}=\begin{pmatrix}0 & 1 & 0 & \cdots & 0\\ 0 & 0 & 1 & \cdots & 0\\ \vdots & \vdots & \vdots & & \vdots\\ 0 & 0 & 0 & \cdots & 1\\ -a_0 & -a_1 & -a_2 & \cdots & -a_{n-1}\end{pmatrix},\boldsymbol{b}=\begin{pmatrix}0\\ \vdots\\ 0\\ 1\end{pmatrix} \tag{10}$$

若 $\boldsymbol{A}$ 的特征根 $\lambda_1,\lambda_2,\cdots,\lambda_n$ 都是单根,文[1-2]证明了在变换

$$\boldsymbol{X}=\boldsymbol{V}(\lambda_1,\cdots,\lambda_n)^{\mathrm{T}}\boldsymbol{X}^1$$

下,系统(9)可化为 Jordan 标准形

$$\dot{\boldsymbol{X}}^1=\boldsymbol{J}\boldsymbol{X}^1+\boldsymbol{b}^\circ u \tag{11}$$

其中

$$\begin{aligned}\boldsymbol{J}&=[\boldsymbol{V}(\lambda_1,\cdots,\lambda_n)^{\mathrm{T}}]^{-1}\boldsymbol{A}\boldsymbol{V}(\lambda_1,\cdots,\lambda_n)^{\mathrm{T}}\\&=\begin{pmatrix}\lambda_1&&&\\&\lambda_2&&\\&&\ddots&\\&&&\lambda_n\end{pmatrix}\end{aligned}\tag{12}$$

$$\boldsymbol{b}^\circ=[\boldsymbol{V}(\lambda_1,\cdots,\lambda_n)^{\mathrm{T}}]^{-1}\boldsymbol{b}$$

对于一般情形,即 $\boldsymbol{A}$ 的特征根有重根时,文[1-3]中均未做出完整的讨论,但利用上面的基本事实,我们能够获得最一般的结果.

从代数观点看,问题的实质是将循环阵的一般自然法式(或称有理法式)$\boldsymbol{A}$ 演化为一般 Jordan 法式 $\boldsymbol{J}$. 我们有下面的结论:

定理 2 设

$$\boldsymbol{A}=\begin{pmatrix}0&1&0&\cdots&0\\0&0&1&\cdots&0\\\vdots&\vdots&\vdots&&\vdots\\0&0&0&\cdots&1\\-a_0&-a_1&-a_2&\cdots&-a_{m-1}\end{pmatrix}\tag{13}$$

$\boldsymbol{A}$ 的特征多项式 $\Psi(\lambda)=\lambda^m+a_{m-1}\lambda^{m-1}+\cdots+b_1\lambda+a_0$ 在复数域上的分解式是

$$\Psi(\lambda)=(\lambda-\lambda_1)^{d_1}\cdots(\lambda-\lambda_t)^{d_t}\tag{14}$$

其中 $\lambda_1,\cdots,\lambda_t$ 是互异特征根, $\sum_{i=1}^{t}d_i=m$,则

$$\boldsymbol{A}\boldsymbol{V}(\lambda_1,\cdots,\lambda_t;d_1,\cdots,d_t)^{\mathrm{T}}=\boldsymbol{V}(\lambda_1,\cdots,\lambda_t;d_1,\cdots,d_t)\cdot\begin{pmatrix}\boldsymbol{J}_1 & & & \\ & \boldsymbol{J}_2 & & \\ & & \ddots & \\ & & & \boldsymbol{J}_t\end{pmatrix}\tag{15}$$

其中

$$\boldsymbol{J}_i=\begin{pmatrix}\lambda_i & 1 & & \\ & \ddots & \ddots & \\ & & \ddots & 1 \\ & & & \lambda_i\end{pmatrix}_{d_i\times d_i}$$

证明

$$\boldsymbol{V}(\lambda_1,\cdots,\lambda_t;d_1,\cdots,d_t)^{\mathrm{T}}\cdot\begin{pmatrix}\boldsymbol{J}_1 & & & \\ & \boldsymbol{J}_2 & & \\ & & \ddots & \\ & & & \boldsymbol{J}_t\end{pmatrix}$$

$$=(\boldsymbol{F}(\lambda_1;d_1;m)^{\mathrm{T}},\cdots,\boldsymbol{F}(\lambda_t;d_t;m)^{\mathrm{T}})\begin{pmatrix}\boldsymbol{J}_1 & & & \\ & \boldsymbol{J}_2 & & \\ & & \ddots & \\ & & & \boldsymbol{J}_t\end{pmatrix}$$

$$=(\boldsymbol{F}(\lambda_1;d_1;m)^{\mathrm{T}}\boldsymbol{J}_1,\cdots,\boldsymbol{F}(\lambda_t;d_t;m)^{\mathrm{T}}\boldsymbol{J}_t)$$

我们只计算第一个子块 $\boldsymbol{V}(\lambda_1,\cdots,\lambda_t;d_1,\cdots,d_t)^{\mathrm{T}}\boldsymbol{J}_1$，其他子块 $\boldsymbol{V}(\lambda_1,\cdots,\lambda_t;d_1,\cdots,d_t)^{\mathrm{T}}\boldsymbol{J}_i$ 的计算是类似的. 一方面

$$F(\lambda_1;d_1;m)^{\mathrm{T}}J_1=\begin{pmatrix}\lambda_1 & 1 & 0 & \cdots & 0\\ \lambda_1^2 & 2\lambda_1 & 1 & \cdots & 0\\ \lambda_1^3 & 3\lambda_1^2 & \mathrm{C}_2^3\lambda_1 & \cdots & 0\\ \vdots & \vdots & \vdots & & \vdots\\ \lambda_1^m & m\lambda_1^{m-1} & \mathrm{C}_2^m\lambda_1^{m-2} & \cdots & \mathrm{C}_{d_1-1}^m\lambda^{m-d_1+1}\end{pmatrix}$$

另一方面,因为 $\boldsymbol{A}$ 的特征根 $\boldsymbol{\lambda}_i$ 的重数是 d_i,所以,$\Psi^{(j)}(\boldsymbol{\lambda}_i)=0,j=0,1,\cdots,d_i-1$. 我们来计算

$$\begin{aligned}&\boldsymbol{AV}(\lambda_1,\cdots,\lambda_t;d_1,\cdots,d_t)^{\mathrm{T}}\\ &=(\boldsymbol{AF}(\lambda_1;d_1;m)^{\mathrm{T}},\cdots,\boldsymbol{AF}(\lambda_t;d_t;m)^{\mathrm{T}})\end{aligned}$$

我们也只计算第一个子块 $\boldsymbol{AF}(\boldsymbol{\lambda}_1;d_1;m)^{\mathrm{T}}$,其他子块 $\boldsymbol{AF}(\boldsymbol{\lambda}_i;d_i;m)^{\mathrm{T}}$ 的计算是类似的.

$$\boldsymbol{A}\cdot\boldsymbol{F}(\lambda_1;d_1;m)^{\mathrm{T}}=\begin{pmatrix}\lambda_1 & 1 & 0 & \cdots & 0\\ \lambda_1^2 & 2\lambda_1 & 1 & \cdots & 0\\ \lambda_1^3 & 3\lambda_1^2 & \mathrm{C}_2^3\lambda_1 & \cdots & 0\\ \vdots & \vdots & \vdots & & \vdots\\ \lambda_1^m & m\lambda_1^{m-1} & \mathrm{C}_2^m\lambda_1^{m-2} & \cdots & \mathrm{C}_{d_1-1}^m\lambda^{m-d_1+1}\end{pmatrix}$$

可见

$$\boldsymbol{AF}(\lambda_1;d_1;m)^{\mathrm{T}}=\boldsymbol{V}(\lambda_1,\cdots,\lambda_t;d_1,\cdots,d_t)^{\mathrm{T}}\boldsymbol{J}_1$$

同样可知,有

$$\boldsymbol{AF}(\lambda_i;d_i;m)^{\mathrm{T}}=\boldsymbol{V}(\lambda_1,\cdots,\lambda_t;d_1,\cdots,d_t)^{\mathrm{T}}\boldsymbol{J}_i$$

所以定理 2 成立.

定理 3 设 $\boldsymbol{A}$ 是一般有理法式

$$\boldsymbol{A}=\begin{pmatrix}\boldsymbol{A}_1 & & & \\ & \boldsymbol{A}_2 & & \\ & & \ddots & \\ & & & \boldsymbol{A}_s\end{pmatrix},\boldsymbol{A}_i=\begin{pmatrix}0 & 1 & 0 & \cdots & 0\\ 0 & 0 & 1 & \cdots & 0\\ \vdots & \vdots & \vdots & & \vdots\\ 0 & 0 & 0 & \cdots & 1\\ -a_{i0} & -a_{i1} & -a_{i2} & \cdots & -a_{im_{i-1}}\end{pmatrix}_{m_i\times m_i}$$

其中 $m_1+m_2+\cdots+m_s=n$. 每一个 $\boldsymbol{A}_i$ 有唯一的非零次不变因子是其特征多项式 $\Psi_i(\lambda)$. 设 $\Psi_i(\lambda)$ 的标准分解式是

$$\Psi_i(\lambda)=(\lambda-\lambda_1)^{d_{i1}}(\lambda-\lambda_2)^{d_{i2}}\cdots(\lambda-\lambda_t)^{d_{it}}$$

其中

$$d_{i1}+d_{i2}+\cdots+d_{it}=m_i\quad(i=1,2,\cdots,s)$$

而且 $\Psi_i(\lambda)$ 整除 $\Psi_{i+1}(\lambda)$, 即

$$0\leqslant d_{ij}\leqslant d_{i+1,j}\quad(j=1,2,\cdots,t;i=1,2,\cdots,s-1)$$

则

$$\boldsymbol{AV}=\boldsymbol{VJ}$$

其中 $\boldsymbol{V}$ 是准对角分块方阵

$$\boldsymbol{V}\equiv\begin{pmatrix}\boldsymbol{V}_1 & & & \\ & \boldsymbol{V}_2 & & \\ & & \ddots & \\ & & & \boldsymbol{V}_s\end{pmatrix}=\begin{pmatrix}\boldsymbol{V}(\lambda_1,\cdots,\lambda_t;d_{11},\cdots,d_{1t})^{\mathrm{T}} & & & \\ & \boldsymbol{V}(\lambda_1,\cdots,\lambda_t;d_{21},\cdots,d_{2t})^{\mathrm{T}} & & \\ & & \ddots & \\ & & & \boldsymbol{V}(\lambda_1,\cdots,\lambda_t;d_{s1},\cdots,d_{st})^{\mathrm{T}}\end{pmatrix}$$

而 $\boldsymbol{J}$ 是 Jordan 法式如下

$$\boldsymbol{J}=\begin{pmatrix}\boldsymbol{J}_1 & & & \\ & \boldsymbol{J}_2 & & \\ & & \ddots & \\ & & & \boldsymbol{J}_s\end{pmatrix};\boldsymbol{J}_i=\begin{pmatrix}\boldsymbol{J}_{i1} & & & \\ & \boldsymbol{J}_{i2} & & \\ & & \ddots & \\ & & & \boldsymbol{J}_{it}\end{pmatrix}$$

其中每一个 Jordan 块 $\boldsymbol{J}_{ij}$ 对应于一个初等因子,并有如下形式

$$\boldsymbol{J}_{ij}=\begin{pmatrix}\lambda_j & 1 & & \\ & \ddots & \ddots & \\ & & \ddots & 1 \\ & & & \lambda_j\end{pmatrix}_{d_{ij}\times d_{ij}}$$

证明 由定理 2,有

$$\boldsymbol{AV}=\begin{pmatrix}\boldsymbol{A}_1\boldsymbol{V}_1 & & & \\ & \boldsymbol{A}_2\boldsymbol{V}_2 & & \\ & & \ddots & \\ & & & \boldsymbol{A}_s\boldsymbol{V}_s\end{pmatrix}$$

$$=\begin{pmatrix}\boldsymbol{V}_1\boldsymbol{J}_1 & & & \\ & \boldsymbol{V}_2\boldsymbol{J}_2 & & \\ & & \ddots & \\ & & & \boldsymbol{V}_s\boldsymbol{J}_s\end{pmatrix}$$

$$=\boldsymbol{VJ}$$

证毕.

显然,定理 3 中的准对角分块形式的广义 Vandermonde 方阵 $\boldsymbol{V}$ 是可逆的(推论 1),因此,定理 3 说明,若 $\boldsymbol{A}$ 是一般有理法式,则 $\boldsymbol{V}$ 是变 $\boldsymbol{A}$ 为 Jordan 法式 $\boldsymbol{J}$ 的演化方阵. 总之,定理 3 给予 Vandermonde 方阵及其推广形式以明确的解释. 这样以不变因子理论为基础的有理法式和以初等因子理论为基础的 Jordan 法式之间的内在联系就有了深刻而直观的表示.

（2）关于矩阵函数 $\mathrm{e}^{\boldsymbol{A}t}$ 的计算

在控制论中常需计算 $\mathrm{e}^{\boldsymbol{A}t}$. 计算 $\mathrm{e}^{\boldsymbol{A}t}$ 是很麻烦的，在许多教科书中都有叙述. 这里我们利用上面得到的结果，给出较为简单的计算方法.

设 $\boldsymbol{A}$ 是 n 阶方阵，$\boldsymbol{A}$ 的最小多项式记为 $\boldsymbol{\Psi}(\lambda)$，它在复数域上的分解式设为

$$\boldsymbol{\Psi}(\lambda)=(\lambda-\lambda_1)^{d_1}(\lambda-\lambda_2)^{d_2}\cdots(\lambda-\lambda_l)^{d_l}$$

其中 $\lambda_1,\lambda_2,\cdots,\lambda_l$ 互不相等且 $\sum\limits_{i=1}^{l} d_i=m\leqslant n$. 我们知道，对于每一个 t，矩阵 $\mathrm{e}^{\boldsymbol{A}t}$ 可用 $\boldsymbol{I},\boldsymbol{A},\cdots,\boldsymbol{A}^{m-1}$ 线性表示. 因此，$\mathrm{e}^{\boldsymbol{A}t}$ 可表示为

$$\begin{aligned}\mathrm{e}^{\boldsymbol{A}t}&=\alpha_0(t)\boldsymbol{I}+\alpha_1(t)\boldsymbol{A}+\cdots+\alpha_{m-1}(t)\boldsymbol{A}^{m-1}\\&=(\boldsymbol{I},\boldsymbol{A},\cdots,\boldsymbol{A}^{m-1})\boldsymbol{\alpha}(t)\end{aligned}$$

其中 $\boldsymbol{\alpha}(t)=(\alpha_0(t),\alpha_1(t),\cdots,\alpha_{m-1}(t))^{\mathrm{T}}$.

特别地，可知

$$\mathrm{e}^{\lambda_i t}=\boldsymbol{F}(\lambda_i;m)\boldsymbol{\alpha}(t)$$

$$t\mathrm{e}^{\lambda_i t}=\boldsymbol{F}'(\lambda_i;m)\boldsymbol{\alpha}(t)$$

$$t^{d_i-1}\mathrm{e}^{\lambda_i t}=\boldsymbol{F}^{(d_i-1)}(\lambda_i;m)\boldsymbol{\alpha}(t)\quad(i=1,2,\cdots,l)$$

令

$$\boldsymbol{E}=\left(\mathrm{e}^{\lambda_1 t},\frac{t}{1!}\mathrm{e}^{\lambda_1 t},\cdots,\frac{t^{d_1-1}}{(d_1-1)!}\mathrm{e}^{\lambda_1 t},\mathrm{e}^{\lambda_2 t},\frac{t}{1!}\mathrm{e}^{\lambda_2 t},\cdots,\right.$$
$$\left.\frac{t^{d_2-1}}{(d_2-1)!}\mathrm{e}^{\lambda_2 t},\cdots,\mathrm{e}^{\lambda_l t},\frac{t}{1!}\mathrm{e}^{\lambda_l t},\cdots,\frac{t^{d_l-1}}{(d_l-1)!}\mathrm{e}^{\lambda_l t}\right)$$

则 $\boldsymbol{E}$ 可写为

$$\boldsymbol{E}=\boldsymbol{V}(\lambda_1,\cdots,\lambda_l;d_1,\cdots,d_l;m)\boldsymbol{\alpha}(t)$$

由此得到

Vandermonde 行列式

$$\boldsymbol{\alpha}(t)=\boldsymbol{V}(\lambda_1,\cdots,\lambda_l;d_1,\cdots,d_l;m)\boldsymbol{E}$$

将其代入 e^{At} 的表达式中，即可计算出 e^{At}.

考虑到 $\boldsymbol{E}$ 中诸分量是线性无关的函数组，而且 $\boldsymbol{V}(\lambda_1,\cdots,\lambda_l;d_1,\cdots,d_l)$ 是满秩的，因此 $\boldsymbol{\alpha}(t)$ 的诸分量也是线性无关的函数组，故有下面的推论.

推论 2 $\boldsymbol{\alpha}(t)$ 中诸分量 $\alpha_0(t),\alpha_1(t),\cdots,\alpha_{m-1}(t)$ 是线性无关的函数组.

对于 $\boldsymbol{A}$ 的特征根都为单根的情形，计算 e^{At} 的方法在文[1-3]中已给出，但对于有重根的情形，均未做出完整的讨论. 推论 2 在一般教科书上是能够找到的[1]，但证明都较烦琐而不如本章之简捷.

注 在本章第三部分中需计算 $\boldsymbol{V}^{-1}(\lambda_1,\cdots,\lambda_l;d_1,\cdots,d_l;m)$，由于已知其行列式的值，故可利用 Leverrier-Faddeeva 公式[1]计算.

参考文献

[1]须田信英. 自动控制中的矩阵论[M]. 曹长修，译. 北京：科学出版社，1979.

[2]李国平，宋瑞玉，范文涛. 数学模型与工业自动控制：第一卷[M]. 武汉：湖北人民出版社，1978.

[3] OGATA K. State space analysis of control systems [M]. Englewood Cliffs: Prentice-Hall, Inc. ,1967.

第 21 章 Vandermonde 行列式在"乘积多项式"与新劈因子法中的应用①

杭州商学院②的何纯瑾教授 1990 年研究了求解形为

$$f(x)=\prod_{k=1}^{\frac{n}{2}}(x^2-p_kx-q_k)+K\prod_{k=1}^{\frac{n}{2}}(x^2-r_kx-s_k) \quad (1)$$

(其中 n 为偶数) 或

$$f(x)=\prod_{k=1}^{n}(x-p_k)+K\prod_{k=1}^{n}(x-q_k) \quad (2)$$

的"乘积多项式"的所有二次因式 $x^2-u_ix-v_i$. 用文[1]中的方法,得初始近似因子 $\omega(x)=x^2+ux+v$. 再分两步求 $\omega(x)$ 的修正因子 $\omega^*(x)$:

1. 用 $\omega^2(x)$ 除 $f(x)$,得余式 $R_1(x)$;

2. 用 $\omega^2(x)$ 除 $xR_1(x)$,得余式 $R_2(x)$.

---

① 摘编自《数学杂志》,1990,10(1):59-60.

② 今浙江工商大学.

再取 $R_1(x)$ 与 $R_2(x)$ 的适当线性组合，消去三次项即得 $\omega^*(x)$. 为了减少求 $R_1(x)$ 的计算量，用待定系数法并选取等距基点 $x_1,\cdots,x_n$. 记 $h=x_{j+1}-x_j$.

设

$$f(x)=\omega^2(x)Q(x)+R_1(x) \tag{3}$$

其中

$$R_1(x)=Ax^3+Bx^2+Cx+D$$

$$Q(x)=(K+1)x^{n-4}+q_1x^{n-5}+\cdots+q_{n-4}$$

代入基点值得到线性方程组

$$\begin{aligned}&Ax_j^3+Bx_j^2+Cx_j+D+\omega^2(x_j)(q_1x_j^{n-5}+\cdots+q_{n-4})\\&=f(x_j)-\omega^2(x_j)(K+1)x_j^{n-4}\quad(j=1,2,\cdots,n)\end{aligned} \tag{4}$$

用 V_t 记以 $(x_t,\cdots,x_{t+m})$ 为元素的 Vandermonde 行列式

$$V_t=\begin{vmatrix}x_t^m & x_t^{m-1} & \cdots & x_t & 1\\ \vdots & \vdots & & \vdots & \vdots\\ x_{t+m}^m & x_{t+m}^{m-1} & \cdots & x_{t+m} & 1\end{vmatrix}$$

$$(t=1,2,3,4;m=n-4) \tag{5}$$

令

$$p_t(x)=\prod_{j=t}^{m+t}(x-x_j)\quad(t=1,2,3,4)$$

V_t^j 为 V_t 中 x_j^m 的代数余子式，则有

$$V_t^j=\frac{V_t}{p'_t(x_j)}\quad(t=1,2,3,4;t\leqslant j\leqslant m+t) \tag{6}$$

不妨设 $\omega^2(x_j)\neq0$. 对固定的 t，在(4)中第 j 个等式两边乘以 $\dfrac{V_t^j}{\omega^2(x_j)}$，并对 $j=t,\cdots,t+m$ 相加即可消去 $q_1,\cdots,q_{n-4}$，得到

$$\sum_{j=t}^{t+m}\frac{V_t^j}{\omega^2(x_j)}(Ax_j^3+Bx_j^2+Cx_j+D)$$

$$=\sum_{j=t}^{t+m}\frac{V_t^j f(x_j)}{\omega^2(x_j)}-(K-1)V_t \tag{7}$$

利用(6),从(7)中约去 V_t,得

$$\alpha_{t3}A+\alpha_{t2}B+\alpha_{t1}C+\alpha_{t0}D=\beta_t \quad (t=1,2,3,4) \tag{8}$$

其中

$$\alpha_{t3}=\sum_{j=t}^{t+m}\frac{x_j^3}{\omega^2(x_j)p'_t(x_j)};\alpha_{t2}=\sum_{j=t}^{t+m}\frac{x_j^2}{\omega^2(x_j)p'_t(x_j)}$$

$$\alpha_{t1}=\sum_{j=t}^{t+m}\frac{x_j}{\omega^2(x_j)p'_t(x_j)};\alpha_{t0}=\sum_{j=t}^{t+m}\frac{1}{\omega^2(x_j)p'_t(x_j)}$$

$$\beta_t=-(K+1)+\sum_{j=t}^{t+m}\frac{f(x_j)}{\omega^2(x_j)p'_t(x_j)}$$

把 $p'_t(x_j)=(-1)^{j-t-m}(j-t)!\ (m-j+t)!\ h^m$ 代入(8),两端乘以 $m!$,约去 h^{-m} 并令 $k=j-t$ 得(8)中诸系数

$$\begin{cases}\alpha_{ts}=h^s\sum\limits_{k=0}^{m}\alpha_{t,s,k}=h^s\sum\limits_{k=0}^{m}(-1)^k\dbinom{m}{k}\dfrac{\left(\dfrac{\tau_{t+k}}{h}\right)^s}{\omega^2(x_{t+k})}\\ \beta_t=-(K+1)(-1)^m m!\ h^m+\sum\limits_{k=0}^{m}\beta_{tk}\\ \quad=-(K+1)(-1)^m m!\ h^m+\sum\limits_{k=0}^{m}(-1)^k\dbinom{m}{k}\dfrac{f(\tau_{t+k})}{\omega^2(x_{t+k})}\\ \qquad (t=1,2,3,4;s=0,1,2,3)\end{cases} \tag{9}$$

实际上可按下列步骤计算

$$\begin{cases}\alpha_{1,0,k}=(-1)^k\dfrac{\dbinom{m}{k}}{\omega^2(x_{k+1})} \quad (k=0,1,\cdots,m)\\ \alpha_{t,0,k}=-\dfrac{k+1}{m-k-1}\alpha_{t-1,0,k-1}\\ (t=2,3,4;k=0,1,\cdots,m-1)\\ \alpha_{t,0,m}=\dfrac{(-1)^m}{\omega^2(\tau_{m+t})} \quad (t=2,3,4)\\ \alpha_{t,s,k}=\left(\dfrac{x_{t+k}}{h}\right)\alpha_{t,s-1,k}\\ (t=1,2,3,4;s=1,2,3;k=0,1,\cdots,m)\end{cases} \tag{10}$$

$$\begin{cases}\beta_{1k}=(-1)^k\dfrac{\dbinom{m}{k}f(x_{k+1})}{\omega^2(x_{k+1})} \quad (k=0,1,\cdots,m)\\ \beta_{tk}=-\dfrac{k+1}{m-k}\beta_{t-1,k-1}\\ (t=2,3,4;k=0,1,\cdots,m-1)\\ \beta_{tm}=(-1)^m\dfrac{f(x_{m+t})}{\omega^2(x_{m+t})} \quad (t=2,3,4)\end{cases} \tag{11}$$

至于因子 h^s，可归并于 A,B,C. 经估计，每次迭代的计算量不超过

$$2n+24m\cdot\frac{\log_2 m}{N}+23\frac{m}{N}+40$$

$$\leqslant 2n+24(n-4)\frac{\log_2 2(n-4)}{N}+40$$

其中 N 为机器的二进字长. 当 $N\geqslant 60$，$n\leqslant 30$ 时，一次迭代的计算量约为 $4.5n+30$. 即使 n 接近 60，一次迭代的计算量也不过是 $5n$.

参考文献

[1]井中.求多项式根的新劈因子法[J].计算数学,1979,1(1):31-34.

Vandermonde 行列式在抛物线型结点组上的插值中的应用①

第 22 章

江西吉安师范专科学校的朱平教授 1997 年讨论了 $\mathbf{R}^2$ 上的弧线型结点组之一:抛物线型结点组插值的适定性.

多元多项式插值问题历史悠久,最近十几年间,在这个问题上又有一系列新的进展,对浩繁的文献资料在此仅列出文[1-3]. $\mathbf{R}^s$ 上插值问题的一般提法如下:

设 $w=(w_1,\cdots,w_s)\in\mathbf{R}^s$, $P_1(w),\cdots,P_k(w)$是 k 个线性无关的多项式,它们生成的实线性空间记作 P, $G_1,G_2,\cdots,G_k$ 是 k 个线性插值泛函($G_1,G_2,\cdots,G_k$ 中允许有相同的), $\hat{X}=\{x_i:i=1,\cdots,k\}$ 是所讨论的插值结点组($x_1,\cdots,x_k$ 中也允许有相同的), f 是在 $\mathbf{R}^s$ 上有定义的函数. 我们要研

① 摘编自《数学的实践与认识》,1997,27(3):253-260.

究结点组 $\hat{X}$ 中结点的位置如何选择时，对一切使得 $G_i f(x_i)(i=1,\cdots,k)$ 有意义的 f，存在唯一的多项式

$$P(w)=\sum_{j=1}^{k}a_jP_j(w)\ \in P$$

满足插值条件

$$G_iP(x_i)=\sum_{j=1}^{k}a_jG_iP_j(x_i)=G_if(x_i)\quad (i=1,\cdots,k)$$

满足以上条件的结点组 $\hat{X}$ 称为所讨论插值问题的适定结点组，相应的插值问题称为适定插值问题.

本章将采用多元函数的一些通用记号

$$w^j=(w_1^{j_1},\cdots,w_s^{j_s}),|j|=j_1+\cdots+j_s$$

$(j_1,\cdots,j_s$ 均为非负整数). 以 P_n 记所有次数不超过 n 的 s 元多项式所构成的空间，$P_{n_1,\cdots,n_s}$ 记所有关于 w_1 的次数不超过 n_1，……，关于 w_s 的次数不超过 n_s 的 s 元多项式所构成的空间.

前面提到的插值问题的适定性等价于方阵

$$\begin{pmatrix} G_1P_1(x_1) & G_2P_1(x_2) & \cdots & G_kP_1(x_k)\\ G_1P_2(x_1) & G_2P_2(x_2) & \cdots & G_kP_2(x_k)\\ \vdots & \vdots & & \vdots\\ G_1P_k(x_1) & G_2P_k(x_2) & \cdots & G_kP_k(x_k)\end{pmatrix}$$

的非奇异性. 特别当 $G_1=\cdots=G_k=I$（I 是恒等算子）时，这个方阵具有下面的形式（P 取作 P_n 或 $P_{n_1,\cdots,n_s}$）

$$(\boldsymbol{\Phi}_1\ \vdots\ \cdots\ \vdots\ \boldsymbol{\Phi}_k)$$

其中 $\boldsymbol{\Phi}_i=(x_i^j)^{\mathrm{T}}(|j|\leqslant n$ 或 $0\leqslant j_1\leqslant n_1,\cdots,0\leqslant j_s\leqslant n_s)$ 是方阵的第 i 列. 当 $s=1$ 时，方阵 $(\boldsymbol{\Phi}_1\ \vdots\ \cdots\ \vdots\ \boldsymbol{\Phi}_k)$ 的行列式就是 Vandermonde 行列式，对结点互不相同的任意

结点组,此行列式总不为零. 而当 $s>1$ 时,关于这方面的讨论还不多. 为方便起见,当 $s>1$ 时,相应的行列式我们仍称为"Vandermonde 行列式".

文[1]就直线型结点组[2]求出了相应的 Vandermonde 行列式的表达式,并由此表达式进一步讨论了相应于直线型结点组的有重合结点、重合直线的多元 Hermite 插值及 Birkhoff 插值. 本章要讨论的是 $\mathbf{R}^2$ 上的弧线型结点组之一:抛物线型结点组的情形.

定义 1 弧线型结点组 A[2] 记为 $L_n=(n+1)\times(2n+1)$.

第 0 步:在 $\mathbf{R}^2$ 上任选一点 x_1 作为一个结点;

第 1 步:在 $\mathbf{R}^2$ 上作一条二次不可约曲线 X_1(可以是椭圆、双曲线或抛物线)不通过点 x_1,在其上任选 5 个互不相同的结点 $x_2,\cdots,x_6$;

……

第 n 步:在 $\mathbf{R}^2$ 上再作一条二次不可约曲线 X_n(可以是椭圆、双曲线或抛物线)不通过前面已选好的点,在 X_n 上再任选 $4n+1$ 个互不相同的结点 $x_{L_{n-1}+1},\cdots,x_{L_n}$.

到第 n 步为止我们得到的结点组 $\overline{X}_n=\{x_i:i=1,\cdots,L_n\}$ 就称为弧线型结点组 A.

若以 $w=(u,v)$ 表示 $\mathbf{R}^2$ 中的点,本章选择二元单项式列 $\phi_1,\phi_2,\cdots$ 的如下排列:

$1;u,v,u^2,uv,v^2;u^3,u^2v,uv^2,v^3;u^4,u^3v,u^2v^2,uv^3,v^4;\cdots$

$\overline{X}_n$ 是适定结点组的充要条件是

$$VD_n\begin{pmatrix}\phi_1 & \cdots & \phi_{L_n}\\ x_1 & \cdots & x_{L_n}\end{pmatrix}=\det\left(\boldsymbol{\Phi}_1 \vdots \cdots \vdots \boldsymbol{\Phi}_{L_n}\right)\neq 0$$

这里 $\boldsymbol{\Phi}_i=(\phi_1(x_i),\cdots,\phi_{L_n}(x_i))^{\mathrm{T}}$.

为了讨论在二次不可约曲线 $X_j(j=1,\cdots,n)$ 上有重合结点的情况，本章考虑将弧结点组 A 做如下推广：

定义 2　弧线型结点组 B 与弧线型结点组 A 类似，有所不同的是 X_j 上可有重合结点

$$X_{L_{j-1}+1},\cdots,X_{L_j}=\underbrace{y_{j1},\cdots,y_{j1}}_{l_{j1}},\cdots,\underbrace{y_{jk_j},\cdots,y_{jk_j}}_{l_{jk_j}}$$

$$l_{j1}+\cdots+l_{jk_j}=L_j-L_{j-1}\quad(j=1,\cdots,n)$$

在 X_j 的重合结点处相应于求导算子 $D_{X_j}^k$（$D_{X_j}^0$ 定义为恒等算子）的 Hermite 插值，D_{X_j} 的定义视 X_j 是抛物线、椭圆、双曲线而有所区别，本章将在后面就抛物线情形给出具体定义. 记列向量

$$D_{X_j}^k\boldsymbol{\Phi}_i=(D_{X_j}^k\phi_1(x_i),\cdots,D_{X_j}^k\phi_{L_n}(x_i))^{\mathrm{T}}$$

于是，弧线型结点组 B 的 $\overline{X}_n$ 上的 Hermite 插值问题相应的"Vandermonde 行列式"为

$$HD_n\begin{pmatrix}\phi_1 & \cdots & \phi_{L_n}\\ x_1 & \cdots & x_{L_n}\end{pmatrix}$$

$$=\det(\Phi_1\vdots\cdots\vdots\underbrace{\Phi_{j1}\vdots D_{X_j}\Phi_{j1}\vdots\cdots\vdots D_{X_j}^{l_{j1}-1}\Phi_{j1}\vdots\cdots\vdots\Phi_{jk_j}\vdots D_{X_j}\Phi_{jk_j}\vdots\cdots\vdots D_{X_j}^{l_{jk_j}-1}\Phi_{jk_j}\vdots}_{\text{对}X_j\text{上的点}}\cdots)$$

为了讨论二次曲线 $X_1,\cdots,X_n$ 中有重合的情况，本章考虑将弧线点组 A 做如下推广：

定义 3　弧线型结点组 C 与弧线型结点组 A 类似，现在设 $\overline{X}_n$ 由互不相同的结点 $x_1,\cdots,x_{L_n}$ 组成，但是

$$X_1,\cdots,X_n=\underbrace{Y_1,\cdots,Y_1}_{m_1},\cdots,\underbrace{Y_d,\cdots,Y_d}_{m_d}$$

这里 $m_1+\cdots+m_d=n, Y_1,\cdots,Y_d$ 两两不同.

与弧线型结点组 C 相应的插值问题是 Birkhoff 插值问题,它与 k 阶方向导数算子 $N_{X_j}^k$ 的插值有关,N_{X_j} 的定义也视 X_j 是抛物线、椭圆、双曲线而有所区别,本章将在后面就抛物线情形给出具体定义. 记列向量 $N_{X_j}^k\boldsymbol{\Phi}_i=(N_{X_j}^k\phi_1(x_i),\cdots,N_{X_j}^k\phi_{L_n}(x_i))^{\mathrm{T}}$,相应插值问题是

$$(P-f)(x_1)=0$$

$$N_{Y_j}^{m_j-k-1}(P-f)(x_i)=0 \quad (0\leqslant k\leqslant m_j-1)$$

这里

$$i=L_{m_1+\cdots+m_{j-1}+k}+1,\cdots,L_{m_1+\cdots+m_{j-1}+k+1} \quad (j=1,\cdots,d)$$

对 $j=1$,按通常的约定 $m_1+\cdots+m_{j-1}=0$,$N_{X_j}^0$ 也定义为恒等算子.

换句话说,对那些含结点较少,而又与含结点较多的二次曲线重合的二次曲线,其上的结点我们用方向导数 $N_{X_j}^k$ 的插值代替函数值的插值,这时系数矩阵的"Vandermonde 行列式"为

$$BD_n\begin{pmatrix}\phi_1 & \cdots & \phi_{L_n}\\ x_1 & \cdots & x_{L_n}\end{pmatrix}$$

$$=\det(\cdots\vdots\underbrace{N_{Y_j}^{m_j-1}\Phi_{L_{m_1+\cdots+m_{j-1}}+1}\vdots\cdots\vdots N_{Y_j}^{m_j-1}\Phi_{L_{m_1+\cdots+m_{j-1}+1}}}_{\text{对}k=0}\vdots\cdots\vdots$$

$$\underbrace{\Phi_{L_{m_1+\cdots+m_{j-1}+m_j-1}+1}\vdots\cdots\vdots\Phi_{L_{m_1+\cdots+m_{j-1}+m_j}}}_{\text{对}k=m_j-1}\vdots\cdots)$$

这里我们仅列出了与 Y_j 上结点相应的列.

引理 1 设 $\overline{X}_n=\{x_i:i=1,\cdots,L_n\}$ 是 $\mathbf{R}^2$ 中的弧线型结点组 A,并且第 n 条二次曲线是抛物线 $X_n:v=\sigma_n(u-\lambda_n)^2+p_n$. 记 $x_i=(u_i,v_i)$,那么

$$VD_n\begin{pmatrix}\phi_1 & \cdots & \phi_{L_{n-1}} & \phi_{L_{n-1}+1} & \cdots & \phi_{L_n}\\ x_1 & \cdots & x_{L_{n-1}} & x_{L_{n-1}+1} & \cdots & x_{L_n}\end{pmatrix}$$

$$=\pm\sigma_n^{n(2n+1)}\prod_{i=1}^{L_{n-1}}d(x_i,X_n)\cdot\prod_{L_{n-1}<p<q\leqslant L_n}(u_q-u_p)\cdot$$

$$VD_{n-1}\begin{pmatrix}\phi_1 & \cdots & \phi_{L_{n-1}}\\ x_1 & \cdots & x_{L_{n-1}}\end{pmatrix}$$

这里 $d(x_i,X_n)$ 的意义如下：过点 x_i 引 X_n 的对称轴的平行线，交 X_n 于 z_i，则定义 $d(x_i,X_n)=d(x_i,z_i)$，即线段 x_iz_i 的长度.

证明　作为正式证明的替代，我们以 $n=2$ 为例说明证明方法.

记 $x'_i=x_i-(\lambda_2,0)$，这里 $x'_i=(u'_i,v'_i)$，则 $x_i=x'_i+(\lambda_2,0)$. 以 $P[i,j(\sigma)]$ 记将(15 阶)单位矩阵的第 j 行的 σ 倍加到第 i 行所得之矩阵，记行列式 $VD_2\begin{pmatrix}\phi_1 & \cdots & \phi_{15}\\ x'_1 & \cdots & x'_{15}\end{pmatrix}$ 相应的矩阵为 $VD_2\begin{bmatrix}\phi_1 & \cdots & \phi_{15}\\ x'_1 & \cdots & x'_{15}\end{bmatrix}$，并将此行列式中所有的 v'_i 替换成 $\sigma_2u_i'^2+p_2$，$i=7,\cdots,15$，则

$$VD_2\begin{pmatrix}\phi_1 & \cdots & \phi_{15}\\ x_1 & \cdots & x_{15}\end{pmatrix}$$

$$=VD_2\begin{pmatrix}\phi_1 & \cdots & \phi_{15}\\ x'_1 & \cdots & x'_{15}\end{pmatrix}$$

$$=\det(P[3,1(-p_2)]P[3,4(-\sigma_2)]P[5,2(-p_2)]\cdot$$
$$P[5,7(-\sigma_2)]P[8,4(-p_2)]P[8,11(-\sigma_2)]\cdot$$
$$P[6,3(-p_2)]P[6,8(-\sigma_2)]P[9,5(-p_2)]\cdot$$

$$P[9,12(-\sigma_2)]P[10,6(-p_2)]P[10,13(-\sigma_2)]\cdot$$

$$VD_2\begin{bmatrix}\phi_1 & \cdots & \phi_{15}\\ x'_1 & \cdots & x'_{15}\end{bmatrix})$$

对最后这个行列式,通过行的适当交换,能分块写成 $\begin{vmatrix}\boldsymbol{F} & \boldsymbol{O}\\ \boldsymbol{H} & \boldsymbol{G}\end{vmatrix}$ 的形式,其中 $\boldsymbol{O}$ 是全由零元素组成的 6×9 阶矩阵. 将其分块展开并提取各行的公因式,并记 Vandermonde 行列式

$$\begin{vmatrix}1 & 1 & \cdots & 1\\ a_1 & a_2 & \cdots & a_n\\ \vdots & \vdots & & \vdots\\ a_1^{n-1} & a_2^{n-1} & \cdots & a_n^{n-1}\end{vmatrix}$$

为 $D(a_1,a_2,\cdots,a_n)$,有

$$\begin{aligned}VD_2\begin{pmatrix}\phi_1 & \cdots & \phi_{15}\\ x_1 & \cdots & x_{15}\end{pmatrix} &= \pm\prod_{i=1}^{6}[v_i-\sigma_2(u_i-\lambda_2)^2p_2]\cdot\\ &\quad VD_1\begin{pmatrix}\phi_1 & \cdots & \phi_6\\ x_1 & \cdots & x_6\end{pmatrix}\cdot\\ &\quad D(u'_7,u'_8,\cdots,u'_{15})\cdot\sigma_2^{1+2+3+4}\\ &= \pm\sigma_2^{2(2\cdot 2+1)}\prod_{i=1}^{6}d(x_i,X_2)\cdot\\ &\quad \prod_{6<p<q\leqslant 15}(u_q-u_p)\cdot\\ &\quad VD_1\begin{pmatrix}\phi_1 & \cdots & \phi_6\\ x_1 & \cdots & x_6\end{pmatrix}\end{aligned}$$

证毕.

设 $\alpha,\beta,\gamma,\theta$ 是实数且 $\alpha\theta-\gamma\beta=1$,考虑 $(n+1)\times(n+$

1) 方阵 $\boldsymbol{T}_n=(a_{ij}^n)$，这里 a_{ij}^n 是以下展式中的系数

$$(\alpha u+\beta v)^{n+1-i}(\gamma u+\theta v)^{i-1}=\sum_{j=1}^{n+1}a_{ij}^n u^{n+1-j}v^{j-1}$$

引理 2　$\det \boldsymbol{T}_n=1, n=0,1,\cdots$.

当 $n=0$ 时引理显然成立，当 $n=1,2,\cdots$ 时的证明见文[1].

易验证 $\boldsymbol{T}_1=\begin{pmatrix}\alpha & \beta\\ \gamma & \theta\end{pmatrix}$. 设 $x_i=\boldsymbol{T}_1 y_i, i=1,\cdots,L_n$. 令 $N_k=\frac{(k+2)(k+1)}{2}$，从 $\boldsymbol{T}_k$ 的定义易知

$$\begin{pmatrix}\phi_{N_{k-1}+1}(x_1) & \cdots & \phi_{N_{k-1}+1}(x_{L_n})\\ \vdots & & \vdots\\ \phi_{N_k}(x_1) & \cdots & \phi_{N_k}(x_{L_n})\end{pmatrix}=\boldsymbol{T}_k\begin{pmatrix}\phi_{N_{k-1}+1}(y_1) & \cdots & \phi_{N_{k-1}+1}(y_{L_n})\\ \vdots & & \vdots\\ \phi_{N_k}(y_1) & \cdots & \phi_{N_k}(y_{L_n})\end{pmatrix}$$

$k=1,2,\cdots$. 又 $\boldsymbol{T}_0=(1)$，由此得：

引理 3

$$VD_n\begin{pmatrix}\phi_1 & \cdots & \phi_{L_n}\\ x_1 & \cdots & x_{L_n}\end{pmatrix}=\det\begin{pmatrix}\boldsymbol{T}_0 & & & \\ & \boldsymbol{T}_1 & & \\ & & \ddots & \\ & & & \boldsymbol{T}_{2n}\end{pmatrix}VD_n\begin{pmatrix}\phi_1 & \cdots & \phi_{L_n}\\ y_1 & \cdots & y_{L_n}\end{pmatrix}$$

对于弧线型结点组 A,B,C，如果其中的弧线全部是

抛物线,我们就分别称其为抛物线型结点组 A,B,C.

定理 1 设$\overline{X}_n=\{x_i:i=1,\cdots,L_n\}$是 $\mathbf{R}^2$ 中的抛物线型结点组 A,当把抛物线 X_j 的对称轴旋转到与纵轴平行的位置时,设其方程为

$$v=\sigma_j(u-\lambda_j)^2+p_j \quad (j=1,\cdots,n) \qquad (*)$$

则

$$VD_n\begin{pmatrix}\phi_1 & \cdots & \phi_{L_n}\\ x_1 & \cdots & x_{L_n}\end{pmatrix}$$

$$=C\cdot\prod_{j=1}^{n}\sigma_j^{j(2j+1)}\prod_{j=1}^{n}\prod_{s=1}^{L_{j-1}}d(x_s,X_j)\cdot$$

$$\prod_{j=1}^{n}\prod_{L_{j-1}<p<q\leqslant L_j}[\rho_j(x_q)-\rho_j(x_p)]$$

这里 $C=1$ 或-1. 过点 x_s 作 X_j 的对称轴的平行线交 X_j 于 z_{js},定义 $d(x_s,X_j)=d(x_s,z_{js})$,即 x_s 与 $z_{js}(j=1,\cdots,n)$ 两点间的距离. $\rho_j(x_t)$ 定义为点 x_t 到抛物线 X_j $(j=1,\cdots,n)$的对称轴的有向距离,规定在对称轴的一侧为正,另一侧为负.

证明 设 $\alpha,\beta,\gamma,\theta$ 的选择使纵轴成为 $\boldsymbol{T}_1^{-1}X_n$ 的对轴. 记 $\boldsymbol{T}_1^{-1}x_i=y_i(i=1,\cdots,L_n)$. 应用引理 1 ~3 可得

$$VD_n\begin{pmatrix}\phi_1 & \cdots & \phi_{L_n}\\ x_1 & \cdots & x_{L_n}\end{pmatrix}$$

$$=\det\begin{pmatrix}\boldsymbol{T}_0 & & & \\ & \boldsymbol{T}_1 & & \\ & & \ddots & \\ & & & \boldsymbol{T}_{2n}\end{pmatrix}VD_n\begin{pmatrix}\phi_1 & \cdots & \phi_{L_n}\\ y_1 & \cdots & y_{L_n}\end{pmatrix}$$

$$= VD_n\begin{pmatrix}\phi_1 & \cdots & \phi_{L_n}\\ y_1 & \cdots & y_{L_n}\end{pmatrix}$$

$$= \pm\sigma_n^{n(2n+1)}\prod_{s=1}^{L_{n-1}} d(x_s,X_n)\cdot$$

$$\prod_{L_{n-1}<p<q\leqslant L_n}[\rho_n(x_q)-\rho_n(x_p)]\cdot$$

$$VD_{n-1}\begin{pmatrix}\phi_1 & \cdots & \phi_{L_{n-1}}\\ x_1 & \cdots & x_{L_{n-1}}\end{pmatrix}$$

重复类似的步骤，即得此定理之证明. 证毕.

设与式（$*$）中 X_n 相应的旋转变换为 $y=\boldsymbol{T}_1^{-1}x$，记

$$f_n(y)=f(\boldsymbol{T}_1y)=f(x)$$

$$h_n(u)=f_n(u,\sigma_n(u-\lambda_n)^2+p_n)$$

对 $x\in X_j$，注意到 $y=(u,v)=\boldsymbol{T}_1^{-1}x$，定义

$$D_{X_j}^k f(x)=h_j^{(k)}(u)\quad(k=1,2,\cdots)$$

对其他 j 也类似定义 $D_{X_j}^k$. 由引理 1 及定理 1，沿有重合结点的抛物线做以上求导运算，我们得：

定理 2　设 $\overline{X}_n=\{x_i:i=1,\cdots,L_n\}$ 是 $\mathbf{R}^2$ 中的抛物线型结点组 B，则

$$HD_n\begin{pmatrix}\phi_1 & \cdots & \phi_{L_n}\\ x_1 & \cdots & x_{L_n}\end{pmatrix}$$

$$= C\cdot\prod_{j=1}^{n}\sigma_j^{j(2j+1)}\{\prod_{j=1}^{n}\{\prod_{r=1}^{j-1}\prod_{v=1}^{k_r}[d(y_{rv},X_j)]^{l_{rv}}\}d(x_1,X_j)\}\cdot$$

$$\{\prod_{j=1}^{n}\prod_{1\leqslant s<t\leqslant k_j}[\rho_j(y_{js})-\rho_j(y_{jt})]^{l_{js}l_{jt}}\prod_{u=1}^{k_j}\prod_{\rho=1}^{l_{ju}-1}\rho!\}$$

这里 y_{rv}，l_{rv} 的意义见定义 2，C，$d(y_{rv},X_j)$，$\rho_j(y_{js})$ 的定

义同定理 1.

下面考虑抛物线型结点组 C,当 X_j 是抛物线时,定义 N_{X_j}为平行于对称轴方向的方向导数,以定理 1 为基础就可得:

定理 3 设$\overline{X}_n=\{x_i:i=1,\cdots,L_n\}$是 $\mathbf{R}^2$ 中的抛物线型结点组 C,则

$$BD_n\begin{pmatrix}\phi_1 & \cdots & \phi_{L_n}\\ x_1 & \cdots & x_{L_n}\end{pmatrix}$$

$$=C\cdot\left[\prod_{r=1}^{d}\prod_{m_1+\cdots+m_{r-1}<p\leqslant m_1+\cdots+m_r}\sigma_r^{p(2p+1)}\right]\cdot$$

$$\left[\prod_{r=1}^{d}\prod_{x_s\in B_r}d(x_s,Y_r)\cdot\prod_{r=1}^{d}\prod_{t=1}^{m_r-1}(t!\ )^{4(m_1+\cdots+m_r-t)+1}\right]\cdot$$

$$\left\{\prod_{r=1}^{d}\prod_{u=1}^{m_r}\prod_{L_{m_1+\cdots+m_{r-1}+u-1}<p<q\leqslant L_{m_1+\cdots+m_{r-1}+u}}[\rho_r(x_q)-\rho_r(x_p)]\right\}$$

这里 $C=1$ 或-1. $B_r=\{x_1\}\cup\{x_s:x_s\in Y_1\cup\cdots\cup Y_{r-1}\}$. Y_r,m_r,d 的意义见定义 3,$\rho_r(x_q)$表示点 x_q 到抛物线 Y_r 的对称轴的有向距离. σ_r 的确定方法如下:当把抛物线 Y_r 的对称轴旋转到与纵轴平行的位置时,其方程为

$$v=\sigma_r(u-\lambda_r)^2+p_r\quad(r=1,\cdots,d)$$

$d(x_s,Y_r)$等的意义同定理 1.

由于 VD_n,HD_n,BD_n 均不为零,从而推得抛物线型结点组 A,B,C 相应的插值问题都是适定的.

注 对 $\mathbf{R}^2$ 上的其他弧线型结点组及十字型结点组、竖线型结点组,我们也分别得到了相应的结果,并推广到了 $\mathbf{R}^s(s>2)$ 的情形,我们还讨论了插值的误差估计并得到了插值多项式的一种算法——立方体迭

代法,它是 Aitken 算法在 $\mathbf{R}^3$ 中的一种推广.

参考文献

[1] CHUI C K, LAI H C. Vandermonde determinant and Lagrange interpolation in R^s [J]. Journal of Nonlinear and Convex Analysis, 1987:23-34.

[2]王仁宏,梁学章. 多元函数逼近[M]. 北京:科学出版社,1988.

[3]梁学章. 二元插值的适定结点组与迭加插值法[J]. 吉林大学自然科学学报,1979,1:27-32.

一类广义 Vandermonde 矩阵的求逆公式及递推公式①

第 23 章

西北工业大学应用数学系的陆全教授 2004 年利用线性方程组给出了一类广义 Vandermonde 矩阵可逆的条件及逆矩阵的矩阵表示式,并给出了求逆的递推公式.

1. 引言

设

$$\boldsymbol{V}=\begin{pmatrix} 1 & 1 & \cdots & 1 \\ \alpha_1 & \alpha_2 & \cdots & \alpha_n \\ \alpha_1^2 & \alpha_2^2 & \cdots & \alpha_n^2 \\ \vdots & \vdots & & \vdots \\ \alpha_1^{n-1} & \alpha_2^{n-1} & \cdots & \alpha_n^{n-1} \end{pmatrix}$$

$$\boldsymbol{A}=\begin{pmatrix} 1 & 1 & \cdots & 1 \\ \alpha_1 & \alpha_2 & \cdots & \alpha_n \\ \alpha_1^2 & \alpha_2^2 & \cdots & \alpha_n^2 \\ \vdots & \vdots & & \vdots \\ \alpha_1^{n-2} & \alpha_2^{n-2} & \cdots & \alpha_n^{n-2} \\ \alpha_1^{n} & \alpha_2^{n} & \cdots & \alpha_n^{n} \end{pmatrix} \qquad (1)$$

① 摘编自《数学的实践与认识》,2004,34(7):133-135.

称 $\boldsymbol{V}$ 为 n 阶 Vandermonde 矩阵，$\boldsymbol{A}$ 为 n 阶广义 Vandermonde 矩阵. Vandermonde 矩阵、广义 Vandermonde 矩阵与数值分析（如多项式插值等）、线性泛函逼近、数字信号系统等自然科学及工程技术领域中的问题密切相关. 关于 Vandermonde 矩阵求逆及 Vandermonde 方程组的求解，已有一些结果[1-4]. 本章利用线性方程组给出了广义 Vandermonde 矩阵可逆的条件及逆的一种显式矩阵表示式，并给出了求逆的递推公式.

2. 广义 Vandermonde **矩阵逆的递推公式及矩阵表示式**

容易验证，广义 Vandermonde 矩阵 $\boldsymbol{A}$ 满足关系式

$$\boldsymbol{A}\boldsymbol{D}-\boldsymbol{Z}^{\mathrm{T}}\boldsymbol{A}=\boldsymbol{e}_{n-1}\boldsymbol{f}^{\mathrm{T}}+\boldsymbol{e}_n\boldsymbol{g}^{\mathrm{T}} \tag{2}$$

其中

$$\boldsymbol{Z}=\begin{pmatrix}\boldsymbol{0}^{\mathrm{T}} & 0\\ \boldsymbol{I}_{n-1} & \boldsymbol{0}\end{pmatrix},\boldsymbol{D}=\mathrm{diag}(\alpha_1,\alpha_2,\cdots,\alpha_n)$$

$\boldsymbol{e}_{n-1}$ 和 $\boldsymbol{e}_n$ 分别为第 $n-1$ 和第 n 个单位列向量，且

$$\boldsymbol{f}=(\alpha_1^{n-1}-\alpha_1^{n},\cdots,\alpha_n^{n-1}-\alpha_n^{n})^{\mathrm{T}},\boldsymbol{g}=(\alpha_1^{n+1},\cdots,\alpha_n^{n+1})^{\mathrm{T}} \tag{3}$$

定理 1　设 $\boldsymbol{A}$ 是 n 阶广义 Vandermonde 矩阵，且线性方程组 $\boldsymbol{A}\boldsymbol{w}=\boldsymbol{e}_{n-1},\boldsymbol{A}\boldsymbol{u}=\boldsymbol{e}_n$ 有解.

（1）则 $\boldsymbol{A}$ 可逆；

（2）如果再求得线性方程组 $\boldsymbol{A}^{\mathrm{T}}\boldsymbol{x}=\boldsymbol{f}$ 和 $\boldsymbol{A}^{\mathrm{T}}\boldsymbol{y}=\boldsymbol{g}$ 的解向量

$$\boldsymbol{x}=(x_1,x_2,\cdots,x_n)^{\mathrm{T}},\boldsymbol{y}=(y_1,y_2,\cdots,y_n)^{\mathrm{T}}$$

其中 $\boldsymbol{f},\boldsymbol{g}$ 由式(3)确定，记 $\boldsymbol{v}_j(j=1,2,\cdots,n)$ 为 $\boldsymbol{A}^{-1}$ 的第

j 个列向量，则有递推公式

$$\begin{cases} \boldsymbol{v}_n = \boldsymbol{u} \\ \boldsymbol{v}_{n-1} = \boldsymbol{w} \\ \boldsymbol{v}_j = \boldsymbol{D}\boldsymbol{v}_{j+1} - x_{j+1}\boldsymbol{w} - y_{j+1}\boldsymbol{u}, j = n-2, \cdots, 2, 1 \end{cases} \tag{4}$$

(3) $\boldsymbol{A}^{-1}$ 的矩阵表示式为

$$\boldsymbol{A}^{-1} = -\begin{pmatrix} w_1 & & & \\ & w_2 & & \\ & & \ddots & \\ & & & w_n \end{pmatrix} \boldsymbol{V}^{\mathrm{T}} \begin{pmatrix} x_2 & x_3 & \cdots & x_{n-1} & -1 & 0 \\ x_3 & x_4 & \cdots & -1 & 0 & 0 \\ \vdots & \vdots & & \vdots & \vdots & \vdots \\ x_{n-1} & -1 & \cdots & 0 & 0 & 0 \\ -1 & 0 & \cdots & 0 & 0 & 0 \\ 0 & 0 & \cdots & 0 & 0 & 0 \end{pmatrix} -$$

$$\begin{pmatrix} u_1 & & & \\ & u_2 & & \\ & & \ddots & \\ & & & u_n \end{pmatrix} \boldsymbol{V}^{\mathrm{T}} \begin{pmatrix} y_2 & y_3 & \cdots & y_{n-1} & 0 & -1 \\ y_3 & y_4 & \cdots & 0 & 0 & 0 \\ \vdots & \vdots & & \vdots & \vdots & \vdots \\ y_{n-1} & 0 & \cdots & 0 & 0 & 0 \\ 0 & 0 & \cdots & 0 & 0 & 0 \\ 0 & 0 & \cdots & 0 & 0 & 0 \end{pmatrix} \tag{5}$$

其中 $\boldsymbol{V}$ 由式(1)确定.

证明 (1)由 $\boldsymbol{Aw} = \boldsymbol{e}_{n-1}, \boldsymbol{Au} = \boldsymbol{e}_n$ 和式(2)得

$$\boldsymbol{Z}^{\mathrm{T}}\boldsymbol{A} = \boldsymbol{AD} - \boldsymbol{e}_{n-1}\boldsymbol{f}^{\mathrm{T}} - \boldsymbol{e}_n\boldsymbol{g}^{\mathrm{T}} = \boldsymbol{A}[\boldsymbol{D} - \boldsymbol{wf}^{\mathrm{T}} - \boldsymbol{ug}^{\mathrm{T}}]$$

于是

$$\begin{aligned} (\boldsymbol{Z}^{\mathrm{T}})^j\boldsymbol{A} &= (\boldsymbol{Z}^{\mathrm{T}})^{j-1}[\boldsymbol{Z}^{\mathrm{T}}\boldsymbol{A}] \\ &= (\boldsymbol{Z}^{\mathrm{T}})^{j-1}\boldsymbol{A}[\boldsymbol{D} - \boldsymbol{wf}^{\mathrm{T}} - \boldsymbol{ug}^{\mathrm{T}}] \\ &= \cdots = \boldsymbol{A}[\boldsymbol{D} - \boldsymbol{wf}^{\mathrm{T}} - \boldsymbol{ug}^{\mathrm{T}}]^j \end{aligned} \tag{6}$$

式(6)两边右乘 $\boldsymbol{u}$，得

$$(\boldsymbol{Z}^{\mathrm{T}})^{j}\boldsymbol{e}_{n}=\boldsymbol{A}[\boldsymbol{D}-\boldsymbol{w}\boldsymbol{f}^{\mathrm{T}}-\boldsymbol{u}\boldsymbol{g}^{\mathrm{T}}]^{j}\boldsymbol{u} \tag{7}$$

令 $z_j=[\boldsymbol{D}-\boldsymbol{w}\boldsymbol{f}^{\mathrm{T}}-\boldsymbol{u}\boldsymbol{g}^{\mathrm{T}}]^{j}\boldsymbol{u}$，并注意

$$(\boldsymbol{Z}^{\mathrm{T}})^{j}\boldsymbol{e}_{n}=(\boldsymbol{Z}^{\mathrm{T}})^{j-1}\boldsymbol{e}_{n-1}=\cdots=\boldsymbol{e}_{n-j}\quad(j=0,1,\cdots,n-1)$$

其中规定 $\boldsymbol{Z}^0=\boldsymbol{I}$. 则由式(7)得

$$\boldsymbol{A}z_j=(\boldsymbol{Z}^{\mathrm{T}})^{j}\boldsymbol{e}_{n}=\boldsymbol{e}_{n-j}\quad(j=0,1,\cdots,n-1)$$

令 $\boldsymbol{X}=(z_{n-1},z_{n-2},\cdots,z_0)$，则

$$\boldsymbol{AX}=(\boldsymbol{A}z_{n-1},\boldsymbol{A}z_{n-2},\cdots,\boldsymbol{A}z_0)=(\boldsymbol{e}_1,\boldsymbol{e}_2,\cdots,\boldsymbol{e}_n)=\boldsymbol{I}_n$$

故 $\boldsymbol{A}$ 可逆.

(2)对式(2)左乘及右乘 $\boldsymbol{A}^{-1}$，并利用

$$\boldsymbol{Aw}=\boldsymbol{e}_{n-1},\boldsymbol{Au}=\boldsymbol{e}_n,\boldsymbol{A}^{\mathrm{T}}\boldsymbol{x}=\boldsymbol{f},\boldsymbol{A}^{\mathrm{T}}\boldsymbol{y}=\boldsymbol{g}$$

得

$$\begin{aligned}\boldsymbol{D}\boldsymbol{A}^{-1}-\boldsymbol{A}^{-1}\boldsymbol{Z}^{\mathrm{T}}&=\boldsymbol{A}^{-1}\boldsymbol{e}_{n-1}\boldsymbol{f}^{\mathrm{T}}\boldsymbol{A}^{-1}+\boldsymbol{A}^{-1}\boldsymbol{e}_n\boldsymbol{g}^{\mathrm{T}}\boldsymbol{A}^{-1}\\&=\boldsymbol{w}\boldsymbol{x}^{\mathrm{T}}+\boldsymbol{u}\boldsymbol{y}^{\mathrm{T}}\end{aligned} \tag{8}$$

将式(8)右乘 $\boldsymbol{e}_{j+1}$ 得

$$\boldsymbol{D}\boldsymbol{A}^{-1}\boldsymbol{e}_{j+1}-\boldsymbol{A}^{-1}\boldsymbol{Z}^{\mathrm{T}}\boldsymbol{e}_{j+1}=x_{j+1}\boldsymbol{w}+y_{j+1}\boldsymbol{u} \tag{9}$$

注意到 $\boldsymbol{Z}^{\mathrm{T}}\boldsymbol{e}_{j+1}=\boldsymbol{e}_j$，记 $\boldsymbol{A}^{-1}=(\boldsymbol{v}_1,\boldsymbol{v}_2,\cdots,\boldsymbol{v}_n)$，则由式(9)得

$$\boldsymbol{D}\boldsymbol{v}_{j+1}-\boldsymbol{v}_j=x_{j+1}\boldsymbol{w}+y_{j+1}\boldsymbol{u}$$

于是

$$\boldsymbol{v}_j=\boldsymbol{D}\boldsymbol{v}_{j+1}-x_{j+1}\boldsymbol{w}-y_{j+1}\boldsymbol{u}\quad(j=n-2,\cdots,2,1)$$

又

$$\boldsymbol{v}_n=\boldsymbol{A}^{-1}\boldsymbol{e}_n=\boldsymbol{u},\boldsymbol{v}_{n-1}=\boldsymbol{A}^{-1}\boldsymbol{e}_{n-1}=\boldsymbol{w}$$

即得式(4).

(3)记式(5)右端矩阵的第 j 列为 $\boldsymbol{r}_j$，则当 $j=1$，

$2,\cdots,n-2$ 时,有

$$\boldsymbol{r}_j=-\begin{pmatrix}w_1&&&\\&w_2&&\\&&\ddots&\\&&&w_n\end{pmatrix}\boldsymbol{V}^{\mathrm{T}}\begin{pmatrix}x_{j+1}\\\vdots\\x_{n-1}\\-1\\0\\\vdots\\0\end{pmatrix}-$$

$$\begin{pmatrix}u_1&&&\\&u_2&&\\&&\ddots&\\&&&u_n\end{pmatrix}\boldsymbol{V}^{\mathrm{T}}\begin{pmatrix}y_{j+1}\\\vdots\\y_{n-1}\\0\\\vdots\\0\end{pmatrix}$$

$$=-\begin{pmatrix}w_1(x_{j+1}+\alpha_1x_{j+2}+\cdots+\alpha_1^{n-j-2}x_{n-1}-\alpha_1^{n-j-1})\\\vdots\\w_n(x_{j+1}+\alpha_nx_{j+2}+\cdots+\alpha_n^{n-j-2}x_{n-1}-\alpha_n^{n-j-1})\end{pmatrix}-$$

$$\begin{pmatrix}u_1(y_{j+1}+\alpha_1y_{j+2}+\cdots+\alpha_1^{n-j-2}y_{n-1})\\\vdots\\u_n(y_{j+1}+\alpha_ny_{j+2}+\cdots+\alpha_n^{n-j-2}y_{n-1})\end{pmatrix}$$

$$\boldsymbol{D}\boldsymbol{r}_{j+1}=-\begin{pmatrix}w_1\alpha_1(x_{j+2}+\alpha_1x_{j+3}+\cdots+\alpha_1^{n-j-3}x_{n-1}-\alpha_1^{n-j-2})\\\vdots\\w_n\alpha_n(x_{j+2}+\alpha_nx_{j+3}+\cdots+\alpha_n^{n-j-3}x_{n-1}-\alpha_n^{n-j-2})\end{pmatrix}-$$

$$\begin{pmatrix} u_1\alpha_1(y_{j+2}+\alpha_1 y_{j+3}+\cdots+\alpha_1^{n-j-3}y_{n-1}) \\ \vdots \\ u_n\alpha_n(y_{j+2}+\alpha_n y_{j+3}+\cdots+\alpha_n^{n-j-3}y_{n-1}) \end{pmatrix}$$

于是

$$\boldsymbol{r}_j-\boldsymbol{D}\boldsymbol{r}_{j+1}=-\begin{pmatrix} w_1x_{j+1} \\ \vdots \\ w_nx_{j+1} \end{pmatrix}-\begin{pmatrix} u_1y_{j+1} \\ \vdots \\ u_ny_{j+1} \end{pmatrix}=-x_{j+1}\boldsymbol{w}-y_{j+1}\boldsymbol{u}$$

即

$$\boldsymbol{r}_j=\boldsymbol{D}\boldsymbol{r}_{j+1}-x_{j+1}\boldsymbol{w}-y_{j+1}\boldsymbol{u}\quad (j=1,2,\cdots,n-2)$$

又

$$\boldsymbol{r}_n=-\begin{pmatrix} u_1 & & & \\ & u_2 & & \\ & & \ddots & \\ & & & u_n \end{pmatrix}\boldsymbol{V}^{\mathrm{T}}\begin{pmatrix} -1 \\ 0 \\ \vdots \\ 0 \end{pmatrix}=\boldsymbol{u}$$

$$\boldsymbol{r}_{n-1}=-\begin{pmatrix} w_1 & & & \\ & w_2 & & \\ & & \ddots & \\ & & & w_n \end{pmatrix}\boldsymbol{V}^{\mathrm{T}}\begin{pmatrix} -1 \\ 0 \\ \vdots \\ 0 \end{pmatrix}=\boldsymbol{w}$$

由定理1(2)及(11)～(13)知式(5)成立. 证毕.

利用式(4)求广义 Vandermonde 矩阵 $\boldsymbol{A}$ 的逆矩阵时,需要求解四个线性方程组

$$\boldsymbol{A}\boldsymbol{w}=\boldsymbol{e}_{n-1},\boldsymbol{A}\boldsymbol{u}=\boldsymbol{e}_n,\boldsymbol{A}^{\mathrm{T}}\boldsymbol{x}=\boldsymbol{f},\boldsymbol{A}^{\mathrm{T}}\boldsymbol{y}=\boldsymbol{g}$$

当广义 Vandermonde 矩阵 $\boldsymbol{A}$ 可逆时,可根据文[5]给出的 Gohberg-Kailath-Koltracht 算法得到求解上述四个线性方程组的快速算法.

参考文献

[1] FINCK T, HEINIG G, ROST K. An inversion formula and fast algorithm for Cauchy-Vandermonde matrices [J]. Linear Algebra Appl., 1993, 183(4):179-191.

[2] FINCK T, ROST K. Fast inversion of Cauchy-Vandermonde matrices [J]. Seminar Analysis, Oper. Equ. Num. Anal., Karl Weierstrass Inst. Berlin, 1989/1990: 69-79.

[3] ROST K, VAVŘÍN Z. Recursive solution of Löwner-Vandermonde systems of equations. Ⅰ [J]. Linear Algebra Appl., 1996, 233: 51-65.

[4] ROST K, VAVŘÍN Z. Recursive solution of Löwner-Vandermonde systems of equations. Ⅱ [J]. Linear Algebra Appl., 1995, 223/224: 597-617.

[5]徐仲. 范德蒙矩阵类的快速算法[M]. 西安:西北工业大学出版社,1997.

Vandermonde 矩阵的一种应用[①]

第 24 章

辽宁工程技术大学理学院的包研科教授 2009 年以 Vandermonde 矩阵的基本性质、矩阵的特征值与迹之间的关系为理论依据，由矩阵的（理论）特征值生成的 Vandermonde 矩阵，构造出一种特殊的等幂和矩阵，即幂迹矩阵，在此基础上可给出判定任意 n 阶实矩阵的互异特征值个数的三个充要条件，以及相应的算法和自定义 Matlab 函数.

设 F 是一个数域. 由数 $x_1, x_2, \cdots, x_n \in F$ 生成的 Vandermonde 矩阵记为 $\boldsymbol{V}_{[x_1,x_2,\cdots,x_n]}$，即

$$V_{[x_1,x_2,\cdots,x_n]}=\begin{pmatrix}1 & 1 & \cdots & 1\\ x_1 & x_2 & \cdots & x_n\\ x_1^2 & x_2^2 & \cdots & x_n^2\\ \vdots & \vdots & & \vdots\\ x_1^{n-1} & x_2^{n-1} & \cdots & x_n^{n-1}\end{pmatrix}$$

① 摘编自《高等数学研究》,2009,12(4):36-38.

Vandermonde 矩阵有如下一个基本性质:

引理 1　$\operatorname{rank}\boldsymbol{V}_{[x_1,x_2,\cdots,x_n]}=r$ 的充分必要条件是 x_1, $x_2,\cdots,x_n$ 中恰有 r 个互异.

由线性代数的知识,引理 1 的结论是显然的.

以下在引理 1 的基础上构造判定任意 n 阶实矩阵 $\boldsymbol{A}$ 的互异特征值个数的一个充要条件.

定义 1　设 $x_1,x_2,\cdots,x_n\in\mathbf{R}$,令 $s_k=\sum_{i=1}^{n}x_i^k$, $k=0$, $1,2,\cdots,n$,则矩阵

$$\boldsymbol{S}_{[x_1,x_2,\cdots,x_n]}=\begin{pmatrix} s_0 & s_1 & \cdots & s_{n-1}\\ s_1 & s_2 & \cdots & s_n\\ \vdots & \vdots & & \vdots\\ s_{n-1} & s_n & \cdots & s_{2n-2}\end{pmatrix}$$

称为由实数 $x_1,x_2,\cdots,x_n$ 生成的等幂和矩阵(matrix of equal-power sum).

容易验证下列结论的正确性:

引理 2　$\boldsymbol{S}_{[x_1,x_2,\cdots,x_n]}=\boldsymbol{V}_{[x_1,x_2,\cdots,x_n]}\boldsymbol{V}^{\mathrm{T}}_{[x_1,x_2,\cdots,x_n]}$.

定理 1　实数 $x_1,x_2,\cdots,x_n$ 中仅有 r 个互异的充分必要条件是 $\operatorname{rank}\boldsymbol{S}_{[x_1,x_2,\cdots,x_n]}=r$.

证明　由引理 2 可知

$$\operatorname{rank}\boldsymbol{S}_{[x_1,x_2,\cdots,x_n]}=\operatorname{rank}\boldsymbol{V}_{[x_1,x_2,\cdots,x_n]}$$

又由引理 1,$\operatorname{rank}\boldsymbol{V}_{[x_1,x_2,\cdots,x_n]}=r$ 的充分必要条件是 x_1, $x_2,\cdots,x_n$ 中恰有 r 个互异,所以实数 $x_1,x_2,\cdots,x_n$ 中仅有 r 个互异的充分必要条件是 $\operatorname{rank}\boldsymbol{S}_{[x_1,x_2,\cdots,x_n]}=r$.

定理 1 是我们判定 n 阶实矩阵 $\boldsymbol{A}$ 的互异实特征值个数的基本依据.

对于 $\boldsymbol{A}\in M_{n\times n}(\mathbf{R})$，若 λ 是 $\boldsymbol{A}$ 的特征值，则 λ^k 是 $\boldsymbol{A}^k$ 的特征值. 若 $\lambda_1,\lambda_2,\cdots,\lambda_n$ 是 $\boldsymbol{A}$ 的全部特征值，则 $\operatorname{tr}\boldsymbol{A}=\sum_{i=1}^{n}\lambda_i$. 于是，对于任意正整数 k，均有

$$\mu_k=\operatorname{tr}^{[k]}\boldsymbol{A}=\operatorname{tr}\boldsymbol{A}^k=\sum_{i=1}^{n}\lambda_i^k$$

定义 2　令 $\mu_k=\operatorname{tr}^{[k]}\boldsymbol{A}$，$k=0,1,\cdots,2n-2$，记

$$\boldsymbol{M}=\begin{pmatrix}\mu_0 & \mu_1 & \cdots & \mu_{n-1}\\ \mu_1 & \mu_2 & \cdots & \mu_n\\ \vdots & \vdots & & \vdots\\ \mu_{n-1} & \mu_n & \cdots & \mu_{2n-2}\end{pmatrix}\in M_{n\times n}(\mathbf{R})$$

称之为 $\boldsymbol{A}$ 的幂迹矩阵(matrix of trace of power matrix)，其中 $\mu_0=\operatorname{tr}\boldsymbol{A}^0=\operatorname{tr}\boldsymbol{I}=n$.

显然，$\boldsymbol{M}=\boldsymbol{S}_{[\lambda_1,\lambda_2,\cdots,\lambda_n]}$.

于是，判定 n 阶实矩阵 $\boldsymbol{A}$ 的互异实特征值个数的问题可以转化为求矩阵 $\boldsymbol{M}$ 的秩的问题. 对此，有下面的三个结论：

结论 1　方阵 $\boldsymbol{A}\in M_{n\times n}(\mathbf{R})$ 至少有一个 $k(k\geqslant 2)$ 重特征值的充分必要条件是 $\det\boldsymbol{M}=0$.

事实上，$\det\boldsymbol{M}=(\det\boldsymbol{V})^2=\prod_{1\leqslant j<i\leqslant n}(\lambda_j-\lambda_i)^2$，所以 $\det\boldsymbol{M}=0$ 的充分必要条件是 $\lambda_1,\lambda_2,\cdots,\lambda_n$ 中至少有两个相等，即 $\boldsymbol{A}$ 至少有一个特征值的重数 $k\geqslant 2$.

结论 2　方阵 $\boldsymbol{A}\in M_{n\times n}(\mathbf{R})$ 仅有 $r(r\leqslant n)$ 个互异特征值的充分必要条件是 $\operatorname{rank}\boldsymbol{M}=r$.

由定理 1 知结论显然.

结论 3　方阵 $\boldsymbol{A}\in M_{n\times n}(\mathbf{R})$ 恰有 n 个互异实特征

值的充分必要条件是 $\boldsymbol{M}>\boldsymbol{O}$.

证明 必要性:设 $\lambda_1,\lambda_2,\cdots,\lambda_n$ 是 $\boldsymbol{A}$ 的 n 个互异实特征值,所以 $\det \boldsymbol{V}_{[\lambda_1,\lambda_2,\cdots,\lambda_n]}\neq 0$,所以 $\boldsymbol{V}_{[\lambda_1,\lambda_2,\cdots,\lambda_n]}$ 是实可逆方阵,所以

$$\boldsymbol{S}_{[\lambda_1,\lambda_2,\cdots,\lambda_n]}=\boldsymbol{V}_{[\lambda_1,\lambda_2,\cdots,\lambda_n]}\boldsymbol{V}^{\mathrm{T}}_{[\lambda_1,\lambda_2,\cdots,\lambda_n]}$$

是实对称正定矩阵,即 $\boldsymbol{M}>\boldsymbol{O}$.

充分性:设 $\boldsymbol{M}>\boldsymbol{O}$,即 $\boldsymbol{S}_{[\lambda_1,\lambda_2,\cdots,\lambda_n]}$ 正定,则 $\operatorname{rank} \boldsymbol{S}_{[\lambda_1,\lambda_2,\cdots,\lambda_n]}=n$,由定理 1 可知 $\lambda_1,\lambda_2,\cdots,\lambda_n$ 互异. 下面证明 $\lambda_1,\lambda_2,\cdots,\lambda_n$ 均为实数. 用反证法. 假设 λ_{2j-1} 非实数,则 λ_{2j-1} 的共轭数 $\overline{\lambda}_{2j-1}$ 也必是 $\boldsymbol{A}$ 的特征值,不妨设 $\lambda_{2j}=\overline{\lambda}_{2j-1}$, $j=1,2,\cdots,s$, $s<\dfrac{n}{2}$. 其他根 λ_j $(j=2s+1,\cdots,n)$ 均为实数. 由 $\boldsymbol{S}_{[\lambda_1,\lambda_2,\cdots,\lambda_n]}$ 实对称正定可知,二次型 $f=\boldsymbol{y}^{\mathrm{T}}\boldsymbol{S}_{[\lambda_1,\lambda_2,\cdots,\lambda_n]}\boldsymbol{y}$ 是正定型,其中 $\boldsymbol{y}=(y_1,y_2,\cdots,y_n)^{\mathrm{T}}\in\mathbf{R}^n$,并且 f 可表示为

$$f=\sum_{j=1}^{n}z_j^2$$

其中

$$z_j=\sum_{k=0}^{n-1}\lambda_j^k y_{k+1}\quad (j=1,2,\cdots,n)$$

令

$$\lambda_{2j-1}^k=a_{2j-1,k}+b_{2j-1,k}\mathrm{i}\quad (j=1,2,\cdots,s)$$

其中

$$a_{2j-1,k},b_{2j-1,k}\in\mathbf{R},\mathrm{i}=\sqrt{-1},a_{2j-1,0}=1,b_{2j-1,0}=0$$

于是

$$z_{2j-1}=\sum_{k=0}^{n-1}\lambda_{2j-1}^k y_{k+1}=\sum_{k=0}^{n-1}(a_{2j-1,k}+b_{2j-1,k}\mathrm{i})y_{k+1}$$

$$= \sum_{k=0}^{n-1} a_{2j-1,k} y_{k+1} + \sum_{k=0}^{n-1} (b_{2j-1,k} y_{k+1})\mathrm{i}$$

记

$$u_{2j-1} = \sum_{k=0}^{n-1} a_{2j-1,k} y_{k+1}$$

$$v_{2j-1} = \sum_{k=0}^{n-1} b_{2j-1,k} y_{k+1}$$

则

$$z_{2j-1} = u_{2j-1} + v_{2j-1}\mathrm{i} \quad (j = 1, 2, \cdots, s)$$

进而

$$z_{2j} = \bar{z}_{2j-1} = u_{2j-1} - v_{2j-1}\mathrm{i} \quad (j = 1, 2, \cdots, s)$$

因此

$$z_{2j-1}^2 + z_{2j}^2 = 2(u_{2j-1}^2 - v_{2j-1}^2) \quad (j = 1, 2, \cdots, s)$$

所以

$$f = 2u_1^2 - 2v_1^2 + 2u_3^2 - 2v_3^2 + \cdots + 2u_{2s-1}^2 - 2v_{2s-1}^2 + z_{2s+1}^2 + \cdots + z_n^2$$

这与 f 是正定型矛盾，从而与 $\boldsymbol{S}_{[\lambda_1,\lambda_2,\cdots,\lambda_n]}$ 正定矛盾. 所以 $\lambda_1, \lambda_2, \cdots, \lambda_n$ 中不能有非实数.

下面给出本章结论应用的计算步骤、Matlab 计算程序和说明性的例子.

本章方法的计算步骤：

步骤 1：计算 $\mu_k = \mathrm{tr}\, \boldsymbol{A}^k, k=0, 1, \cdots, 2n-2$.

步骤 2：构造幂迹矩阵 $\boldsymbol{M}$.

步骤 3：根据本章结论对矩阵 $\boldsymbol{A}$ 特征值的互异情形做出判定：

◆若 $\boldsymbol{M} > \boldsymbol{O}$，则全部特征值互异且均为实数；

◆否则,且 rank $\boldsymbol{M}=n$,则全部特征值互异但有虚数;

◆否则,有重特征值,互异特征值的个数为 rank $\boldsymbol{M}$.

由于本章方法的计算量偏大,应倚重计算机的运算能力. 为此包研科教授给出相关计算的自定义 Matlab 函数 ptm. m 和 dejudge. m,其中 ptm 函数用来构造矩阵的幂迹矩阵 $\boldsymbol{M}$,dejudge 函数用于对矩阵特征值的互异情形做出判断. 这两个函数的代码附于后,供读者参考. 下面举例说明本章结论及这两个函数的应用.

例 1 判断下列矩阵特征值互异的情形:

$$\boldsymbol{A}=\begin{pmatrix}1&0&2&1\\-1&2&2&3\\2&3&3&1\\0&1&2&1\end{pmatrix}$$

$$\boldsymbol{B}=\begin{pmatrix}1&-1&1\\2&4&-2\\-3&-3&5\end{pmatrix}$$

$$\boldsymbol{C}=\begin{pmatrix}\frac{7}{3}&0&-\frac{2}{3}\\0&\frac{5}{3}&-\frac{2}{3}\\-\frac{2}{3}&-\frac{2}{3}&2\end{pmatrix}$$

说明 矩阵 $\boldsymbol{A}$ 有两个互异实特征值和一对虚数特征值,矩阵 $\boldsymbol{B}$ 有一个二重特征值,矩阵 $\boldsymbol{C}$ 有三个互异实特征值.

用本章方法进行判断:

(i) 对矩阵 $\boldsymbol{A}$ 进行判断的 Matlab 实现:

A=[1,0,2,1;-1,2,2,3;2,3,3,1;0,1,2,1];

MA=ptm(A);

ADEJ=dejudge(MA)

ADEJ=全部特征值互异但有虚数

(ii) 对矩阵 $\boldsymbol{B}$ 进行判断的 Matlab 实现:

B=[1,-1,1;2,4,-2;-3,-3,5];

MB=ptm(B);

BDEJ=dejudge(MB)

BDEJ=有重特征值,互异的个数为:2

(iii) 对矩阵 $\boldsymbol{C}$ 进行判断的 Matlab 实现:

$$C=\left[\frac{7}{3},0,-\frac{2}{3};0,\frac{5}{3},-\frac{2}{3};-\frac{2}{3},-\frac{2}{3},2\right];$$

MC=ptm(C);

CDEJ=dejudge(MC)

CDEJ=全部特征值互异且均为实数

本章的方法在构造幂迹矩阵 $\boldsymbol{M}$ 时仅涉及加法和乘法运算,以及矩阵 $\boldsymbol{M}$ 的实对称性,数值计算的误差是较低的,因此当矩阵 $\boldsymbol{A}$ 的阶数较高时方能显示出本章方法的优势.

附　本章的自定义 Matlab 函数的代码:

(i) ptm 函数代码:

```
function M=ptm(A)
MU=[];
```

```
M=[ ];
n=length(A);
for byk=0:2*(n-1);
    Abyk=A^byk;
    trAbyk=sum(diag(Abyk));
    MU=[MU,trAbyk];
end
for byk=1:n;
    N=n+(byk-1);
    Mbyk=MU(byk:N);
    M=[M;Mbyk];
end
```

(ii) dejudge 函数代码:

```
function DEJ=dejudge(M)
MRANK=rank(M);
H=all(eig(M)>0);
if H==1
    DEJ='全部特征值互异且均为实数';
elseif MRANK==length(M)
    DEJ='全部特征值互异但有虚数';
else
    DE=int2str(MRANK);
    DEJ=['有重特征值,互异的个数为:',
        DE];
end
```

参考文献

[1]张贤科,许甫华. 高等代数学[M]. 北京:清华大学出版社,1998.